高等学校计算机教材建设立项项目

高等学校计算机课程规划教材

C程序设计

钟家民　李爱玲　主　编

张　涵　姬秀荔　张珊靓　王　璐　副主编

清华大学出版社

北京

内 容 简 介

本书对知识点的讲解由浅入深,强调算法设计,突出编程思路,注重实例讲解和对学生动手能力的培养。

全书共分 10 章,内容主要包括:C 语言概述,C 语言基础,选择结构程序设计,循环结构程序设计,数组,函数,指针,结构体与共用体,文件,综合实例程序设计。

本书适合作为高校计算机程序设计基础教材,也适合作为社会各类人士的自学参考书。

图书在版编目 CIP 数据

C 程序设计/钟家民,李爱玲主编. —北京:清华大学出版社,2016(2020.1重印)
(高等学校计算机课程规划教材)
ISBN 978-7-302-43788-8

Ⅰ. ①C…　Ⅱ. ①钟… ②李…　Ⅲ. ①C 语言—程序设计—高等学校—教材　Ⅳ. ①TP312

中国版本图书馆 CIP 数据核字(2016)第 100590 号

责任编辑:汪汉友　柴文强
封面设计:傅瑞学
责任校对:李建庄
责任印制:刘祎淼

出版发行:清华大学出版社
　　　　网　　　址:http://www.tup.com.cn,http://www.wqbook.com
　　　　地　　　址:北京清华大学学研大厦 A 座　　　　　邮　　编:100084
　　　社 总 机:010-62770175　　　　　　　　　　　　　邮　　购:010-62786544
　　　投稿与读者服务:010-62776969,c-service@tup.tsinghua.edu.cn
　　　质量反馈:010-62772015,zhiliang@tup.tsinghua.edu.cn
　　　课件下载:http://www.tup.com.cn,010-62795954
印 装 者:三河市少明印务有限公司
经　　销:全国新华书店
开　　本:185mm×260mm　　印　张:25.25　　　　　字　　数:632 千字
版　　次:2016 年 8 月第 1 版　　　　　　　　　　　印　　次:2020 年 1 月第 4 次印刷
定　　价:49.50 元

产品编号:067305-01

出版说明

信息时代早已显现其诱人魅力,当前几乎每个人随身都携有多个媒体、信息和通信设备,享受其带来的快乐和便宜。

我国高等教育早已进入大众化教育时代。而且计算机技术发展很快,知识更新速度也在快速增长,社会对计算机专业学生的专业能力要求也在不断翻新。这就使得我国目前的计算机教育面临严峻挑战。我们必须更新教育观念——弱化知识培养目的,强化对学生兴趣的培养,加强培养学生理论学习、快速学习的能力,强调培养学生的实践能力、动手能力、研究能力和创新能力。

教育观念的更新,必然伴随教材的更新。一流的计算机人才需要一流的名师指导,而一流的名师需要精品教材的辅助,而精品教材也将有助于催生更多一流名师。名师们在长期的一线教学改革实践中,总结出了一整套面向学生的独特的教法、经验、教学内容等。本套丛书的目的就是推广他们的经验,并促使广大教育工作者更新教育观念。

在教育部相关教学指导委员会专家的帮助和指导下,在各大学计算机院系领导的协助下,清华大学出版社规划并出版了本系列教材,以满足计算机课程群建设和课程教学的需要,并将各重点大学的优势专业学科的教育优势充分发挥出来。

本系列教材行文注重趣味性,立足课程改革和教材创新,广纳全国高校计算机优秀一线专业名师参与,从中精选出佳作予以出版。

本系列教材具有以下特点。

1. 有的放矢

针对计算机专业学生并站在计算机课程群建设、技术市场需求、创新人才培养的高度,规划相关课程群内各门课程的教学关系,以达到教学内容互相衔接、补充、相互贯穿和相互促进的目的。各门课程功能定位明确,并去掉课程中相互重复的部分,使学生既能够掌握这些课程的实质部分,又能节约一些课时,为开设社会需求的新技术课程准备条件。

2. 内容趣味性强

按照教学需求组织教学材料,注重教学内容的趣味性,在培养学习观念、学习兴趣的同时,注重创新教育,加强"创新思维","创新能力"的培养、训练;强调实践,案例选题注重实际和兴趣度,大部分课程各模块的内容分为基本、加深和拓宽内容 3 个层次。

3. 名师精品多

广罗名师参与,对于名师精品,予以重点扶持,教辅、教参、教案、PPT、实验大纲和实验指导等配套齐全,资源丰富。同一门课程,不同名师分出多个版本,方便选用。

4. 一线教师亲力

专家咨询指导,一线教师亲力;内容组织以教学需求为线索;注重理论知识学习,注重学习能力培养,强调案例分析,注重工程技术能力锻炼。

经济要发展,国力要增强,教育必须先行。教育要靠教师和教材,因此建立一支高水平的教材编写队伍是社会发展的关键,特希望有志于教材建设的教师能够加入到本团队。通过本系列教材的辐射,培养一批热心为读者奉献的编写教师团队。

清华大学出版社

前　　言

　　"C程序设计"是计算机专业和非计算机专业的一门基础课程。通过本课程的学习,可以使学生更好地了解和应用计算机,培养学生应用计算机独立解决问题的能力,为今后进一步的学习奠定良好的、扎实的计算机语言基础。

　　本书是学习C语言程序设计的基础教材,由教学经验丰富的一线教师精心组织了教材的内容。对C语言的精华部分作了较为详细的介绍;较难的题目给出编程思路;还针对学生学完C语言后普遍感觉提高和综合应用难的问题,在最后一章安排了综合实例设计与分析,方便学生对全书内容的综合理解和应用;考虑到C语言程序设计是一门实践性比较强的课程,本教材在最后给出参考答案。

　　在教材的第1、2章,介绍了C语言的基本概念、各种数据类型;第3、4章介绍了C语言的基本程序设计技术;第5、6章介绍数组及函数的相互调用及变量的特性;第7章详细地介绍了指针的特点和灵活性;第8、9章介绍了结构体、链表技术和文件的操作方法;第10章是综合实例设计。附录给出了算法知识、常见编译错误信息、常用库函数等。列举的例题都是作者的精心设计,并全部在Visual C++ 6.0环境下调试通过。

　　本书的讲述深入浅出,配合典型例题,通俗易懂,实用性强,可作为高等院校计算机专业和非计算机专业本、专科学生的C语言教材,也可以作为自学者的参考用书。可免费给读者提供由本书作者开发的C/C++ for Windows程序设计与学习系统、书中源码和课件。

　　本书的第1、2章由张涵编写,第3、5由王璐编写,第4、6章钟家民编写并统稿,第8、9章由张珊靓编写,第7、10章由李爱玲编写,姬秀荔编写附录A、附录B、附录C及参考答案。

　　由于作者水平有限,书中难免会有不足和错误,希望读者和专家提出宝贵意见,以帮助我们将此教材进一步完善。

编　者

2016 年 6 月

目　　录

第1章　C语言概述 ……………………………………………………………… 1

1.1　C语言引例 …………………………………………………………………… 1

　　1.1.1　C程序基本结构 …………………………………………………… 3

　　1.1.2　C程序书写格式 …………………………………………………… 4

1.2　基本的输入输出函数的用法 …………………………………………… 4

　　1.2.1　scanf()函数 ………………………………………………………… 4

　　1.2.2　printf()函数 ………………………………………………………… 9

1.3　C程序运行环境 …………………………………………………………… 12

　　1.3.1　Visual C++ ………………………………………………………… 12

　　1.3.2　Turbo C下运行C语言源程序 …………………………………… 16

1.4　算法 …………………………………………………………………………… 18

　　1.4.1　程序设计与算法 …………………………………………………… 19

　　1.4.2　算法的描述 ………………………………………………………… 21

1.5　本章常见错误总结 ………………………………………………………… 24

本章小结 ……………………………………………………………………………… 26

习题一 ………………………………………………………………………………… 26

实验一 ………………………………………………………………………………… 27

第2章　C语言基础 ……………………………………………………………… 29

2.1　基本的数据类型 …………………………………………………………… 29

　　2.1.1　标识符 ……………………………………………………………… 30

　　2.1.2　关键字 ……………………………………………………………… 30

2.2　常量 …………………………………………………………………………… 31

　　2.2.1　整型常量 …………………………………………………………… 31

　　2.2.2　实型常量 …………………………………………………………… 32

　　2.2.3　字符型常量 ………………………………………………………… 33

　　2.2.4　转义字符 …………………………………………………………… 33

　　2.2.5　符号常量 …………………………………………………………… 34

2.3　变量 …………………………………………………………………………… 34

　　2.3.1　整型变量 …………………………………………………………… 35

　　2.3.2　实型变量 …………………………………………………………… 37

　　2.3.3　字符型变量 ………………………………………………………… 39

  2.3.4 sizeof()运算符 ·· 41

 2.4 运算符和表达式 ··· 42

  2.4.1 赋值运算符和赋值表达式 ·································· 42

  2.4.2 算术运算符 ··· 45

  2.4.3 自增自减运算符 ··· 47

  2.4.4 关系运算 ··· 48

  2.4.5 逻辑运算 ··· 49

  2.4.6 条件运算 ··· 51

  2.4.7 位运算 ··· 52

  2.4.8 逗号运算符和逗号表达式 ································· 55

 2.5 顺序结构程序设计 ··· 56

  2.5.1 C 语句 ··· 56

  2.5.2 顺序结构程序举例 ······································· 58

 2.6 本章常见错误总结 ··· 59

 本章小结 ·· 61

 习题二 ·· 61

 实验二 ·· 66

第 3 章　选择结构程序设计 ·· 68

 3.1 if 语句引例 ·· 68

 3.2 if 语句 ·· 69

 3.3 if 语句的嵌套 ·· 73

 3.4 switch 语句 ··· 76

 3.5 选择结构程序实例 ··· 81

 3.6 常见错误 ·· 85

 本章小结 ·· 87

 习题三 ·· 87

 实验三 ·· 92

第 4 章　循环结构程序设计 ·· 96

 4.1 循环引例 ·· 96

 4.2 while 语句 ·· 97

 4.3 do…while 语句 ·· 99

 4.4 for 语句 ··· 101

 4.5 break 和 continue 语句 ··· 104

  4.5.1 break 语句 ··· 104

  4.5.2 continue 语句 ·· 105

 4.6 循环的嵌套 ·· 107

 4.7 循环程序举例 ··· 109

4.8　本章常见错误总结 ……………………………………………………………… 113

本章小结 ………………………………………………………………………………… 115

习题四 …………………………………………………………………………………… 116

实验四 …………………………………………………………………………………… 119

第5章　数组 …………………………………………………………………………… 123

5.1　数组引例 …………………………………………………………………………… 123

5.2　一维数组 …………………………………………………………………………… 124

　　5.2.1　一维数组定义 ……………………………………………………………… 125

　　5.2.2　一维数组引用和初始化 …………………………………………………… 125

　　5.2.3　一维数组的应用 …………………………………………………………… 127

5.3　二维数组 …………………………………………………………………………… 132

　　5.3.1　二维数组的定义 …………………………………………………………… 132

　　5.3.2　二维数组的引用和初始化 ………………………………………………… 133

　　5.3.3　二维数组程序举例 ………………………………………………………… 135

5.4　字符数组和字符串 ………………………………………………………………… 138

　　5.4.1　字符数组 …………………………………………………………………… 138

　　5.4.2　字符串 ……………………………………………………………………… 138

　　5.4.3　字符数组的输入输出方式 ………………………………………………… 139

　　5.4.4　字符串处理函数 …………………………………………………………… 141

　　5.4.5　字符数组和字符串程序实例 ……………………………………………… 145

5.5　数组实例 …………………………………………………………………………… 147

5.6　常见错误 …………………………………………………………………………… 151

本章小结 ………………………………………………………………………………… 152

习题五 …………………………………………………………………………………… 153

实验五 …………………………………………………………………………………… 155

第6章　函数 …………………………………………………………………………… 160

6.1　函数引例 …………………………………………………………………………… 160

6.2　函数的定义与调用 ………………………………………………………………… 162

　　6.2.1　函数的定义 ………………………………………………………………… 162

　　6.2.2　函数调用 …………………………………………………………………… 163

　　6.2.3　形式参数和实际参数 ……………………………………………………… 166

　　6.2.4　函数的返回值 ……………………………………………………………… 167

6.3　函数的嵌套和递归 ………………………………………………………………… 168

　　6.3.1　函数的嵌套 ………………………………………………………………… 168

　　6.3.2　函数的递归调用 …………………………………………………………… 169

6.4　数组作为函数参数 ………………………………………………………………… 173

6.5　变量的作用域及存储类型 ………………………………………………………… 178

　　　　6.5.1　静态、动态 ……………………………………… 179

　　　　6.5.2　变量的作用域 ……………………………………… 180

　　6.6　外部、内部函数 …………………………………………… 183

　　6.7　预处理命令 ………………………………………………… 184

　　6.8　应用举例 …………………………………………………… 186

　　6.9　本章常见错误总结 ………………………………………… 191

　本章小结 ………………………………………………………… 193

　习题六 …………………………………………………………… 194

　实验六 …………………………………………………………… 197

第7章　指针 ………………………………………………………… 200

　7.1　指针引例 …………………………………………………… 200

　7.2　指针变量的定义和引用 …………………………………… 200

　　　7.2.1　指针变量的定义 …………………………………… 201

　　　7.2.2　指针变量的引用 …………………………………… 202

　　　7.2.3　指针变量作函数的参数 …………………………… 205

　7.3　指针与数组 ………………………………………………… 206

　　　7.3.1　指针与一维数组 …………………………………… 206

　　　7.3.2　指针与二维数组 …………………………………… 210

　　　7.3.3　数组指针作函数的参数 …………………………… 212

　　　7.3.4　指针与字符数组 …………………………………… 217

　　　7.3.5　指针数组 …………………………………………… 220

　7.4　指针与函数 ………………………………………………… 221

　　　7.4.1　指向函数的指针变量的定义及使用 ……………… 221

　　　7.4.2　用指针类型数据作函数参数 ……………………… 223

　　　7.4.3　带参的主函数 ……………………………………… 225

　　　7.4.4　返回指针的函数 …………………………………… 226

　7.5　指向指针的指针 …………………………………………… 228

　7.6　指针应用举例 ……………………………………………… 229

　7.7　指针常见错误小结 ………………………………………… 232

　本章小结 ………………………………………………………… 234

　习题七 …………………………………………………………… 235

　实验七 …………………………………………………………… 237

第8章　结构体与共用体 ………………………………………… 240

　8.1　结构体引例 ………………………………………………… 240

　8.2　结构体类型声明与结构体变量定义 ……………………… 241

　　　8.2.1　结构体类型声明 …………………………………… 241

　　　8.2.2　结构体类型定义 …………………………………… 242

  8.2.3 结构体变量的引用和初始化 ……………………… 244

  8.2.4 结构体变量作为函数参数 ………………… 247

 8.3 结构体数组 …………………………………………… 249

  8.3.1 结构体数组的定义 …………………………… 250

  8.3.2 结构体数组的初始化 ………………………… 251

  8.3.3 结构体数组作为函数参数 …………………… 252

 8.4 结构体指针 …………………………………………… 254

  8.4.1 结构体指针变量的定义及引用 ……………… 254

  8.4.2 结构体数组指针 ……………………………… 255

  8.4.3 指向结构体的指针作为函数参数 …………… 256

 8.5 链表——结构体应用 ………………………………… 257

  8.5.1 链表概述 ……………………………………… 258

  8.5.2 链表基本运算 ………………………………… 258

  8.5.3 链表应用举例 ………………………………… 261

 8.6 共用体 ………………………………………………… 264

  8.6.1 共用体的定义 ………………………………… 266

  8.6.2 共用体的引用和初始化 ……………………… 267

 8.7 枚举类型 ……………………………………………… 268

  8.7.1 枚举类型的声明和变量定义 ………………… 269

  8.7.2 枚举类型变量的操作 ………………………… 270

 8.8 本章常见错误总结 …………………………………… 271

 本章小结 …………………………………………………… 274

 习题八 ……………………………………………………… 274

 实验八 ……………………………………………………… 276

第 9 章 文件 ……………………………………………… 283

 9.1 文件引例 ……………………………………………… 283

 9.2 文件概述 ……………………………………………… 284

 9.3 文件打开与关闭 ……………………………………… 284

  9.3.1 文件的打开 …………………………………… 284

  9.3.2 文件的关闭 …………………………………… 285

 9.4 文件的读写 …………………………………………… 286

  9.4.1 文件的字符读写 ……………………………… 286

  9.4.2 文件的字符串读写 …………………………… 290

  9.4.3 文件的格式化读写 …………………………… 292

  9.4.4 文件的数据块读写 …………………………… 293

 9.5 其他文件函数 ………………………………………… 295

  9.5.1 文件定位 ……………………………………… 295

  9.5.2 文件检测 ……………………………………… 298

9.6　综合应用举例 ··· 300

9.7　本章常见错误总结 ··· 307

本章小结 ·· 308

习题九 ·· 308

实验九 ·· 310

第 10 章　综合实例程序设计 ··· 314

10.1　程序设计的基本过程 ··· 314

10.2　综合程序设计实例 ·· 315

　　10.2.1　题目的内容要求 ··· 315

　　10.2.2　程序的功能设计 ··· 316

　　10.2.3　程序的数据设计 ··· 317

　　10.2.4　程序的函数设计 ··· 318

　　10.2.5　函数编程及调试 ··· 319

　　10.2.6　整体调试 ·· 338

　　10.2.7　程序维护 ·· 338

10.3　C 语言大型程序项目的管理 ··· 338

本章小结 ·· 339

习题十 ·· 339

附录 A　常用 ASCII 码字符对照表 ······································· 340

附录 B　编译错误信息 ·· 341

附录 C　常用库函数 ··· 354

附录 D　部分习题参考答案 ··· 363

习题一参考答案 ··· 363

习题二参考答案 ··· 364

习题三参考答案 ··· 366

习题四参考答案 ··· 368

习题五参考答案 ··· 371

习题六参考答案 ··· 373

习题七参考答案 ··· 378

习题八参考答案 ··· 383

习题九参考答案 ··· 386

参考文献 ··· 392

第 1 章　C 语言概述

随着时代的进步,计算机已经成为人们生活中不可或缺的一部分,但是你知道你使用的这些计算机软件是怎么来的吗? 是程序设计人员编写出来的。

C 语言是一种计算机程序设计语言,属高级语言范畴。它既具有高级语言的特点,又具有汇编语言的特点。本章主要介绍 C 语言的特点,结构,基本的输入输出,C 语言的编译环境和算法。

1.1　C 语言引例

【例 1-1】　显示"This is a C program!"的 C 语言程序。

```
#include<stdio.h>                    /* include 称为文件包含命令 */
void main()                          /* 函数首部 */
{
    printf("This is a C program!\n");    /* 通过 printf 函数,输出字符串 */
}
```

运行结果:

```
This is a C program!
```

本例很短,但五脏俱全。C 语言的源程序也叫源代码,字符是组成语言的最基本的元素。C 语言字符集由字母、数字、空白符、标点和特殊字符组成。字母主要是以英语单词为主,如 include、void、main 等;符号不能随意输入,每种符号在 C 语言中都有特定的意义,后续章节会陆续说明。在字符常量、字符串常量和注释中还可以使用汉字或其他可表示的图形符号。空白符主要有空格、制表符和换行符。

注意:空白符只在字符常量和字符串常量中起作用。在其他地方出现时,只起间隔作用,编译程序对它们忽略不计。因此在程序中是否使用空白符,不会对程序的编译发生影响,但在程序中适当的地方使用空白符将增加程序的清晰性和可读性。

main 是 C 语言源程序中主函数的名字,void 是"空"的意思,用来说明 main()函数的类型,也就是指执行完 main 函数后无须产生函数值。

printf()是 C 语言函数库提供的输出函数,其功能是可将小括号中的双引号内的字符原样输出。

【例 1-2】　从键盘输入两个整数,输出两个整数之和。

```
#include<stdio.h>            /* include 称为文件包含命令 扩展名为.h 的文件称为头文件 */
void main()                  /* 函数首部 */
{
    int a,b,sum;             /*定义三个整数类型变量 a,b,sum,以被后面程序使用 */
```

```
    scanf("%d,%d",&a,&b);           /* 从键盘获得两个整数 a,b */
    sum=a+b;                        /* 计算 a+b 的和,赋值给 sum */
    printf("a 加 b 的和是%d ",sum);  /* 通过 printf 函数,输出 sum 的值 */
}
```

运行结果:

```
9,10↙
a 加 b 的和是 19
```

以♯开头的命令被称为预处理命令,预处理命令还有其他几种(详见后续章节)。include 称为文件包含命令,其意义是把尖括号＜＞或双引号""内指定的文件包含到本程序来,成为本程序的一部分。此处的 stdio.h 是系统提供的一个函数库文件名,全称是 standard input & output,即标准输入输出函数库(详见附录),凡是在程序中调用一个库函数时,都必须包含该函数原型所在的头文件。C 语言规定对 scanf()和 printf()这两个函数可以忽略对其头文件的包含预处理命令。

C 语言程序是由函数组成的。一个完整的函数应该包含两部分,即函数首部和函数体。在本例第二行是函数的首部,由一对大括号{}括起的内容称作函数体,函数体主要用来说明当前函数的功能如何来实现;函数体又分为两部分,一部分为说明部分,另一部分为执行部分。说明部分指的是对变量的定义(函数类型和参数类型的说明)。例 1-1 中未使用变量,因此无说明部分。C 语言规定,源程序中所有用到的变量都必须先定义,后使用,否则将会出错。函数体内主要由语句来组成,语句最后必须有一个分号表示结束,即分号也属于 C 语句的一部分。

【例 1-3】 已知半径为 2.5cm,求圆面积。

```
#include<stdio.h>
void main()                 /* 主函数 */
{
    float s (float x);
    floatr,area;            /* 定义变量 r 和 area,并给 r 赋初值 2.5 */
    printf("请输入 r 的值\n");
    scanf("%f",&r);
    area=s(r);              /* 使用 s_area 函数,并将 r 的值传递给 s_area 函数的参数 */
    printf("圆面积为%f\n",area);
}
float s (float x)           /* 用来求圆面积的函数 s_area */
{
    return (3.14 * x * x); /* 函数的返回值 */
}
```

运行结果:

```
圆面积为 19.625000
```

例 1-3 的功能是由用户输入 1 个小数给变量 r,程序执行后输出以 r 为半径的圆面积。本程序由两个函数组成,主函数和 s 函数。函数之间是并列关系。在给 area 变量赋值时,程序从主函数中调用 s()函数,并将 r 的值传递给了 s()函数中的变量 x。s()函数的功能是计算圆面积,将结果返回给主函数并且赋值给主函数中的 area 变量。s()函数是一个用户自定义函数,需要在主函数中给出说明(见程序第 3 行)。在程序的每行后用/＊和＊/括起来的内容为注释部分,程序执行时不执行注释部分。注释的目的是让读者更方便地阅读和理解程序。

上述三个例题中的共同点是每个源程序都只有一个 main()函数。

1.1.1　C 程序基本结构

C 语言属于结构化和模块化的程序设计语言,C 语言程序以函数作为程序的基本模块单位,并具有结构化的控制语句(共 9 种)。

1. 程序的组成

每个程序一般由函数、编译预处理和注释 3 部分组成。

(1) 函数:函数定义是 C 程序的主体部分,程序的功能由函数来完成。

(2) 编译预处理:每个以符号♯开头的行,称预处理,是 C 提供的一种模块工具。

(3) 注释:用"/＊……＊/"括起的内容,可以占用多行。其作用是给程序设计者一种提示或记号。注释内容不参加程序的执行,主要是为了提高程序的可读性。

2. 函数的组成

(1) 每个函数(包括主函数)的定义分为两个部分:函数首部和函数体。

(2) 函数首部包括:函数类型、函数名和形式参数表。

函数首部的格式:

函数类型 函数名 (参数类型 参数名 1,参数类型 参数 2,…,参数类型 参数 n)

例如:

```
float s (float x)
```

(3) 函数体是由一对{}括起的语句序列,其中包括变量说明部分和实现函数功能的语句。

函数体的格式:

```
{
    变量类型 变量名;
    执行语句;
    …
    输出语句;
}
```

3. 程序结构特点

(1) 程序由一个或多个函数构成。每个 C 程序有且仅有一个主函数,函数名规定为 main,它由系统指定的。除主函数外,可以有一个或多个子函数(如 s()函数)。

(2) 主函数是整个程序的主控模块,是程序的入口,C 程序运行时从 main()函数开始执行,最终在 main()函数中结束。

(3) 函数在执行过程中可以根据程序的需要调用系统提供的库函数,例如在程序用到的 scanf()或 printf()函数,它们的原型包含在 stdio. h 文件中。

(4)源程序中可以有预处理命令(include 命令仅为其中的一种),预处理命令通常应放在源程序的最前面。

(5)每一个说明,每一个语句都必须以分号结尾。

(6)类型和函数名或变量名之间必须至少加一个空格间隔。

1.1.2　C 程序书写格式

C 语言语法限制不严,程序设计自由度大,但应书写清晰,便于阅读、理解和维护,在书写程序时应尽量遵循以下原则:

(1)一个说明或一条语句占一行。main()函数可以放在程序的任意位置。

(2)大括号{}里的内容,通常表示程序中的函数体或由多条语句所构成的复合语句结构。{}一般与该结构语句的第一个字母对齐,并单独占一行。

(3)为增加程序的可读性。低一层次的语句或说明可比高一层次的语句或说明缩进若干格后书写,以便看起来更加清晰。

1.2　基本的输入输出函数的用法

在运行程序时,用户往往需要输入一些数据,程序会根据输入的数据进行运算并将正确的结果输出给用户,从而实现人与计算机之间的交互,所以在程序设计中,输入和输出是必不可少的操作。在 C 语言中,没有专门的输入输出语句,所谓输入输出是以计算机为主体而言的。所有的输入输出操作都需要借助于输入输出函数来实现,因此都是函数调用语句。

这些函数的原型都写在 stdio. h 文件中,故在程序中如果要使用输入输出函数,则需要在程序开始部分进行说明。本节仅介绍格式化输入函数 scanf 和格式化输出函数 printf(),printf()函数是向标准输出设备显示器输出数据的函数调用语句。在使用 C 语言库函数时,要用预编译命令♯include 将有关"头文件"包括到源文件中。使用标准输入输出库函数时要用到 stdio. h 文件,编译命令♯include<stdio. h>或♯include "stdio. h"。

stdio 是 standard input &outupt 的意思。考虑到 printf()和 scanf()函数使用频繁,系统允许在使用这两个函数时可不加♯inclnde<stdio. h>或♯inclnde "stdio. h"。

1.2.1　scanf()函数

scanf()函数称为格式输入函数,即按用户指定的格式从键盘上把数据输入到指定的变量之中,scanf()函数是一个标准库函数。

scanf()函数的一般形式为:

scanf("格式控制字符串",地址表列);

其中,格式控制字符串的作用与 printf()函数相同,程序设计人员可以在此处规定输入的具体格式。地址表列中列出接收数据的变量的地址。变量的地址是在变量名前加求地址运算符"&"。在 C 语言中,计算机中的数据都要通过内存,而内存的基本存储单位是字节,也可以叫做存储单元,每个存储单元都由系统分配一个编号,这个编号就是地址。

例如：

&a,&b

& 是一个取地址运算符，&a 是一个表达式，其功能是求变量的地址。分别表示变量 *a* 和变量 *b* 的地址。这个地址就是系统在内存中给 *a*,*b* 变量分配的地址。

变量的地址和变量值的关系如下：

在赋值表达式中给变量赋值，a=56

则，a 为变量名，56 是变量的值，&a 是变量 a 的地址，如图 1-1 所示。

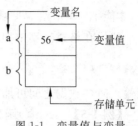

图 1-1　变量值与变量

但赋值号左边是变量名，不能写地址，可以用于在设计程序就给定的固定值，而 scanf()函数在本质上也是给变量赋值，但要求写变量的地址，如 &a，程序运行后，需要用户输入数值给变量。这两者在形式上和含义上都是不同的。

当输入多个数值数据时，若格式控制串中没有非格式字符作输入数据之间的间隔则可用空格，Tab 或回车作间隔，C 语言程序编译时在遇到空格、Tab、回车或非法数据（如对"％d"，输入"12A"时，在 A 即为非法数据）时即认为该数据输入结束。

【例 1-4】　scanf 函数中连续输入数值型数据。

```c
#include<stdio.h>
void main()
{
    int a, b, c;
    printf("input a, b, c\n");
    scanf("%d%d%d", &a, &b, &c);
    printf("a=%d, b=%d, c=%d", a, b, c);
}
```

运行结果：

```
input a, b, c
7 8 9↙
a=7, b=8, c=9
```

在例 1-4 中，先用 printf()语句在屏幕上输出提示，"输入 a,b,c 的值"。执行 scanf()函数，进入用户屏幕等待用户输入。用户输入 7 8 9 后按回车键。在 scanf 语句的格式串中，由于没有普通字符在％d％d％d 之间作输入时的间隔，在输入时要用一个以上的空格、回车键或制表键 Tab 键作为每两个输入数之间的间隔。

输入字符数据时，若格式控制串中无非格式字符，则认为所有输入的字符均为有效字符。

例如：

```c
scanf("%c%c%c", &a, &b, &c);
```

输入为：

```
    d e f↙
```

则把'd'赋予 a,' '赋予 b,'e'赋予 c。

只有当输入为：

```
    def↙
```

时,才能把'a'赋值给 a,'e'赋值给 b,'f'赋值给 c。

如果在格式控制中加入空格作为间隔,如：

```
    scanf("%c %c %c", &a, &b, &c);
```

则输入时各数据之间可加空格。

【例 1-5】 scanf()函数中连续输入字符型数据。

```
#include<stdio.h>
void main()
{
    char a, b;
    printf("input character a,b\n");
    scanf("%c%c", &a, &b);
    printf("%c%c\n", a, b);
}
```

运行结果：

```
input character a,b
MN↙
MN
```

由于 scanf()函数%c%c 中没有空格,若输入 M N,输出结果只有 M。而输入 MN 时则可输出 MN 两字符。scanf 格式控制串%c %c 之间有空格时,输入的数据之间可以有空格间隔。

scanf()函数的格式控制字符串也是变化多样的,除了包含普通的格式字符如表 1-1 外,还可以有 * ,输入宽度等修饰,格式字符串的一般形式为：

%[*][输入数据宽度]类型

其中有方括号[ ]的项为任选项可有可无。格式字符串是以%开头的字符串,在%后面跟有各种格式字符各项的意义如表 1-1 所示。

表 1-1 表示输入数据的类型

格式字符	意　　义	格式字符	意　　义
d	输入十进制整数	f,e	输入单精度实型数(用小数形式或指数形式)
o	输入八进制整数	c	输入单个字符
x	输入十六进制整数	s	输入字符串
u	输入无符号十进制整数		

＊符用以表示该输入项，读入后不赋予相应的变量，即跳过该输入值。

例如：

```
scanf("%d% * d%d", &a, &b);
```

当输入为 1 2 3 ✓，把 1 赋予 a，2 被跳过，3 赋予 b。

宽度：用十进制整数指定输入的宽度（即字符数）。

例如：

```
scanf("%5d", &a);
```

输入：12345678 ✓

只把 12345 赋予变量 a，其余部分被截去。

又如：

```
scanf("%4d%4d", &a, &b);
```

输入：12345678 ✓

将把 1234 赋予 a，而把 5678 赋予 b。

长度：长度格式符为 l 和 h，l 表示输入长整型数据（如%ld）和双精度浮点数（如%lf）；h 表示输入短整型数据。

如果格式控制串中有非格式字符，则输入时也要输入该非格式字符。

例如：

```
scanf("%d,%d,%d",&a,&b,&c);
```

其中用非格式符","作间隔符，故输入时应为：

```
5,6,7
```

又如：

```
scanf("a=%d,b=%d,c=%d",&a,&b,&c);
```

则输入应为：

```
a=5,b=6,c=7
```

使用 scanf() 函数还必须注意以下几点。

（1）scanf() 函数中没有精度控制，如：scanf("%5. 2f"，&a);是非法的。不能企图用此语句输入小数为两位的实数。

（2）scanf() 函数中要求给出变量地址，如给出变量名则会出错。如：scanf("%d"，a);是非法的，改为 scanf("%d"，&a);才是合法的。

（3）如输入的数据与输出的类型不一致时，虽然编译能够通过，但结果将不正确。

【例 1-6】 输入输出类型不一致。

```
#include<stdio.h>
void main()
{
```

```
    short a;
    printf("input a number\n")
    scanf("%hd", &a);
    printf("%ld", a);
}
```

运行结果：

```
input a number
1234567890↙
错误数据
```

由于输入数据类型为短整型，而输出语句的格式串中说明为长整型，因此输出结果和输入数据不符。

如修改例 1-6 程序如下。

```
#include<stdio.h>
void main()
{
    long a;
    printf("input a long integer\n");
    scanf("%ld", &a);
    printf("%ld", a);
}
```

运行结果：

```
input a long integer
1234567890
1234567890
```

当输入数据改为长整型后，输入输出数据相等。

【例 1-7】 由用户输入两个整数，程序执行后输出其中较大的数。

```
#include<stdio.h>
void main()                      /* 主函数 */
{
    int max(int a,int b);        /* 函数说明 */
    int x,y,z;                   /* 变量说明 */
    int max(int a,int b);        /* 函数说明 */
    printf("input two numbers:\n");
    scanf("%d%d",&x,&y);         /* 输入 x,y 值 */
    z=max(x,y);                  /* 调用 max 函数 */
    printf("max mum=%d",z);      /* 输出 */
}
int max(int a,int b)             /* 定义 max 函数 */
{
    if(a>b)
    return a;
```

```
        else
            return b;                    /* 把结果返回主调函数 */
}
```

运行结果：

```
input two numbers:
78 98↙
max mum=98
```

例 1-7 中程序的执行过程是,输出提示字符串"input two numbers:",输入两个整数后,由 scanf()函数语句接收这两个数送入变量 x,y 中,然后调用 max()函数,并把 x,y 的值传送给 max()函数的参数 a,b。在 max()函数中比较 a,b 的大小,把大者的数值返回给主函数的变量 z,最后输出 z 的值。

上例的程序由两个函数组成,主函数和 max()函数。函数之间是并列关系。可从主函数中调用其他函数。max()函数的功能是比较两个数,然后把较大的数返回给主函数。max()函数是一个用户自定义函数。因此在主函数中要给出说明(程序第 4 行)。可见,程序的说明部分,不仅可以有变量说明,还可以有函数说明。关于函数的详细内容将在第 5 章介绍。在程序的每行后用/ * 和 * /括起来的内容为注释部分,程序不执行注释部分。

1.2.2　printf()函数

printf()函数称为格式输出函数,最后一个字母 f 即为"格式"(format 之意)。其功能是按用户指定的格式,把指定的数据显示到显示器屏幕上。在前面的例题中本书已多次使用过这个函数。

(1) printf()函数调用的一般形式。

printf()函数是一个标准库函数,它的函数原型在头文件 stdio.h 中。但作为一个特例,它不要求在使用 printf()函数之前必须包含 stdio.h 文件。

printf()函数调用的一般形式为:

```
printf("格式控制字符串",输出表列);
```

其中"格式控制字符串"用于指定输出格式。"格式控制字符串"可由格式字符串和非格式字符串两种组成。格式字符串是以％开头的字符串,在％后面跟有各种格式字符,以说明输出数据的类型、形式、长度和小数位数等。如:"％d"表示按十进制整型输出;"％ld"表示按十进制长整型输出;"％c"表示按字符型输出等,详见表 1-2。

表 1-2　表示输出数据的类型

格 式 字 符	意　　　义
d	以十进制形式输出带符号整数(正数不输出符号)
o	以八进制形式输出无符号整数(不输出前缀 0)
x,X	以十六进制形式输出无符号整数(不输出前缀 0X)

格 式 字 符	意 义
u	以十进制形式输出无符号整数
f	以小数形式输出单、双精度实数
e,E	以指数形式输出单、双精度实数
g,G	以%f 或%e 中较短的输出宽度输出单、双精度实数
c	输出单个字符
s	输出字符串

非格式字符串在输出时原样输出。

输出表列中给出了各个输出项,要求格式字符串和各输出项在数量和类型上应该一一对应。

【例 1-8】 以不同格式输出整型数据。

```c
#include<stdio.h>
void main()
{
    int a=88, b=89;
    printf("%d %d\n", a, b);
    printf("%d,%d\n", a, b);
    printf("%c, %c\n", a, b);
    printf("a=%d, b=%d", a, b);
}
```

运行结果:

```
88 89
88,89
X,Y
a=88,b=89
```

本例 4 次输出了 a,b 的值,但由于格式控制串不同,输出的结果也不相同。第 1 条输出语句格式控制串中,两格式串%d 之间加了一个空格(非格式字符),所以输出的 a,b 值之间有一个空格。第 2 条 printf()函数的格式控制串中加入的是非格式字符逗号,因此输出的 a,b 值之间加了一个逗号。第 3 条 printf()函数的格式串要求按字符型输出 a,b 值。最后为了提示输出结果又增加了非格式字符串。

(2) 为了得到更加规范整齐的输出,输出格式控制字符串中的格式控制符可以加修饰符,用于指定输出数据的宽度、精度、小数位数和对齐方式等,修饰符写在%和格式字符串之间,详见表 1-3。

输出最小宽度:用十进制整数来表示输出的最少位数。若实际位数多于定义的宽度,则按实际位数输出,若实际位数少于定义的宽度则补以空格或 0。

表 1-3　格式控制字符串的修饰符

修饰符	意　义
m	以宽度 m 输出数值,不足 m 时,向右对齐,左边补空格
0m	以宽度 m 输出数值,不足 m 时,向右对齐,左边补零
m.n	以宽度 m 输出实行小数,小数位数为 n 位
—	结果左对齐,右边填空格
＋	输出符号(正号或负号)
空格	输出值为正时冠以空格,为负时冠以负号
＃	对 C,S,d 和 U 类无影响;对八进制 o 类,在输出时加前缀 0;对十六进制 X 类,在输出时加前缀 0x 或 0X;对 G 和 g 类防止尾随 0 被删除;对于所有的浮点形式,＃保证了即使不跟任何数字,也打印一个小数点字符

精度:精度格式符以".."开头,后跟十进制整数。本项的意义是:如果输出数字,则表示小数的位数;如果输出的是字符,则表示输出字符的个数;若实际位数大于所定义的精度数,则截去超过的部分。

长度:长度格式符为 h,l 两种,h 表示按短整型量输出,l 表示按长整型量输出。

如:%5d,表示输出宽度为 5 的整数。

【例 1-9】　带有修饰符的格式控制符在输出函数中的应用。

```
#include<stdio.h>
void main()
{
    int a=15;
    float b=123.1234567;
    double c=12345678.1234567;
    char d=' p';
    printf("a %d, %5d, %o, %x\n", a, a, a, a);
    printf("b=%f, %lf, %5.4lf, %e\n", b, b, b, b);
    printf("c %lf, %f, %8.4lf\n", c, c, c);
    printf("d=%c, %8c\n", d, d);
}
```

运行结果:

```
a=15,    15,17,f
b=123.123459,123.123459,123.1235,1.231235e+002
c=12345678.123457,12345678.123457,12345678.1235
d=p,        p
```

本例以不同的格式分别输出 a,b,c,d 四个变量的值,其中在输出变量 a 时,%5d 要求输出宽度为 5,而 a 值为 15 只有两位左边补 3 个空格。输出实型量 b 的值,其中%f 和%lf 格式的输出相同,说明 lf 和%f 对实型一样。%5.4lf 指定输出宽度为 5,精度为 4,由于实际长度超过 5 故应该按实际位数输出,小数位数超过 4 位部分被截去。按照%8.4lf 的格式输

出双精度实型变量 c 时,由于指定精度为 4 位故截去了超过 4 位的部分。输出字符型变量 d,其中%8c 指定输出宽度为 8,故在输出字符 p 之前补加 7 个空格。

【同步练习】 如果在一个程序中 scanf 函数的参数中有 3 个变量,按照顺序分别是%d%c%d,应该如何输入才能得到正确的值,程序如下。

```
#include<stdio.h>
void main()
{
    int a,b;
    char c;
    scanf("%d%c%d",&a,&c,&b);
    printf("\na=%d,b=%d,c=%c\n",a,b,c);
}
```

1.3　C 程序运行环境

C 语言是一种高级计算机语言,所编写出来的程序不能直接被计算机识别和执行,需要编译工具编译后才能执行,运行一个 C 程序,从输入源程序开始,要经过编辑源程序文件(.C)、编译生成目标文件(.obj)、连接生成可执行文件(.exe)和执行 4 个步骤。

C 的编译工具很多,Turbo C 是一款经典编译器,WIN-TC 一个非常实用的编译器,简化了 TC 的操作,Visual C++ 6.0 功能强大,支持 C++。下面将主要介绍运行 C 语言源程序在 Visual C++ 6.0 中运行 C 语言源程序。

1.3.1　Visual C++

1. 初识 Visual C++ 6.0

Visual C++ 6.0 是目前微软公司推出的使用极为广泛的基于 Windows 平台的可视化集成开发环境,它和 Visual Basic、Visual FoxPro 及 Visual J++ 等其他软件构成了 Visual Studio(又名 Developer Studio)程序设计软件包。Developer Studio 是一个通用的应用程序集成开发环境,包含了一个文本编辑器、资源编辑器、工程编译工具、一个增量连接器、源代码浏览器和集成调试工具,以及一套联机文档。使用 Visual Studio,可以完成创建、调试和修改应用程序等的各种操作。

Visual C++ 6.0 提供面向对象技术的支持,它能够帮助使用 MFC 库的用户自动生成一个具有图形界面的应用程序框架。用户只需在该框架的适当部分添加和扩充代码就可以得到一个满意的应用程序。

Visual C++ 6.0 除了包含文本编辑器,C/C++ 混合编译器,连接器和调试器外,还提供了功能强大的资源编辑器和图形编辑器,利用"所见即所得"的方式完成程序界面的设计,大大减轻程序设计的劳动强度,提高程序设计的效率。

VC++ 的功能强大,用途广泛,不仅可以编写普通的应用程序,还能很好地进行系统软件设计及通信软件的开发。

运行 Visual Studio 软件中的 setup.exe 程序,选择安装 Visual C++ 6.0,然后按照安装

程序的指导完成安装过程。

安装完成后，在开始菜单的程序选单中有 Microsoft Visual Studio 6.0 图标，选择其中的 Microsoft Visual C++ 6.0 即可运行（也可在 Window 桌面上建立一个快捷方式，以后双击即可运行）。

开发环境界面由标题栏、菜单栏、工具栏、项目工作区窗口、文档窗口、输出窗口和状态栏等组成，如图 1-2 所示。

图 1-2　Visual C++ 界面介绍

Visual C++ 6.0 和微软的 Office 窗口类似，都属于双窗口模式，分为软件窗口和文档窗口，双击文档窗口的标题栏，可以直接嵌入在软件窗口中。

标题栏显示出当前被操作的文档的文件名，右侧有"最小化"、"最大化"或"还原"以及"关闭"按钮，单击"关闭"按钮将退出开发环境。

菜单栏为用户提供了文档操作、程序的编译、调试和窗口操作等一系列的功能，包含开发环境中几乎所有的命令，菜单中的一些常用命令还被排列在相应的工具栏上，以便用户更便捷地操作。

项目工作区窗口包含用户项目的一些信息，包括：类、项目文件和资源等。通过右击项目工作区窗口中的任何标题或图标，都会弹出相应的快捷菜单，包含当前状态下的一些常用操作。

文档窗口可以显示各种程序代码的源文件、资源文件和文档文件等，方便编辑。

输出窗口一般出现在开发环境窗口的底部，包括编译（Build）、调试（Debug）和查找文件（Find in Files）等相关信息的输出。这些输出信息以多页面标签的形式出现在输出窗口中，例如"编译"页面标签显示的是程序在编译和连接时的进度及错误信息。

状态栏一般位于开发环境的最底部，它用来显示当前操作状态、注释和文本光标所在的行列号等信息。

通过右击菜单栏或工具栏右侧空白处可以实现对部分功能的隐藏或显示。

2. 使用 Visual C++ 6.0 建立 C 语言应用程序

利用 VC++ 6.0 提供的一种控制台操作方式，可以建立 C 语言应用程序，Win32 控制台程序（Win32 Console Application）是一类 Windows 程序，它不使用复杂的图形用户界面，程序与用户交互是通过一个标准的正文窗口，下面本书将对使用 Visual C++ 6.0 编写简单的 C 语言应用程序作一个初步的介绍。

（1）要在 Visual C++ 中编译 C 语言程序首先需要创建工程，执行"文件"|"新建"命令，在弹出的"新建"窗口的"工程"选项卡中，执行 Win32 Console Application，输入工程名称，选择存储位置，选中"创建新的工作空间"，单击"确定"按钮，如图 1-3 所示。

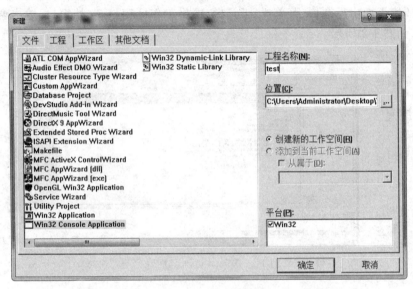

图 1-3　Visual C++ "新建" 窗口

（2）创建"一个空工程"，创建 Win32 Console Application 时，提示步骤建立何种类型的控制台程序，选择"一个空工程"，如图 1-4 所示。

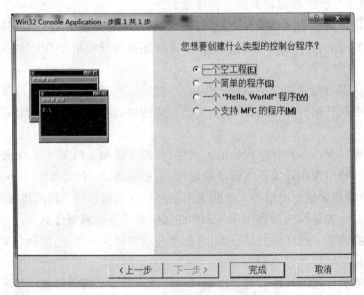

图 1-4　控制台程序的类型

（3）创建 C 源文件，执行"文件"|"新建"命令，在"文件"选项卡下，选择 C/C++ Source File，在右侧区域给文件起名，选择保存位置，单击"确定"按钮，如图 1-5 所示。

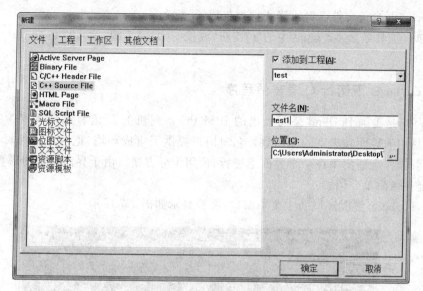

图 1-5　创建 C 的源程序文档

（4）编辑 C 源程序，除双引号内的字符串和注释部分可以使用汉字及汉字符号外，其余一律采用英文字符输入，如图 1-6 所示。

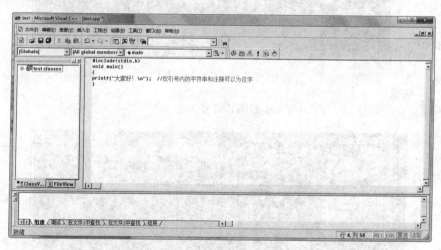

图 1-6　C 源程序的编辑

（5）编译 C 源程序，生成 .obj 的目标文件。单击工具条 中的 按钮，或按 Ctrl＋F7 键进行编译。当输出窗口显示：

```
test.obj-0 error(s), 0 warning(s)
```

说明 test 的 C 源程序文件已经转换成 .obj 目标文件了。

（6）组建与链接，单击工具条 中的 按钮，或按 F7 键，进行组建和链接，生成 .exe 可执行文件。当输出窗口显示：

```
test.exe-0 error(s), 0 warning(s)
```

表示 test. exe 可执行文件已经正确无误地生成了。

(7) 单击工具条 中的 ！按钮，或按 Ctrl＋F5 键，就可以运行 test. exe 这个文件了。

1.3.2　Turbo C 下运行 C 语言源程序

Turbo C 是美国 Borland 公司推出的 IBM PC 系列机的 C 语言编译程序。它具有方便、直观、易用的界面和丰富的库函数。它向用户提供了集成环境，把程序的编辑、编译、连接和运行等操作全部集中在一个界面上进行，使用十分方便。由于界面并非图形界面，用户较少，此处只做简单介绍。

进入 Turbo C 集成环境的主菜单窗口，屏幕显示如图 1-7 所示。

图 1-7　Turbo C 的运行界面

（1）建立一个新文件。File|New，如图 1-8 所示。

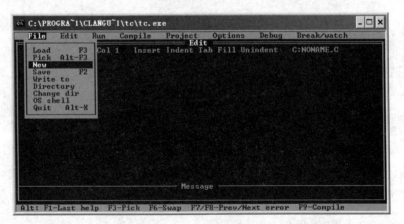

图 1-8　Turbo C 建立新文件界面

（2）在新文件界面编辑源程序，如图 1-9 所示。

（3）进行编译源程序。Compile|Compile to OBJ，如图 1-10 所示。

（4）查看编译结果，在弹出的对话框中显示当前编译的文件名称、位置、警告、错误和成功与否等信息，如图 1-11 所示。

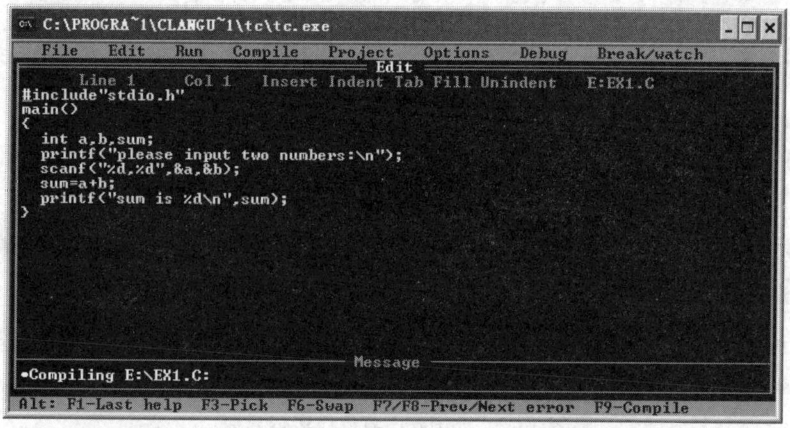

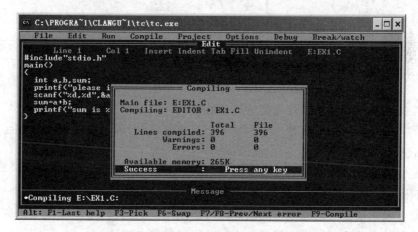

图 1-9　Turbo C 源程序编辑界面

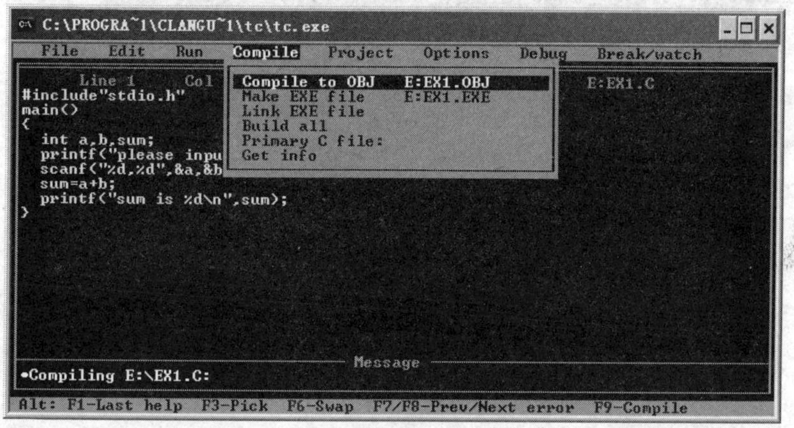

图 1-10　Turbo C 进行编译源程序界面

图 1-11　Turbo C 源程序编译结束界面

（5）运行源程序，选择 Run|Run 菜单，或者按 Ctrl＋F9 键，如图 1-12 所示。

（6）按 Alt＋F5 键查看程序运行结果，如图 1-13 是程序运行后的界面。

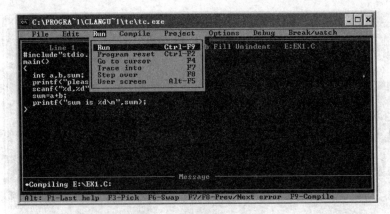

图 1-12　Turbo C 源程序运行界面

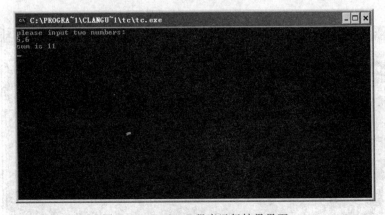

图 1-13　Turbo C 程序运行结果界面

1.4　算　　法

　　一个程序应包括：对数据的描述，在程序中要指定数据的类型和数据的组织形式，即数据结构；对操作的描述，即操作步骤，也就是算法。

　　　　　　程序＝算法＋数据结构＋程序设计方法＋语言工具和环境

　　这 4 个方面是一个程序涉及人员应具备的知识。

　　本课的目的是让同学们熟悉怎样编写一个 C 程序，进行编写程序的初步训练，因此，只介绍算法的基础知识。

　　算法是为解决问题而需要的过程步骤，C 语言程序设计的算法是指能够对一定规范的输入，在有限时间内获得所要求的输出。如果一个算法有缺陷，或不适合于某个问题，执行这个算法将不会解决这个问题。不同的算法可能用不同的时间、空间或效率来完成同样的任务。一个算法的优劣可以用空间复杂度与时间复杂度来衡量。

　　算法可以理解为有基本运算及规定的运算顺序所构成的完整的解题步骤。或者看成按照要求设计好的有限的确切的计算序列，并且这样的步骤和序列可以解决一类问题。

　　一个有效算法应该具有以下特点。

（1）有穷性。一个算法应包含有限的操作步骤，而不能是无限的。

（2）确定性。算法中的每一个步骤都应当是确定的，而不应当是含糊的、模棱两可的。

（3）有零个或多个输入。所谓输入是指在执行算法时需要从外界取得必要的信息。

（4）有一个或多个输出。算法的目的是为了求解，"解"就是输出。没有输出的算法是没有意义的。

（5）有效性。算法中的每一个步骤都应当能有效地执行，并得到确定的结果。

对于一般最终用户来说，他们并不需要在处理每一个问题时都要自己设计算法和编写程序，可以使用别人已设计好的现成算法和程序，只需根据已知算法的要求给予必要的输入，就能得到输出的结果。

1.4.1 程序设计与算法

什么是程序？程序＝数据结构＋算法。

程序设计语言一般分为机器语言、汇编语言和高级语言三大类。

1. 机器语言

对于计算机来说，由 0 和 1 二进制组成的一组机器指令就是程序，称为机器语言程序。机器语言程序能够被计算机直接识别执行，但不易编写和修改。

2. 汇编语言

为了便于理解与记忆，人们采用能帮助记忆的英文缩写符号（称为指令助记符）来代替机器语言指令代码中的操作码，用地址符号来代替地址码。

3. 高级语言

机器语言和汇编语言都是面向机器的语言，一般称为低级语言。对于面向对象程序设计，强调的是数据结构，而对于面向过程的程序设计语言如 C、Pascal 和 FORTRAN 等语言，主要关注的是算法。掌握算法，也是为面向对象程序设计打下一个扎实的基础。那么，什么是算法呢？

人们使用计算机，就是要利用计算机处理各种不同的问题，这就需要分析问题，确定解决问题的具体方法和步骤，编制好一组让计算机执行的指令即程序，交给计算机，让计算机按人们指定的步骤有效地工作。这些具体的方法和步骤，其实就是解决一个问题的算法。根据算法，依据某种规则编写计算机执行的命令序列，就是编制程序，而书写时所应遵守的规则，即为某种语言的语法。

程序设计的关键之一，是解题的方法与步骤，是算法。学习高级语言的重点，就是掌握分析问题和解决问题的方法，就是锻炼分析、分解，最终归纳整理出算法的能力。与之相对应，具体语言，如 C 语言的语法是工具，是算法的一个具体实现。所以在高级语言的学习中，一方面应熟练掌握该语言的语法，因为它是算法实现的基础；另一方面必须认识到算法的重要性，加强思维训练，以写出高质量的程序。

程序设计算法：计算机能够执行的算法。

程序设计算法可分为两大类。

数值运算算法：求数值解。

非数值运算算法：求非数值解，主要应用于事务管理领域。

对于数值型问题，一般要考虑数学模型的设计，或者要对常用的一些方法进行分析与比较,从而根据问题的性质选择一种合理的解决方案。所谓算法,是指解题方案的准确而完整的描述。

C 语言程序设计采用的是结构化程序设计,所谓结构化程序设计是要求把程序的结构限制为顺序、选择和循环 3 种基本结构,以便提高程序的可读性。

顺序结构就是从头到尾依次执行每一个语句;分支结构根据不同的条件执行不同的语句或者语句体;循环结构就是重复的执行语句或者语句体,达到重复执行一类操作的目的。

算法的要求主要有以下几点。

(1) 正确性。一个算法应当能够解决具体问题。其"正确性"(correctness)可分为以下方面。

① 不含逻辑错误。

② 对于几组输入数据能够得出满足要求的结果。

③ 对于精心选择的典型、苛刻的输入数据都能得到要求的结果。

④ 对于一切合法的输入都能输出满足要求的结果。

(2) 可读性。算法应该以能够被人理解的形式表示,即具备可读性(readability)。太复杂的和不能被程序员所理解的算法难以在程序设计中采用。

(3) 健壮性。健壮性指算法具有抵御"恶劣"输入信息的能力。当输入数据非法时,算法也能适当地作出反应或进行处理,而不会产生莫名其妙的输出结果。例如,当输入 3 个边的长度值计算三角形的面积时,一个有效的算法应该在 3 个输入数据不能构成一个三角形时报告输入的错误,应能够返回一个表示错误或错误性质的值并中止程序的执行。

(4) 效率与低存储量的需求。高效率和低存储量是优秀程序员追求的目标。效率指的是算法执行时间,对于一个问题如果有多个算法可以解决,则执行时间短的算法效率高。存储量的需求指算法执行过程中所需要的最大存储空间。高效率与低存储量的需求均与问题的规模有关。占用存储量最小和运算时间最少的算法就是最好的算法。但是在实际中,运行时间和存储空间往往是互相矛盾的,要根据具体情况选择更优先考虑哪一个因素。

下面将通过举例来介绍设计一个算法的方法。

【例 1-10】 输入 3 个数,然后输出其中最大的数。

首先,这 3 个数得存放,我们定义 3 个变量 a、b 和 c,将 3 个数依次输入到 a、b 和 c 中,另外,再准备一个 max 变量存放最大数。

计算机一次只能比较两个数,首先比较 a 和 b 的大小,较大数值存入 max 中;再将 max 与 c 比较,再次将较大者存入 max 中;最后,把 max 输出,此时 max 中存放的就是 a,b,c 三数中最大数。算法可以表示如下:

S1:输入 a、b、c。

S2:a 与 b 中大的一个放入 max 中。

S3:把 c 与 max 中大的一个放入 max 中。

S4:输出 max,max 即为最大数。

其中的 S2、S3 两步仍不详细,无法直接转化为 C 语句,可以继续细化:

S2:把 a 与 b 中较大者存入 max 中,若 a>b,则 max←a;否则 max←b。

S3:把 c 与 max 中较大者存入 max 中,若 c>max,则 max←c。

于是算法最后可以写成:

S1：输入 a，b，c。

S2：若 a＞b，则 max←a；

否则 max←b。

S3：若 c＞max，则 max←c。

S4：输出 max，max 即为最大数。

这样的算法已经可以很方便地转化为相应的程序语句了。

【例1-11】 求 $1*2*3*4*5$。

最原始方法：

S1：先求 $1*2$，得到结果 2。

S2：将 S1 得到的乘积 2 乘以 3，得到结果 6。

S3：将 6 再乘以 4，得 24。

S4：将 24 再乘以 5，得 120。

这样的算法虽然正确，但太繁琐。

改进的算法：

S1：使 t＝1。

S2：使 i＝2。

S3：使 t*i，乘积仍然放在变量 t 中，可表示为 t←t*i。

S4：使 i 的值＋1，即 i←i＋1。

S5：如果 i＜5，返回重新执行步骤 S3 以及其后的 S4 和 S5；否则，算法结束。

如果计算 100! 只改 S5；若 i≤5 改成 i≤100 即可。

如果改求 $1*3*5*7*9*11$，算法也只需做很少的改动：

S1：t←1

S2：i←3

S3：t←t*i

S4：t←i＋2

S5：若 i＜11，返回 S3，否则，结束。

该算法不仅正确，而且是计算机较好的算法，因为计算机是高速运算的自动机器，实现循环轻而易举。

1.4.2 算法的描述

算法的描述方法有自然语言描述、伪代码、流程图、N-S 图和 PAD 图等。

解决某一问题的具体方法和步骤怎样表示呢？当然可以用语言来描述，除此之外，还可以采用传统流程图和 N-S 流程图等。下面将分别介绍最常用的几种方法。

1. 自然语言描述法

【例1-12】 求 $n!(n \geqslant 0)$。

第 1 步：输入 n 的值。

第 2 步：判别一下 n 的值，如果小于 0，则显示"输入错误"信息，然后执行第 5 步。

第 3 步：判断一下 n 的值如果大于或等于 0，则进行以下操作。

（1）给存放积的变量 fac 赋初值为 1。

（2）给代表乘数的变量 i 赋初值为 1。

（3）进行连乘运算：fac←fac * i。

（4）乘数 i 增加 1：$i←i+1$。

（5）判断乘数 i 是否大于 n，如果 i 的值不大于 n，重复执行第 3 步，否则执行第 4 步。

第 4 步：输出 fac 的值，即 $n!$ 值。

第 5 步：结束运行。

用自然语言表示通俗易懂，但文字冗长，容易出现歧义性；用自然语言描述包含分支和循环的算法，不很方便；除了很简单的问题外，一般不用自然语言。

2. 传统流程图描述法

传统流程图是一种传统的算法表示法，借助一些图形符号来表示算法的一种工具，用流程线来指示算法的执行方向。这些图形符号均采用美国国家标准协会 ANSI 规定的通用符号，在世界上也是通用的，如图 1-14 所示。这种表示方法直观形象，容易理解。

流程图利用几何图形的框来代表各种不同性质的操作，由于它简单直观，所以应用广泛，特别是在早期语言阶段，只有通过流程图才能简明地表述算法，流程图成为程序员们交流的重要手段，直到结构化的程序设计语言出现，对流程图的依赖才有所降低。

（1）顺序结构是简单的线性结构，各框按顺序执行，其流程图的基本形态如图 1-15 所示，语句的执行顺序为：A→B→C。

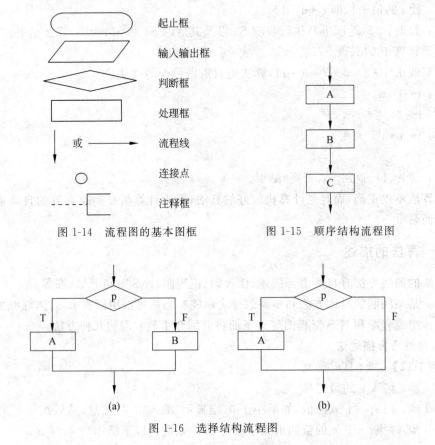

图 1-14　流程图的基本图框　　　　图 1-15　顺序结构流程图

图 1-16　选择结构流程图

（2）选择结构是对某个给定条件进行判断,条件为真或假时分别执行不同的框的内容。其基本形状有两种,如图 1-16(a)、(b)所示。图 1-16(a)的执行序列为:当条件 P 为真时执行 A,否则执行 B;图 1-16(b)的执行序列为:当条件 P 为真时执行 A,否则什么也不做。在流程图中,判断框左边的流程线表示判断条件为"真"时的流程,右边的流程线表示条件为"假"时的流程,有时就在其左、右流程线的上方分别标注"真""假"或"T""F"或"Y""N"。

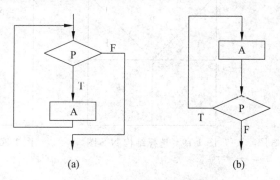

图 1-17　循环结构流程图

（3）循环结构有两种基本形态:当型循环和直到型循环,流程图如图 1-17。

（a）图为 while 型循环。

执行序列为:当条件 P 为真时,反复执行 A,一旦 P 为假,跳出循环,执行循环后的语句。

（b）图为 do-while 型循环。

执行序列为:首先执行 A,再判断条件 P,P 为真时,反复执行 A,一旦 P 为假,结束循环,执行循环后的下一条语句。

A 被称为循环体,条件 P 被称为循环控制条件。

注意:在循环体中,必然对条件要判断的值进行修改,使得经过有限次循环后,循环能够结束,当型循环中循环体可能一次都不执行,而直到型循环则至少执行一次循环体。直到型循环可以很方便地转化为当型循环,而当型循环不一定能转化为直到型循环。

3. N-S 流程图描述法

N-S 流程图是由美国两位学者(I. Nassi 和 B. Schneiderman)提出的。这种算法描述工具完全取消了流程线,所有的算法均以 3 种基本结构作为基础。既然任何算法都是由前面介绍的 3 种结构组成,所以各基本结构之间的流程线就是多余的,因此,N-S 图也是算法的一种结构化描述方法。NS 图是一种不允许破坏结构化原则的图形算法描述工具,又称盒图。

NS 图有以下几个基本特点。

- 功能域明确
- 很容易确定局部和全局数据的作用域
- 不可能任意转移控制
- 很容易表示嵌套关系及模块的层次关系

N-S 图中,一个算法就是一个大矩形框,框内又包含若干基本的框,3 种基本结构的 N-S 图描述如下所示。

（1）顺序结构，如图 1-18 所示，执行顺序先 A 后 B。

（2）选择结构 N-S 用图，如图 1-19 的条件 P 为真时执行 A，条件为假时执行 B。

（3）循环结构，while 型循环的 N-S 图，如图 1-20 所示，条件为真时一直循环执行循环体 A，直到条件为假时才跳出循环。

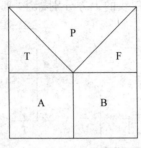

图 1-18　顺序结构 N-S 图　　　图 1-19　选择结构 N-S 图　　　图 1-20　循环结构 N-S 图

1.5　本章常见错误总结

初学 C 语言，在程序设计及上机操作时难免会发生错误，为尽量使读者避免一些错误，现将本章所学知识常见错误总结归纳如下，以供初学者参考。

（1）括号没有成对出现。

```
#include<stdio.h>
void main()
{
    int x,y;
    x=3;
    y=6;
    printf("%d\n",x+y);
```

C 语言规定括号必须成对出现，此示例没有封闭的大括号，故在编译时提示错误，错误代码和提示如下：error C1004：unexpected end of file found。

```
#include<stdio.h>
void main(
{
    int x,y;
    x=3;
    y=6;
    printf("%d\n",x+y);
}
```

此示例因为 main 函数的参数括号缺失，故编译时提示错误，错误代码如下：error C2143：syntax error：missing ')' before '{'。

（2）出现了中文字符。

```
#include<stdio.h>
void main()
{
    int x,y;
    x=3;
    y=6;
    printf("%d\n",x+y);
}
```

C 语言规定，程序中的代码及相关符号，需使用英文输入法输入，本例中 y＝6 语句后的分号使用了中文输入，故编译时提示错误，发现未知字符：error C2018：unknown character '0xbb'。

（3）缺少分号。

```
#include<stdio.h>
void main()
{
    int x,y;
    x=3;
    y=6
    printf("%d\n",x+y);
}
```

分号作为一条语句的结束，必不可少，在函数体中主要有不同的语句来构成，而缺少分号，则意味着语句没有结束，编译时发生错误提示，代码如下：error C2146：syntax error：missing ';' before identifier 'printf'。

（4）一个工程内出现两个 main（）函数，如图 1-21 所示。

当编译两个或两个以上的 C 程序时，如果每个程序都包含有 main（）函数，且同属于一个工程，当编译时并不会提示错误，但是当组建形成 exe 可执行文件时，将会把该工程所包含的所有文件连接并组建，此时编译系统发现工程中包含有两个 main（）函数，会发生错误，错误代码提示如下：error LNK2005：_main already defined in TEST.OBJ。

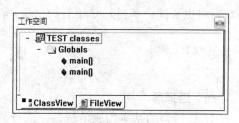

图 1-21　工作空间有两个 main（）函数

（5）在常量中出现了换行，错误代码 error C2001：newline in constant。

```
#include<stdio.h>
void main()
{
    printf("this is a
    c programm\n");
}
```

字符串常量、字符常量中有换行。

在这句语句中,某个字符串常量的尾部是否漏掉了双引号。

```c
#include<stdio.h>
void main()
{
    printf("this is a c programm\n);
}
```

某个字符串常量双引号字符""没有成对出现,但是没有使用转义符"\""。

```c
#include<stdio.h>
void main()
{
    printf("this is a c prog"ramm\n");
}
```

在语句的尾部,或语句的中间误输入了一个单引号或双引号。

本 章 小 结

本章主要介绍了 C 语言程序的基本结构,C 语言中的基本输入输出函数及其使用方法,C 程序的运行环境,运行 C 语言程序的方法与方式,算法的概念以及算法与程序设计之间的关系,算法描述的方式。

C 语言的基本组成单位是函数,由不同的函数实现不同的功能,当主函数调用起来后能实现更大的功能,一个 C 语言程序只允许有一个主函数。

C 语言简单易学,书写时语法不严格。初学者应着重学习算法,提高自身解决问题的能力,当然也要同样掌握好 C 语言的语法,算法能不能实现还要靠 C 语言设计程序去验证。

习　题　一

一、选择题

1. C 语言的基本构成单位是(　　　)。

    A. 函数　　　　　　B. 函数和过程　　　C. 超文本过程　　　D. 子程序

2. 一个 C 语言程序总是从(　　　)开始执行。

    A. 主过程　　　　　B. 主函数　　　　　C. 子程序　　　　　D. 主程序

3. C 语言的程序一行写不下时,可以(　　　)。

    A. 用逗号换行　　　　　　　　　　　B. 用分号换行

    C. 在任意一空格处换行　　　　　　　D. 用回车符换行

4. 以下叙述不正确的是(　　　)。

    A. 在 C 程序中,语句之间必须要用分号";"分隔

    B. 若 a 是实型变量,C 程序中 a=10 是正确的,因为实型变量中允许存放整型数

    C. 在 C 程序中,无论是整数还是实数都能正确无误地表示

    D. 在 C 程序中,%是只能用于整数运算的运算符

5. 以下说法中正确的是(　　)。

    A. C 语言程序总是从第一个定义的函数开始执行

    B. 在 C 语言程序中,要调用的函数必须放在 main()函数中定义

    C. C 语言程序总是从 main()函数开始执行

    D. C 语言程序中的 main()函数必须放在程序的开始部分

二、填空题

1. 一个函数由两部分组成,它们是_____和_____。

2. 一个 C 源程序至少包含一个_____,即_____。

3. scanf()和 printf()是 C 语言中标准的格式输入输出_____。

三、问答题

1. 什么是计算机低级语言?什么是计算机高级语言?各有哪些特点?

2. C 语言和其他高级语言有什么不同?

3. 一个 C 语言源程序由哪几部分组成?

四、编程题

1. 编写一个 C 程序,输出以下信息:

```
************************
    nice everyday
************************
```

2. 编写 C 程序,输入 a,b,c,3 个值,输出其中最大者。

实　验　一

一、实验目的

1. 熟悉 Visual C++ 6.0,能够使用 Visual C++ 6.0 运行 C 语言源程序。

2. 掌握 printf,scanf 两个格式化输入输出的函数的使用方法。

3. 通过运行简单的 C 程序,初步了解 C 源程序的特点。

二、实验内容

1. 检查实验用计算机系统是否安装 C 编译系统,并确定其安装目录。

2. 进入 C 语言的编译环境。

3. 熟悉环境界面和相关菜单命令的使用方法。

4. 输入并运行一个简单正确的程序。

```c
#include<stdio.h>
void main()
{
    printf("This is my first c program!");
}
```

5. 输入并编辑一个有错误的程序,比如故意少去分号,或括号,查看并注意输出框的提示,拖动输出框右侧的滚动条,查看错误提示,双击错误提示,此时在编辑区会出现蓝色箭头

指向错误所在的行,如图 1-22 所示。

图 1-22　错误的编译结果

6. 编辑一个运行时需要输入数据的程序。

```
#include<stdio.h>
void main()
{
    int a,b,max;                /* 定义变量 a,b,max */
    scanf("a=%d,b=%d",&a,&b);   /* 通过 scanf 分别对 a,b 两个变量赋值 */
    max=a>b?a:b;                /* 利用条件运算表达式返回 a 和 b 当中的大者赋值给 max */
    printf("max is%6d",max);    /* 利用 printf 按指定格式输出 */
}
```

7. 运行一个自己编写的程序。

8. 预习第 2 章。

三、实验总结

1. 总结从编写到运行一个程序的步骤。

2. 总结一个程序应该包含的最基本的几部分内容分别是什么?

3. 总结在上机运行程序中发生的错误,错误代码,以及应该如何去更正这些错误,如何避免这些错误。

第 2 章　C 语言基础

通过第 1 章的学习知道了"数据结构＋算法＝程序设计",本章将主要讲述 C 语言中数据的类型,以及实现算法时必不可少的运算符及表达式,C 语言运算符丰富,共有 34 种运算符。

C 语言是一种结构化的程序设计语言,结构主要是指顺序结构、选择结构和循环结构,本章将对顺序结构进行简明的介绍。

2.1　基本的数据类型

在 C 语言中数据类型可分为:基本数据类型、构造数据类型、指针类型和空类型四大类,如图 2-1 所示,其中 C 语言基本数据类型有五种:字符、整型、单精度实型、双精度实型和空类型。

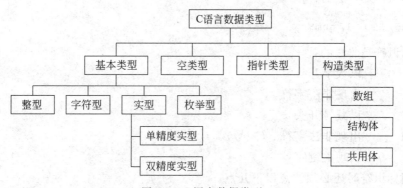

图 2-1　C 语言数据类型

基本类型:基本数据类型用于自我说明,其值不可以再分解为其他类型。

构造类型:构造数据类型是根据已定义的一个或多个数据类型用构造的方法来定义的。也就是说,一个构造类型的值可以分解成若干个"成员"或"元素"。每个"成员"都是一个基本数据类型或又是一个构造类型。在 C 语言中,构造类型分为数组类型、结构体类型和共用体(联合)类型。

指针类型:指针类型是一种特殊类型,其值用来表示某个变量在内存储器中的地址。虽然指针变量的取值类似于整型值,但这是两个类型标示的内容不同,因此不能混为一谈。

空类型:在调用函数值时,通常应向调用者返回一个函数值,该函数值的类型。当函数类型定义为空类型时,无须返回值。这种函数可以定义为"空类型",其类型说明符为 void。在后面函数中还要详细介绍。

本章将主要介绍基本数据类型中的整型、浮点型和字符型。其余类型将在后续章节介绍。尽管这几种类型数据的长度和范围随处理器的类型和 C 语言编译程序的实现而异,以在 Visual C++ 6.0 编译环境下为例,表 2-1 给出了五种数据的长度和范围。

表 2-1　基本类型的字长和范围

类　型	长度(bit)	范　围
char(字符型)	8	0～255
int(整型)	32	－2147483647～4294967295
float(单精度型)	32	约精确到 6 位数
double(双精度型)	64	约精确到 12 位数
void(空值型)	0	无值

2.1.1　标识符

在 C 语言中,标识符是用来标识变量名、符号常量名、函数名、数组名、类型名和文件名的有效字符序列,即对变量、函数和其他各种用户定义对象的命名。在程序中使用的变量名、函数名、标号等统称为标识符。标识符的长度可以是一个或多个字符。

标识符以字母、数字和下划线组成,即只能由字母(A～Z,a～z)、数字(0～9)和下划线组成,数字不能开头,不能是关键字。

以下标识符是合法的:

b, y, x5, BOOK_1, sum8

以下标识符是非法的:

3t	以数字开头
sa * T	出现非法字符 *
－3y	以减号开头
boy－1	出现非法字符－(减号)
int	出现关键字

在使用标识符时还必须注意以下几点。

(1) C 标准不限制标识符的长度,但它受不同 C 语言编译系统限制,同时也受到具体机器的限制。例如在某版本 C 中规定标识符前 8 位有效,当两个标识符前 8 位相同时,则被认为是同一个标识符。

(2) 在标识符中,大小写是有区别的。例如 MAX 和 max 是两个不同的标识符。

(3) 标识符虽然可由用户自定义,但由于是用来表示某个具体的量,故命名时应言简意赅,见名知意。

2.2.2　关键字

关键字是由 C 语言规定的具有特定意义的字符串,通常也称为保留字。用户定义的标识符不应与关键字相同。C 语言的关键字分为以下几类。

(1) 类型说明符。用于定义、说明变量、函数或其他数据结构的类型。如前面例题中用到的 int、float、void 等。

(2) 语句定义符。用于表示一个语句的功能。如 if else 就是条件语句的语句定义符。

(3) 预处理命令字。用于表示一个预处理命令。如前面各例中用到的 include。

2.2　常　　量

常量即在程序执行过程中,其值不发生改变的量。

C 语言中使用的常量可分为数值常量、字符常量、字符串常量、符号常量和转义字符等多种。

2.2.1　整型常量

整型常量就是整常数。在 C 语言中,整常数有八进制、十六进制和十进制三种。在程序中是根据前缀来区分各种进制数的。因此在书写常数时不要把前缀弄错造成结果不正确。

(1) 十进制整常数:十进制整常数没有前缀。其数码为 0～9。

以下各数是合法的十进制整常数:

$$227、-528、65225、1617$$

以下各数不是合法的十进制整常数:

023(不能有前缀 0)、23D(含有非十进制数码)。

(2) 八进制整常数:八进制整常数必须以 0 开头,即以 0 作为八进制数的前缀。数码取值为 0～7。八进制数通常是无符号数。

以下各数是合法的八进制数:

015(十进制为 13)、0101(十进制为 65)、0177777(十进制为 65535)。

以下各数不是合法的八进制数:

256(无前缀 0)、03A2(包含了非八进制数码)、-0127(出现了负号)。

(3) 十六进制整常数:十六进制整常数的前缀为 0X 或 0x。其数码取值为 0～9,A～F 或 a～f。

以下各数是合法的十六进制整常数:

0X2A(十进制为 42)、0XA0(十进制为 160)、0XFFFF(十进制为 65535)。

以下各数不是合法的十六进制整常数:

4A(无前缀 0X)、0X3Z(含有非十六进制数码)。

(4) 整型常数的后缀:后缀"L"或"l",表示长整常数,在 16 位字长的机器上,基本整型的长度也为 16 位,因此表示的数的范围也是有限定的。十进制无符号整常数的范围为 0～65535,有符号数为 -32768～32767。八进制无符号数的表示范围为 0～0177777。十六进制无符号数的表示范围为 0X0～0XFFFF 或 0x0～0xFFFF。如果使用的数超过了上述范围,就必须用长整型数来表示。

例如:

十进制长整常数:

158L(十进制为 158),358000L(十进制为 358000)。

八进制长整常数:

012L(十进制为 10),077L(十进制为 63),0200000L(十进制为 65536)。

十六进制长整常数:

0X15L(十进制为 21),0XA5L(十进制为 165),0X10000L(十进制为 65536)。

长整数 158L 和基本整常数 158 在数值上并无区别。但对 158L,因为是长整型量,C 编译系统将为它分配 4 个字节存储空间。而对 158,因为是基本整型,只分配 2 个字节的存储空间。因此在运算和输出格式上要予以注意,避免出错。

后缀为"U"或"u",用于表示整型常数的无符号数的。

例如,358u,0x38Au,235Lu 均为无符号数。

前缀,后缀可同时使用以表示各种类型的数。如 0XA3Lu 表示十六进制无符号长整数 A3,其十进制为 165。

2.2.2　实型常量

实型也称为浮点型。实型常量也称为实数或者浮点数。在 C 语言中,实数只采用十进制。它有两种形式:十进制小数形式和指数形式。

(1) 十进制小数形式:由数码 0~9 和小数点组成。

例如,0.0,25.0,5.789,0.13,5.0,300,−267.8230 等均为合法的实数。

注意:必须有小数点。

(2) 指数形式:由十进制数,加阶码标志"e"或"E"以及阶码(只能为整数,可以带符号)组成。例如 12345 可以写成 1.2345×10^4,但是在编写 C 源程序时没有上标,故在 C 语言中浮点数的指数形式可以表示为 1.2345E+4 或 1.2345e4,其中 e 或者 E 前边是尾数,后跟的是该浮点数的幂(阶码),阶符如果是正号(+)可以省略不写。

在使用指数形式表示浮点数时应注意,"e"或"E"的前面必须有数字可以不出现小数部分(如 3e−2)或指数部分(如 3.1416),也可以不出现整数(如.3e2)或者小数部分(如 4.e−5),但不能两者同时省去。

以下是合法的实数:

.7,20.0,.7e2,4e−5,2.1E5,3.2E−2,0.74E7,−2.33E−2,.5E5

以下不是合法的实数:

345	无小数点
E7	阶码标志 E 之前无数字
−5	无阶码标志
53.−E3	负号位置不对
2.7E	无阶码

【例 2-1】　带有后缀的实型常量。

```
#include<stdio.h>
void main()
{
    printf("%d\n",sizeof(3.12f));
    printf("%d\n",sizeof(3.12));
}
```

运行结果:

4

例 2-1 借助 sizeof 运算符，测试两种不同的实数在需要存放时，应该分配的字节数。

注意：C 标准允许浮点数使用后缀。后缀为"f"或"F"即表示该数为单精度浮点数，分配 4 个字节；如不加后缀"f"或"F"，默认为双精度浮点数，存储时按 8 个字节进行存储。

2.2.3 字符型常量

字符常量有两种：一种是普通字符，即用单引号括起来的一个字符，C 语言中可以表示的字符使用 ASCII 码进行编码，一个字符占用一个字节，即由 8 位二进制组成，最多可以表示 256 种不同的字符，这些字符主要包括字母、数字、标点、特殊字符及一些不可见字符。字符常量在存储时，存放字符所对应的 ASCII 代码。

另一种是转义字符，即特殊字符常量。转义字符是 C 语言中表示字符的一种特殊形式，其含义是将反斜杠后面的字符转换成另外的意义。

例如，'a'、'b'、'－'、'＋'、'?'都是合法字符常量。

在 C 语言中，字符常量有以下特点。

* 字符常量只能用单引号括起来，不能用双引号或其他括号。
* 字符常量只能是单个字符，不能是多个字符。

字符可以是字符集中任意字符。但数字被定义为字符型之后就不能参与数值运算。如'5'和 5 是不同的。'5'是字符常量，5 则是整型常量。

2.2.4 转义字符

转义字符是一种特殊的字符常量。转义字符以反斜线"\"开头，后跟一个或几个字符。转义字符具有特定的含义，不同于字符原有的意义，故称"转义"字符。例如，在前面各例题中 printf 函数的参数中用到的\n 就是一个转义字符，其意义是"回车换行"。转义字符主要用来表示那些用一般字符不便于表示的控制代码，详见表 2-2。

表 2-2　常用的转义字符及其含义

转义字符	转义字符的意义	ASCII 代码
\n	回车换行	10
\t	横向跳到下一制表位置	9
\b	退格	8
\r	回车	13
\f	走纸换页	12
\\	反斜线符"\"	92
\'	单引号符	39
\"	双引号符	34
\a	鸣铃	7
\ddd	1～3 位八进制数所代表的字符	
\xhh	1～2 位十六进制数所代表的字符	

广义地讲,C 语言字符集中的任何一个字符均可用转义字符来表示。表中的\ddd 和 \xhh 可以用八进制和十六进制表示字符集中任意字符的 ASCII 编码,ddd 和 hh 分别为八进制数和十六进制数。如:\101 表示字母'A',\102 表示字母'B',\134 表示反斜线,\X0A 表示换行等。

2.2.5　符号常量

【例 2-2】　单价为 30,计算 10 个相同货物的总价。

```c
#include<stdio.h>
#define PRICE 30
void main()
{
    int num,total;
    num=10;
    total=num *PRICE;
    printf("total=%d\n",total);
}
```

运行结果:

```
total=300
```

本例中使用了符号常量,即用 PRICE 代替整常数 30,程序执行时,函数体中出现的 PRICE,将直接替换为 30 再运行。

在 C 语言中,符号常量是用一个标识符来表示一个常量。符号常量在使用之前必须先定义,其一般形式为:

```
#define  标识符  常量
```

其中♯define 也是一条预处理命令(预处理命令都以♯开头),称为宏定义命令(在后面预处理程序中将进一步介绍),习惯上符号常量的标识符用大写字母,变量标识符用小写字母,以示区别。其功能是把该标识符定义为其后的常量值。一经定义后在程序中所有出现该标识符的地方均代之以该常量值。使用符号常量的好处是,只需要更改一处,程序中出现的符号所代表的常量值都会改变,如例 2-2 中,只需要更改第一行♯define PRICE 30,将 30 改为 40 后,就可以计算出 10 个单价为 40 的货品的总价。

使用符号常量的好处是符号含义清楚和能做到"一改全改"。

2.3　变　　量

在程序运行过程中其值可以改变的量称为变量。一个变量应该有一个名字,在内存中占据一定的存储单元。变量必须先定义后使用。定义变量一般在函数体的开头部分。要区分变量名和变量值是两个不同的概念。

变量定义的一般形式为:

```
类型说明符、变量名标识符、变量名标识符,……
```

在书写变量定义时,应注意以下几点。

类型说明符与变量名之间至少用一个空格间隔。允许在一个类型说明符后,定义多个相同类型的变量。各变量名之间用逗号间隔。最后一个变量名之后必须以";"结尾。

2.3.1 整型变量

(1) 整型变量的定义。

如果定义了一个整型变量 i:

```
int i;
i=10;
```

int 是定义基本整型的类型说明符,需要和后面的变量名中间隔开,基本整型在不同的编译系统中,所占用的字节数也不同,如图 2-2 假设一个基本整型变量占用 4 个字节,当定义变量 i 时,会在内存中分配 4 个字节的存储空间给变量 i,供 i 使用。

当把 10 赋给变量 i 时,就会将 10 的补码 1010 存放进来,最高位是因为在整数的高位补 0 不影响该数值的大小,故实际存放的数值为 00000000 00000000 00000000 00001010,左面的第一位是表示符号的符号位,0 表示正,1 表示负。

注意:正数的补码和原码相同,负数的补码是将该数的绝对值的二进制形式按位取反再加 1。

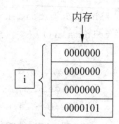

图 2-2 变量 i 的存储形态

(2) 整型变量的分类。

① 基本型:类型说明符为 int,在内存中占 2 个字节。

② 短整型:类型说明符为 short int 或 short。所占字节和取值范围均与基本型相同。

③ 长整型:类型说明符为 long int 或 long,在内存中占 4 个字节。

④ 无符号型:类型说明符为 unsigned。

(3) 无符号型又可与上述 3 种类型匹配而构成。

无符号基本型:类型说明符为 unsigned int 或 unsigned。

无符号短整型:类型说明符为 unsigned short。

无符号长整型:类型说明符为 unsigned long。

各种无符号类型变量所占的内存空间字节数与相应的有符号类型量相同。但由于省去了符号位,故不能表示负数,详见表 2-3。

表 2-3 整型变量分类

类型说明符(关键字)	字节数	值 域
int	2	−32768～32767
signed int	2	−32768～32767
unsigned int	2	0～65535
short int	2	−32768～32767
signed short int	2	−32768～32767
unsigned short int	2	0～65535
long int	4	−2147483648～2147483647
signed long int	4	−2147483648～2147483647

以 10 为例：

int 型：00 00 00 00 00 00 10 10

short int 型：00 00 00 00 00 00 10 10

long int 型：00 00 00 00 00 00 00 00 00 00 00 00 00 00 10 10

unsigned int 型：00 00 00 00 00 00 10 10

unsigned short int 型：00 00 00 00 00 00 10 10

unsigned long int 型：00 00 00 00 00 00 00 00 00 00 00 00 00 00 10 10

例如：

```
int a,b,c; a,b,c          为整型变量
long x,y; x,y             为长整型变量
unsigned p,q; p,q         为无符号整型变量
```

【例 2-3】 整型变量的定义与使用。

```
#include<stdio.h>
void main()
{
    int a,b,c,d;
    unsigned u;
    a=12;b=-24;u=10;
    c=a+u;d=b+u;
    printf("a+u=%d,b+u=%d\n",c,d);
}
```

运行结果：

```
a+u=22,b+u=-14
```

【同步训练】 结合之前学过的输入输出函数调用语句，分别定义整型和无符号类型，输入-1↙，输出使用"%o,%u,%x,%d"输出同一变量，查看结果并思考。

（4）整型数据的溢出。

【例 2-4】 整型数据的溢出。

```
#include<stdio.h>
void main()
{
    short a,b;
    a=32767;
    b=a+1;
    printf("%d",b);
}
```

运行结果：

```
-32768
```

a=32767 它在内存中的存储形式为 011111111111111 它的从左数第 1 位的 0 为符号

位 b=a+1,a 在内存中的存储形式为 100000000000000,由于在计算机内存中是以补码的形式进行存放的,所以将 100000000000000 减 1 取反后转为十进制输出-32768。

【例 2-5】 不同整型之间的简单运算。

```c
#include<stdio.h>
void main()
{
    long x,y;
    int a,b,c,d;
    x=5;
    y=6;
    a=7;
    b=8;
    c=x+a;
    d=y+b;
    printf("c=x+a=%d,d=y+b=%d\n",c,d);
}
```

运行结果:

```
c=x+a=12,d=y+b=14
```

从程序中可以看到:x,y 是长整型变量,a,b 是基本整型变量。它们之间允许进行运算,运算结果为长整型。但 c,d 被定义为基本整型,因此最后结果为基本整型。本例说明,不同类型的量可以参与运算并相互赋值。其中的类型转换是由编译系统自动完成的。有关类型转换的规则将在以后介绍。

2.3.2 实型变量

实型变量分为实型变量分为:单精度(float 型)、双精度(double 型)和长双精度(long double 型)三类,在 Turbo C 中单精度型占 4 字节(32 位)内存空间,其数值范围为 $3.4E-38\sim3.4E+38$ 只能提供 7 位有效数字。双精度型占 8 字节(64 位)内存空间,其数值范围为 $1.7E-308\sim1.7E+308$,可提供 16 位有效数字,详见表 2-4。

表 2-4 实型变量

类型说明符(关键字)	字节数	值　　域
float	4	$-3.4E-38\sim3.4E+38$
double	8	$-1.7E-308\sim1.7E+308$
long double	8	$-1.7E-308\sim1.7E+308$

小数部分占的位(bit)数愈多,数的有效数字越多,精度越高。

指数部分占的位数愈多,则能表示的数值范围愈大。

(1) 实型数据在内存中的存放形式。

以单精度实型为例,数据一般占 4 个字节(32 位)内存空间。虽然和整型变量所占字节数一样,但是存放时的方式却不一样,按指数形式存储,如图 2-3 所示。

数符	阶码	尾数
1位	8位	23位

图 2-3　单精度实型的存储

（2）实型变量的定义。

实型变量定义的格式和书写规则与整型相同。

例如：

float x,y; (x,y 为单精度实型量)

double a,b,c; (a,b,c 为双精度实型量)

（3）实型数据的舍入误差。

【例 2-6】　实型数据的舍入误差。

```c
#include<stdio.h>
void main()
{
    float a,b;
    a=123456.789e5;
    b=a+20;
    printf(" %f\n",a);
    printf(" %f\n",b);
}
```

运行结果：

```
12345678848.000000
12345678848.000000
```

由于实型变量是由有限的存储单元组成的,因此能提供的有效数字总是有限的。

【例 2-7】　实型数据的有效位数。

```c
#include<stdio.h>
void main()
{
    float a;
    double b;
    a=33333.33333;
    b=33333.3333333333333;
    printf("%f\n%f\n",a,b);
}
```

运行结果：

```
33333.332031
33333.333333
```

从本例可以看出,由于 a 是单精度浮点型,有效位数只有 7 位。而整数已占 5 位,故小数两位后之后均为无效数字。b 是双精度型,有效位为 16 位。但 Visual C++ 6.0 规定小数后最多保留 6 位,其余部分四舍五入。

2.3.3 字符型变量

字符变量用来存储字符常量,即单个字符。由于存放的是相应字符的 ASCII 码,故也可以用来存放 8 位的二进制数,见表 2-5,字符变量的类型说明符是 char。

表 2-5 字符类型

类型说明符(关键字)	字节数	值　　域
char	1	$-128\sim127$
signed char	1	$-128\sim127$
unsigned char	1	$0\sim255$

字符变量类型定义的格式和书写规则都与整型变量相同。例如:

char a,b;

每个字符变量被分配一个字节的内存空间,因此只能存放一个字符。字符值是以 ASCII 码的形式存放在变量的内存单元之中的。

如 x 的十进制 ASCII 码是 120,y 的十进制 ASCII 码是 121。对字符变量 a,b 赋予'x'和'Y'值:

a='x';
b='y';

实际上是在 a,b 两个存储单元内存放 120 和 121 的二进制代码,如图 2-4 所示。

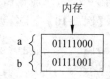

图 2-4 字符变量的存储

所以也可以把它们看成是整型量。C 语言允许对整型变量赋以字符值,也允许对字符变量赋以整型值。在输出时,允许把字符变量按整型量输出,也允许把整型量按字符量输出。

【例 2-8】 字符变量的溢出。

```
#include<stdio.h>
void main()
{
    int a;
    char b;
    a=321;
    b=321;
    printf("a=%d,b=%c\n",a,b);
}
```

运行结果:

a=321,b=A

整型变量占两个字节,字符变量为一个字节,当整型量按字符型量处理时,只将低 8 位字节参与处理,如图 2-5 所示,变量 b 里存放了 321 的低 8 位,转换为十进制后 65,按％c 的格式输出所对应的字符 A。

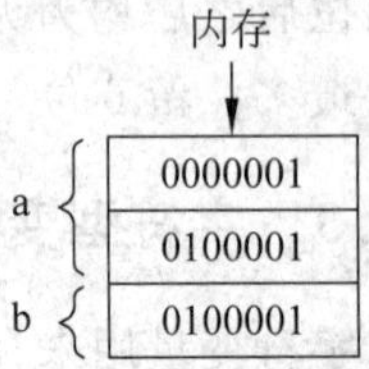

图 2-5　字符变量溢出

【例 2-9】　向字符变量赋以整数。

```
#include<stdio.h>
void main()
{
    char a,b;
    a=120;
    b=121;
    printf("%c,%c\n",a,b);
    printf("%d,%d\n",a,b);
}
```

运行结果:

```
x,y
120,121
```

本程序中定义 a、b 为字符型,但在赋值语句中赋以整型值。从结果看,a、b 值的输出形式取决于 printf 函数格式串中的格式符,当格式符为 c 时,对应输出的变量值为字符,当格式符为 d 时,对应输出的变量值为整数。

【例 2-10】　字符型变量的运算。

```
#include<stdio.h>
void main()
{
    char a,b;
    a='a';
    b='b';
    a=a-32;
    b=b-32;
    printf(" %c,%c\n%d,%d\n",a,b,a,b);
}
```

运行结果:

```
A,B
65,66
```

本例中,a、b 被说明为字符变量并赋予字符值,C 语言允许字符变量参与数值运算,即用字符的 ASCII 码参与运算。由于大小写字母的 ASCII 码相差 32,因此运算后把小写字母换成大写字母。然后分别以整型和字符型输出。

【同步训练】　编写程序译码,编码是根据 ASCII 码,每个字符向后推 4 个字符,请编写程序将字符串 pszi 转译。

2.3.4 sizeof()运算符

sizeof()是 C 语言的一种单目操作符,不是函数。sizeof()操作符以字节形式给出了其操作对象的存储大小。操作对象可以是一个表达式或括在括号内的类型名。操作数的存储大小由操作数的类型决定。

sizeof()的使用方法如下。

(1) 用于数据类型。

sizeof()使用形式:

```
sizeof(类型名)
```

数据类型必须用括号括住。如 sizeof(int)。

(2) 用于变量。

sizeof 使用形式:

```
sizeof(变量名)
```

或

```
sizeof 变量名
```

变量名可以不用括号括住。如已定义变量 a 为整型,sizeof(a),sizeof a 都是正确形式。带括号的用法更普遍,大多数编程人员采用这种形式。

注意:sizeof()操作符不能用于函数类型,不完全类型或位字段。不完全类型指具有未知存储大小的数据类型,如未知存储大小的数组类型、未知内容的结构或联合类型和 void 类型等。

【例 2-11】 使用 sizeof()运算符,显示当前编译系统给各种量分配的字节数。

```
#include<stdio.h>
void main()
{
    double f=3;
    printf("%d ",sizeof(int));
    printf("%d ",sizeof(long));
    printf("%d ",sizeof(float));
    printf("%d ",sizeof(double));
    printf("%d ",sizeof(char));
    printf("%d ",sizeof(5));
    printf("%d ",sizeof(5.2));
    printf("%d ",sizeof(5.2f));
    printf("%d ",sizeof(f));
    printf("%d\n",sizeof(f+5));
}
```

运行结果:

```
4 4 4 8 1 4 8 4 8 8
```

在本例中,将 sizeof() 运算写在 printf 函数的输出参数列表中,为的是将 sizeof() 运算的结果直接输出,不同的编译系统,输出的结果可能不一致,也就证实了之前所说,不同的编译系统给相同类型的变量分配的字节数不一定相同。

【同步练习】 如果将例 2-7 最后一条输出语句改为 printf("%f\n%.15f\n",a,b),输出结果是什么？为什么会这样？

2.4 运算符和表达式

当编程去解决一些实际问题时,往往需要对数据进行加工和处理,运算符是加工数据的工具,当常量、变量、运算符和函数调用按一定规则组合就构成表达式。C 语言中的运算符极其丰富,大致分为以下 10 种。

(1) 算术运算符,加(+)、减(-)、乘(*)、除(/)、求余(或称模运算,%)、自增(++)、自减(--)。

(2) 关系运算符,大于(>)、小于(<)、等于(==)、大于等于(>=)、小于等于(<=)、不等于(!=)。

(3) 逻辑运算符,与(&&)、或(||)、非(!)。

(4) 位操作运算符,位与(&)、位或(|)、位非(~)、位异或(^)、左移(<<)、右移(>>)。

(5) 赋值运算符,简单赋值(=)、复合算术赋值(+=,-=,*=,/=,%=)、复合位运算赋值(&=,|=,^=,>>=,<<=)。

(6) 条件运算符(?)。

(7) 逗号运算符(,)。

(8) 指针运算符,取内容(*)、取地址(&)。

(9) 求字节数运算符,字节数(sizeof)。

(10) 特殊运算符,括号()、下标[]、成员(->)。

2.4.1 赋值运算符和赋值表达式

1. 变量赋初值

变量赋初值是指定义变量的同时将值赋值给该变量,以便使用变量。C 语言程序中可有多种方法为变量提供初值。本小节将先介绍在作变量定义的同时给变量赋以初值的方法。这种方法称为初始化。

在变量定义中赋初值的一般形式为:

类型说明符 变量 1=值 1,变量 2=值 2,……;

例如:

```
int a=3;
int b,c=5;
float x=3.2,y=3,z=0.75;
char ch1='K',ch2='P';
```

注意:在定义中不允许连续赋值,如 a=b=c=5 是不合法的。

【例 2-12】 为多个相同类型变量赋初值。

```
#include<stdio.h>
void main()
{
    int a=3,b,c=5;
    b=a+ c;
    printf("a=%d,b=%d,c=%d\n",a,b,c);
}
```

运行结果：

```
a=3,b=8,c=5
```

2. 自动类型转换

变量的数据类型是可以转换的。转换的方法有两种，一种是自动转换，一种是强制转换。自动转换发生在不同数据类型的量混合运算时，由编译系统自动完成。自动转换遵循以下规则。

（1）若参与运算量的类型不同，则先转换成同一类型，然后进行运算。

（2）转换按数据长度增加的方向进行，以保证精度不降低。如 int 型和 long 型运算时，先把 int 量转成 long 型后再进行运算。

（3）所有的浮点运算都是以双精度进行的，即使仅含 float 单精度量运算的表达式，也要先转换成 double 型，再作运算。

（4）char 型和 short 型参与运算时，必须先转换成 int 型。

（5）在赋值运算中，赋值号两边量的数据类型不同时，赋值号右边量的类型将转换为左边量的类型。如果右边量的数据类型长度左边长时，将丢失一部分数据，这样会降低精度，丢失的部分按四舍五入向前舍入。

如图 2-6，表示了类型自动转换的规则。

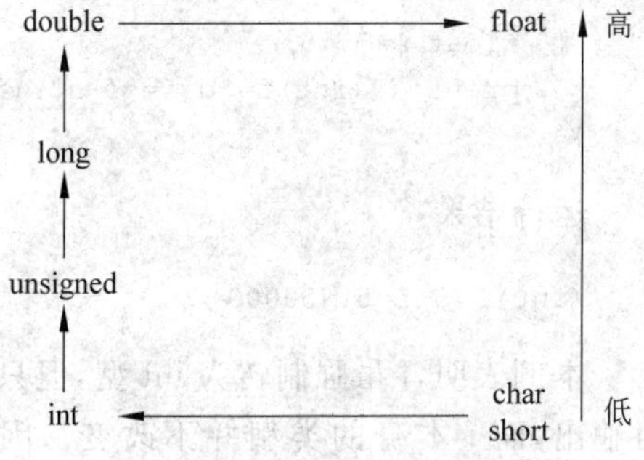

图 2-6　C 语言自动转换规则

【例 2-13】 自动类型转换应用实例。

```
#include<stdio.h>
void main()
{
    float pi=3.14159;
    int s,r=5;
    s=r*r*pi;
    printf(" s=%d\n",s);
}
```

运行结果：

```
s=78
```

本例程序中，pi 为实型；s,r 为整型。在执行 s＝r＊r＊pi 语句时，r 和 pi 都转换成 double 型计算，结果也为 double 型。但由于 s 为整型，故赋值结果仍为整型，舍去了小数部分。

3. 强制类型转化

强制类型转换是通过类型转换运算来实现的。

其一般形式为：

(类型说明符)(表达式)

其功能是把表达式的运算结果强制转换成类型说明符所表示的类型。

例如：

```
(float) a            /＊把 a 转换为实型＊/
(int)(x+y)           /＊把 x+y 的结果转换为整型＊/
```

注意：类型说明符和表达式都必须加括号(单个变量可以不加括号)，如把(int)(x＋y)写成 (int)x＋y 则成了把 x 转换成 int 型之后再与 y 相加了。

无论是强制转换或是自动转换，都只是为了本次运算的需要而对变量的数据长度进行的临时性转换，而不改变数据说明时对该变量定义的类型。

【例 2-14】 强制类型转换应用实例。

```
#include<stdio.h>
void main()
{
    float f=5.75;
    printf("(int)f=%d,f=%f\n",(int)f,f);
}
```

运行结果：

```
(int)f=5,f=5.750000
```

本例表明，f 虽强制转为 int 型，但只在运算中起作用，是临时地将 f 的值转换为整型并且输出，而 f 本身的类型并不改变。因此，(int)f 的值为 5(删去了小数)而 f 的值仍为 5.750000。

4. 复合赋值符

在赋值运算符"＝"之前加上其他二目运算符可构成复合赋值符。如＋＝，－＝，＊＝，/＝，％＝，＜＜＝，＞＞＝，&＝，^＝，|＝。

构成复合赋值表达式的一般形式为：

变量 双目运算符＝表达式

它等效于：

变量＝变量 运算符 表达式

例如：

a+=5   等价于   a=a+5

```
x*=y+7    等价于    x=x*(y+7)
r%=p       等价于    r=r%p
```

复合赋值符这种写法,有利于编译处理,能提高编译效率并产生质量较高的目标代码。

【例 2-15】 复合的赋值运算实例。

```
#include<stdio.h>
void main()
{
    int x=6;
    x+=x-=x*x;
    printf("x=%d\n",x);
}
```

运行结果:

```
x=-60
```

本例的关键是求解 $x+=x-=x*x$ 表达式的值,根据赋值运算的右结合性,首先是 $x-=x*x$,然后是 $x-=36$,继续 $x=x-36$,$x=-30$,$x+=-30$,$x=-30-30$ 最终 x 的值为 -60。

2.4.2 算术运算符

算术运算符:用于各类数值运算。包括加(+)、减(-)、乘(*)、除(/)、求余(或称模运算%)、自增(++)、自减(--)共七种。

1. 基本的算术运算符

加法运算符"+":加法运算符为双目运算符,即应有两个量参与加法运算。如 a+b,4+9 等。具有右结合性。

减法运算符"-":减法运算符为双目运算符。但"-"也可作负值运算符,此时为单目运算,如-x,-5 等具有左结合性。

乘法运算符"*":双目运算,具有左结合性。

除法运算符"/":双目运算具有左结合性。参与运算量均为整型时,结果也为整型,舍去小数。如果运算量中有一个是实型,则结果为双精度实型。

【例 2-16】 除法运算的特性。

```
#include<stdio.h>
void main()
{
    printf("%d, %d\n",20/7,-20/7);
    printf("%f, %f\n",20.0/7,-20.0/7);
}
```

运行结果:

```
2,- 2
2.857143,- 2.857143
```

本例中，20/7，−20/7 的结果均为整型，小数全部舍去。而 20.0/7 和 −20.0/7 由于有实数参与运算，因此结果也为实型。

求余运算符（模运算符）"%"：双目运算，具有左结合性。要求参与运算的对象均为整型。求余运算的结果等于两数相除后的余数。

【例 2-17】 100 与 3 求余。

```
#include<stdio.h>
void main()
{
    printf("%d\n",100%3);
}
```

运行结果：

1

本例输出 100 除以 3 所得的余数 1。

2. 算术表达式和运算符的优先级和结合性

算术表达式：用算术运算符和括号将运算对象（也称操作数）连接起来的、符合 C 语法规则的式子。一个表达式有一个值及其类型，它们等于计算表达式所得结果的值和类型。表达式求值按运算符的优先级和结合性规定的顺序进行。单个的常量、变量和函数可以看作是表达式的特例。

算术表达式是由算术运算符和括号连接起来的式子。

以下是算术表达式的例子：

```
a+b
(a * 2)/c
(x+r)*8-(a+b)/7
++i
sin(x)+sin(y)
++i-(j++)+1
```

运算符的优先级：C 语言中，运算符的运算优先级共分为 15 级，详见表 2-6。1 级最高，15 级最低。在表达式中，优先级较高的先于优先级较低的进行运算。而在一个运算量两侧的运算符优先级相同时，则按运算符的结合性所规定的结合方向处理。

表 2-6　运算符的优先级和结合性

优先级	运　算　符	结合性
1	()、[ ]、−>、.、后++、后−−	左结合
2	!、~、前++、前−−、−(type)、*、&、sizeof、+	右结合
3	*、/、%	左结合
4	+、−	左结合
5	<<、>>	左结合
6	<=、<、>=、>	左结合

优先级	运　算　符	结合性
7	＝＝、！＝	左结合
8	＆	左结合
9	＾	左结合
10	∣	左结合
11	＆＆	左结合
12	∣∣	左结合
13	？：	右结合
14	＝、＋＝、－＝、＊＝、／＝、％＝、＜＜＝、＞＞＝、＆＝、＾＝、∣＝	右结合
15	，	左结合

运算符的结合性：C 语言中各运算符的结合性分为两种，即左结合性（自左至右）和右结合性（自右至左）。例如算术运算符的结合性是自左至右，即先左后右。如有表达式 x－y＋z 则 y 应先与"－"号结合，执行 x－y 运算，然后再执行＋z 的运算。这种自左至右的结合方向就称为左结合性。而自右至左的结合方向称为右结合性。最典型的右结合性运算符是赋值运算符。如 x＝y＝z，由于"＝"的右结合性，应先执行 y＝z 再执行 x＝（y＝z）运算。C 语言运算符中有不少为右结合性，应注意区别，以避免理解错误。

2.4.3　自增自减运算符

自增自减运算符：自增运算符为"＋＋"，其功能是使变量的值自增 1。自减运算符为"－－"，其功能是使变量值自减 1。自增 1、自减 1 运算符均为单目运算，都具有右结合性。可有以下几种形式。

＋＋i　　　变量 i 的值自增 1 后再参与其他运算。
－－i　　　变量 i 的值自减 1 后再参与其他运算。
i＋＋　　　变量 i 的值参与运算后，i 的值再自增 1。
i－－　　　变量 i 的值参与运算后，i 的值再自减 1。

在理解和使用上容易出错的是 i＋＋和 i－－。特别是当它们出在较复杂的表达式或语句中时，常常难于弄清，因此应仔细分析。

【例 2-18】　自增自减运算实例。

```
#include<stdio.h>
void main()
{
    int i=8;
    printf(" %d\n",++i);
    printf(" %d\n",--i);
    printf(" %d\n",i++);
    printf(" %d\n",i--);
    printf(" %d\n",-i++);
    printf(" %d\n",-i--);
}
```

运行结果：

```
9
8
8
9
-8
-9
```

i 的初值为 8，函数体内第 2 行 i 加 1 后输出故为 9；第 3 行减 1 后输出故为 8；第 4 行输出 i 为 8，之后再将 i 的值加 1(i 为 9)；第 5 行输出 i 为 9，之后 i 的值再减 1(i 为 8)；第 6 行输出 -8，之后再将 i 的值加 1(i 为 9)，第 7 行输出 -9，之后将 i 的值再减 1(i 为 8)。

【同步训练】 看程序写结果。

```c
#include<stdio.h>
void main()
{
    int i=5,j=5,p,q;
    p=(i++)+(i++)+(i++);
    q=(++j)+(++j)+(++j);
    printf("%d,%d,%d,%d",p,q,i,j);
}
```

运行结果：

```
15,22,8,8
```

这个程序 p＝(i＋＋)+(i＋＋)+(i＋＋)应理解为三个 i 相加，故 P 值为 15。然后 i 再自增 1 3 次，最终 i 的值为 8，对于 q 的值则不然，q＝(++j)+(++j)+(++j)应理解为 j 先自增 1，此时 j 的值为 6，由于自增运算符优先级高于＋运算符，故在相加之前，计算第 2 个括号里的++j，自增结束后，j 的值为 7，这时和第一项相加，由于 j 的值发生了改变当前为 7，前两项之和为 7＋7＝14，再参与运算，由于 j 自增 1,3 次后值为 8，前两项的和加 8，和为 24，j 的最后值为 8。

2.4.4 关系运算

在程序中经常需要比较两个量的大小关系，以决定程序下一步的工作。比较两个量的关系的运算符称为关系运算符。

在 C 语言中有以下关系运算符：

(1) ＜小于。

(2) ＜＝小于或等于。

(3) ＞大于。

(4) ＞＝大于或等于。

(5) ＝＝等于。

(6) !＝不等于。

关系运算符都是双目运算符，其结合性均为左结合。关系运算符的优先级低于算术运

算符,高于赋值运算符。在 6 个关系运算符中,<,<=,>,>=的优先级相同,高于==
和!=,==和!=的优先级相同。

关系表达式的一般形式为:

表达式　　关系运算符　　表达式

例如:

```
a+b>c-d
x>3/2
'a'+1<c
-i-5*j==k+1
```

以上都是合法的关系表达式,关系运算符两边的表达式有算数表达式,也有变量和常量,由于表达式也可以又是关系表达式。因此也允许出现嵌套的情况。

例如:

```
a>(b>c)
a!=(c==d)
```

关系表达式的值是"真"和"假",用"1"和"0"表示。

如:

5>0 的值为"真",即为 1。

(a=3)>(b=5)由于 3>5 不成立,故其值为"假",即为 0。

【例 2-19】　编程求解关系表达式的值。

```
#include<stdio.h>
void main()
{
    char c='k';
    int i=1,j=2,k=3;
    float x=3e+5,y=0.85;
    printf("%d,%d\n",'a'+5<c,-i-2*j>=k+1);
    printf("%d,%d\n",1<j<5,x-5.25<=x+y);
    printf("%d,%d\n",i+j+k==-2*j,k==j==i+5);
}
```

运行结果:

```
1,0
1,1
0,0
```

在本例中求出了各种关系运算符的值。字符变量是以它对应的 ASCII 码参与运算的。对于含多个关系运算符的表达式,需要根据运算符的左结合性,如 k==j==i+5,先计算k==j,不成立,则值为 0,再计算 0==i+5,也不成立,故表达式值为 0。

2.4.5　逻辑运算

运算符:C 语言中提供了 3 种逻辑运算符:与运算"&&",或运算符"||",非运

算符"!"。

逻辑运算的值也为"真"和"假"两种,用"1"和"0"来表示。求值规则如下:

(1) 与运算 &&:参与运算的两个量都为真时,结果才为真,否则为假。例如:

5>0 && 4>2   由于 5>0 为真,4>2 也为真,相与的结果也为真。

(2) 或运算||:参与运算的两个量只要有一个为真,结果就为真。两个量都为假时,结果为假。例如:

5>0||5>8   由于 5>0 为真,相或的结果也就为真。

(3) 非运算!:参与运算量为真时,结果为假;参与运算量为假时,结果为真。例如:

!(5>0)   由于 5>0 为真,求反的结果为假。

注意:在判断一个量是为"真"还是为"假"时,值为"0"其逻辑值为"假",任何非"0"的数值其逻辑值为"真"。例如:由于 5 和 3 均为非"0"因此 5&&3 这个逻辑表达式的值为"真",即为 1。

又如:

88||0 的值为"真",即为 1。

与运算和或运算都是双目运算符,具有左结合性的特点。逻辑运算符优先级的关系可表示如下:

!(非)→&&(与)→||(或) "&&"和"||"低于关系运算符,"!"高于算术运算符如图 2-7 所示。

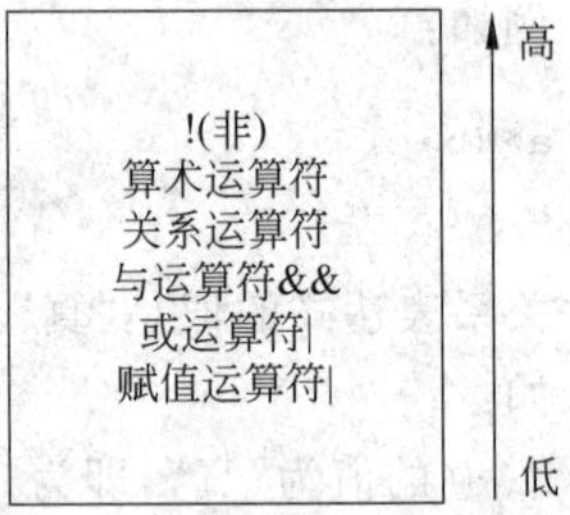

```
         ┌─────────────┐ ↑ 高
         │   !(非)      │
         │ 算术运算符    │
         │ 关系运算符    │
         │ 与运算符&&    │
         │  或运算符|    │
         │ 赋值运算符|    │
         └─────────────┘   低
```

图 2-7 逻辑运算符的优先级

按照运算符的优先顺序可以得出:

a>b&&c>d	等价于	(a>b)&&(c>d)
!b==c||d<a	等价于	((!b)==c)||(d<a)
a+b>c&&x+y<b	等价于	((a+b)>c)&&((x+y)<b)

逻辑表达式的一般形式为:

表达式   逻辑运算符   表达式

其中的表达式可以又是逻辑表达式,从而组成了嵌套的情形。

例如:

(a&&b)&&c

根据逻辑运算符的左结合性,上式也可写为:a&&b&&c。

【例 2-20】 逻辑运算应用实例。

```c
#include<stdio.h>
void main()
{
    char c='k';
    int i=4, j=5, k=6;
    float x=3e+5, y=0.25;
    printf("%d, %d\n",!x * !y,!!!x);
    printf("%d, %d\n", x||i&&j-3, i<j&&x<y);
    printf("%d, %d\n", i==10&&c&&(j=9),x+y||i+j+k);
}
```

运行结果：

```
0,0
1,0
0,1
```

本例中 x 和 y 的值都为非零，故!x 和!y 都为 0，!x＊!y 也为 0，输出值为 0。由于 x 为非 0，故!!!x 的逻辑值为 0，关于 x||i&&j－3 表达式，需先计算 j－3 的值为 1，再求 i&&j－3 的逻辑值为 1，故 x||i&&j－3 的逻辑值为 1。对 i<j&&x<y 式，由于 i<j 的值为 1，而 x<y 为 0 故表达式的值为 0，i==10&&c&&(j=9)，此表达式由两个与运算符连接 3 个表达式，只要有一个表达式的结果为假，整个表达式的值就为 0，因为 i==10 不成立，故整个表达式的值为 0；x＋y||i＋j＋k，由于 x＋y 的值为非零，故整个表达式的值为 1。

2.4.6 条件运算

条件运算符为?:，是一个三目运算符，即有 3 个参与运算的对象。

由条件运算符组成条件表达式的一般形式为：

表达式 1? 表达式 2: 表达式 3

运算规则为：先求解表达式 1，若表达式 1 的值为真，则求解表达式 2，并将表达式 2 的值作为条件表达式的值；若表达式 1 的值为假，则求解表达式 3，并将表达式 3 的值作为整个条件表达式的值。

例如：

```
max=(a>b)?a:b;
```

执行该语句的语义是：若 a>b 为真，则把 a 的值赋给 max，否则把 b 的值赋给 max。

使用条件表达式时，还应注意以下几点：

（1）条件运算符的运算优先级低于关系运算符和算术运算符，但高于赋值符。因此 max=(a>b)? a:b 可以去掉括号写为 max=a>b?a:b。

（2）条件运算符? 和:是一对运算符，不能分开单独使用。

（3）条件表达式中的表达式 1，表达式 2，表达式 3 也可以是条件表达式嵌套使用，使用时需注意条件运算符的结合方向是右结合。

例如：

```
a>b?a:c>d?c:d
```

应理解为

```
a>b?a:(c>d?c:d)
```

【例 2-21】 输入两个整数，输出其中大者。

```
#include<stdio.h>
void main()
{
    int a,b,max;
```

```
    printf("\ninput two numbers:");
    scanf("%d%d",&a,&b);
    printf("max=%d",a>b?a:b);
}
```

运行结果：

```
input two numbers:2 3↙
max=3
```

2.4.7 位运算

C语言提供了6种位运算符，详见表2-7。

表 2-7 位运算符含义描述

位运算符	名　　称	含　　义
&	按位与	如果两个相应的二进制位都为1，则该位的结果值为1，否则为0
|	按位或	两个相应的二进制位中只要有一个为1，该位的结果值为1
^	按位异或	若参加运算的两个二进制位值相同则为0，否则为1
~	取反	～是一元运算符，用来对一个二进制数按位取反，即将0变1，将1变0
<<	左移	用来将一个数的各二进制位全部左移N位，右补0
>>	右移	将一个数的各二进制位右移N位，移到右端的低位被舍弃，对于无符号数，高位补0

1. "按位与"运算符(&)

按位与是指：参加运算的两个数据，按二进制位进行"与"运算。如果两个相应的二进制位都为1，则该位的结果值为1；否则为0。这里的1可以理解为逻辑值中的真，0可以理解为逻辑值中的假。按位与其实与逻辑上与的运算规则一致。逻辑上的与，要求运算数全真，结果才为真。

【例2-22】 编程求3&5的值。

```
#include<stdio.h>
void main()
{
    int a=3;
    int b=5;
    printf("%d",a&b);
}
```

运行结果：

```
1
```

本例中a的值3在内存中为00000000 00000011，b的值5在内存中为00000000 00000101，00000000 00000011&00000000 00000101＝00000000 00000001 故其值为1。

2. "按位或"运算符(|)

两个相应的二进制位中只要有一个为 1,该位的结果值为 1。和逻辑运算符或运算类似。

```
  00110000
| 00001111
  00111111
```

【例 2-23】 编程求将八进制 60 与八进制 17 进行按位或运算。

```
#include<stdio.h>
void main()
{
    int a=060;
    int b=017;
    printf("%d",a|b);
}
```

运行结果:

63

本例中 a 的值 60(8) 在内存中为 00000000 00110000,b 的值 17(8) 在内存中为 00000000 00001111,00000000 00110000|00000000 00001111＝00000000 00111111 故其值为 63。

3. "异或"运算符(^)

"异或"运算的规则是:若参加运算的两个二进制位值相同则为 0,否则为 1。

即 0^0=0,0^1=1,1^0=1,1^1=0。

```
例:   00111001
    ^ 00101010
      00010011
```

【例 2-24】 编程求八进制数 71 和 52 的异或值。

```
#include<stdio.h>
void main()
{
    int a=071;
    int b=052;
    printf("%d",a^b);
}
```

运行结果:

19

本例中 a 的值 71(8) 在内存中为 00000000 00111001,b 的值 52(8) 在内存中为 00000000 00101010,00000000 00111001^00000000 00101010＝00000000 00010011 故其值为 19。

4. "取反"运算符(~)

取反运算符~是单目运算符,用于求整数的二进制反码,即分别将操作数各二进制位上的 1 变为 0,0 变为 1。

【例 2-25】 编程求解~77(8)。

```
#include<stdio.h>
void main()
{
    int a=077;
    printf("%d",~a);
}
```

运行结果:

-64

本例中 a 的值 77(8)在内存中为 00000000 00111111,~77=11000000,高位为符号位,故结果为−64。

5. 左移运算符(<<)

左移运算符是用来将一个数的各二进制位左移若干位,移动的位数由右操作数指定(右操作数必须是非负值),其右边空出的位用 0 填补,高位左移溢出则舍弃该高位。

例如:将 a 的二进制数左移 2 位,右边空出的位补 0,左边溢出的位舍弃。

【例 2-26】 若 a=15,即 00001111(2),左移 2。

```
#include<stdio.h>
void main()
{
    int a=15;
    printf("%d",a<<2);
}
```

运行结果:

60

本例中 a=15,15 的二进制编码为 1111,向左移动两位得 00111100(2),转换为十进制输出 60。左移 1 位相当于该数乘以 2,左移 2 位相当于该数乘以 $2*2=4$,15<<2=60,即乘了 4。但此结论只适用于该数左移时被溢出舍弃的高位中不包含 1 的情况。

6. 右移运算符(>>)

右移运算符是用来将一个数的各二进制位右移若干位,移动的位数由右操作数指定(右操作数必须是非负值),移到右端的低位被舍弃,对于无符号数,高位补 0。对于有符号数,某些机器将对左边空出的部分用符号位填补(即"算术移位"),而另一些机器则对左边空出的部分用 0 填补(即"逻辑移位")。

注意:对无符号数,右移时左边高位移入 0;对于有符号的值,如果原来符号位为 0(该数为正),则左边也是移入 0。如果符号位原来为 1(即负数),则左边移入 0 还是 1,要取决于所用的编译系统。有的系统移入 0,有的系统移入 1。移入 0 的称为"逻辑移位",即简单移位;移入 1 的称为"算术移位"。

例如：

a:1001011111101101   (用二进制形式表示)
a>>1:0100101111110110   (逻辑右移时)
a>>1:1100101111110110   (算术右移时)

【例 2-27】 a 的值是八进制数 113755,求 a>>1。

```
#include<stdio.h>
void main()
{
    int a=0113755;
    printf("%d",a>>1);
}
```

运行结果：

```
19446
```

本例的运行结果使用 Visual C++ 得来,属于逻辑右移,a:1001011111101101(用二进制形式表示),a>>1:0100101111110110(逻辑右移时)。在有些系统中,a>>1 得八进制数 045766,而在另一些系统上可能得到的是 145766。Turbo C 和其他一些 C 编译采用的是算术右移,即对有符号数右移时,如果符号位原来为 1,左面移入高位的是 1。

2.4.8　逗号运算符和逗号表达式

逗号运算符","是 C 语言提供一种特殊的运算符。用它将两个表达式连接起来,称为逗号表达式,又称为"顺序求值运算符"。

逗号表达式的一般形式为：

表达式 1,表达式 2

逗号表达式的求解过程是：先求解表达式 1,再求解表达式 2。整个逗号表达式的值是表达式 2 的值。例如：

3+5,6+8

逗号表达式"3+5,6+8"的值为表达式 2"6+8"的值 14。

逗号表达式的一般形式可以扩展为：

表达式 1,表达式 2,表达式 3,…,表达式 n

逗号表达式的值为表达式 n 的值。

【例 2-28】 逗号运算符的应用实例。

```
#include<stdio.h>
void main()
{
    int a=5,b,x,y;
```

```
a=3*5,a*4;
b=2+a,3+5;
x=(1+3,4+6);
y=3&&!x,b>a;
printf("a=%-5db=%-5d\nx=%-5dy=%-5d\n",a,b,x,y);
}
```

运行结果：

```
a=15    b=17
x=10    y=0
```

本例中对 a,b 求解值的两个表达式语句,赋值运算符的优先级别高于逗号运算符,因此应先求解 a＝3＊5(也就是把"a＝3＊5"作为一个表达式)。经计算和赋值后得到 a 的值为 15,然后求解 a＊4,得 60。整个逗号表达式的值为 60,同理求得 b 的值为 2＋a 的值 17;求解 x 的值,赋值符号右侧为一个小括号括起来的整体,应先计算出 1＋3,4＋6 表达式的值为 10,再将 10 赋给 x;求解 y 的值与求解 a,b 值同理,表达式 3&&！x 的值为 0,故 y 的值为 0。

一个逗号表达式也可以嵌套组成一个新的逗号表达式,如(a＝3＊5,a＊4),a＋5 先计算出 a 的值等于 15,再进行 a＊4 的运算得 60(但 a 值未变,仍为 15),再进行 a＋5 得 20,即整个表达式的值为 20。

【同步练习】

1. 如果将例 2-13 程序中的变量 s 的类型定义为 double,输出时使用格式字符%f 输出,结果是什么?

2. 通过修改例 2-21 利用条件语句的嵌套,比较三个数 a,b,c 并且输出最小值。

2.5 顺序结构程序设计

从程序流程的角度来看,程序可以分为 3 种基本结构,即顺序结构、分支结构和循环结构。这三种基本结构可以组成所有的各种复杂程序。

顺序结构是最简单也是最基本的程序结构,按照语句出现的先后顺序依次执行程序。顺序结构主要由简单语句、复合语句和输入输出的函数调用语句来实现。C 语言提供了多种语句来实现这些程序结构。本节将介绍这些基本语句及其在顺序结构中的应用,使读者对 C 程序有一个初步的认识,为后面各章的学习打下基础。

2.5.1 C 语句

C 语句大致可以分为以下 5 类。

1. 表达式语句

表达式语句由表达式加上分号";"组成。其一般形式为:

表达式;

执行表达式语句就是计算表达式的值。

例如：

```
x=2*y-1;                /*赋值表达式语句*/
a+=6;                   /*复合赋值表达式语句*/
a=1,b=6;                /*逗号表达式语句*/
max=a>b?a:b;            /*条件表达式语句*/
```

2. 函数调用语句

由函数名、实际参数加上分号";"组成。其一般形式为：

函数名(实际参数表);

执行函数语句就是调用函数体并把实际参数赋予函数定义中的形式参数，然后执行被调函数体中的语句，求取函数值。

例如：

```
printf("%d",max);       /*函数调用语句*/
```

3. 控制语句

控制语句用于控制程序的流程，以实现程序的各种结构方式。它们由特定的语句定义符组成。C语言有九种控制语句。可分成以下9类。

（1）if()…else…（条件语句）。

（2）for()…（循环语句）。

（3）while()…（循环语句）。

（4）do…while()（循环语句）。

（5）continue（结束本次循环）。

（6）break（终止执行switch或循环语句）。

（7）switch（多分支语句）。

（8）goto（转向语句）。

（9）return（从函数返回语句）。

例如：

```
if(a>b)
max=a;
else
max=b;
```

表示如果a＞b成立，则将a的值赋值给max，否则将b的值赋值给max。控制语句能够实现程序流程的跳转，能够在C语言程序中实现一些特别的算法。在后续章节将陆续学到。

4. 复合语句

把多个语句用括号{}括起来组成的一个语句称复合语句。在程序中应把复合语句看成是单条语句，而不是多条语句，是一条复合语句。复合语句内的各条语句都必须以分号";"结尾；此外，在括号"}"外不能加分号。

例如：

```
{a=t;a=b;b=t;}
```

这是由三条赋值表达式语句组成的一条复合语句。

5. 空语句

只有分号";"组成的语句称为空语句。空语句是什么也不执行的语句,在程序中空语句常用来作空循环体。

2.5.2　顺序结构程序举例

【**例 2-29**】　输入三角形的三边长,求三角形面积。

解题思路:已知三角形的三边长 a、b、c,则该三角形的面积公式可以使用海伦公式:

$$area = \sqrt{(s(s-a)(s-b)(s-c))}$$

其中 $s = (a+b+c)/2$。

源程序如下:

```c
#include<stdio.h>
#include<math.h>
void main()
{
    float a,b,c,s,area;
    scanf("%f,%f,%f",&a,&b,&c);          /* 输入三个实数,分别赋值给 a,b,c 三个变量 */
    s=1.0/2*(a+b+c);                      /* 计算三角形的半周长,赋值给变量 s */
    area=sqrt(s*(s-a)*(s-b)*(s-c));      /* 套用海伦公式,调用 sqrt 函数求平方根 */
    printf("a=%7.2f,b=%7.2f,c=%7.2f,s=%7.2f\n",a,b,c,s);
    printf("area=%7.2f\n",area);
}
```

运行结果:

```
6,7,8↙
a=  6.00,b=  7.00,c=  8.00,s=  10.50
area=20.33
```

【**例 2-30**】　求 $ax^2+bx+c=0$ 方程的根,a、b、c 由键盘输入,假设 $b^2-4ac>0$。

解题思路:在 $b^2-4ac>0$ 的情况下,一元二次方程有两个实根:$x=\dfrac{-b\pm\sqrt{b^2-4ac}}{2a}$,

定义变量 $p=\dfrac{-b}{2a}$,变量 $q=\dfrac{\sqrt{b^2-4ac}}{2a}$,则 x 的两个实根分别为 $p+q$ 和 $p-q$。

源程序如下:

```c
#include<stdio.h>
#include<math.h>
void main()
{
    float a,b,c,disc,x1,x2,p,q;
    scanf("%f%f%f",&a,&b,&c);
    disc=b*b-4*a*c;p=-b/(2*a);
    q=sqrt(disc)/(2*a);
```

```
        x1=p+q;
        x2=p-q;
        printf("x1=%5.2f\nx2=%5.2f\n",x1,x2);
}
```

运行结果：

```
1  3  2↙
x1=-1.00
x2=-2.00
```

2.6 本章常见错误总结

（1）忘记定义变量。

```
#include<stdio.h>
void main()
{
        x=3;
        y=6;
        printf("%d\n",x+y);
}
```

错误代码提示：

```
error C2065: 'x': undeclared identifier
error C2065: 'y': undeclared identifier
```

所有的标识符必须限定以后使用，本例中提示的 x,y 两个变量名，说明该变量没有定义，需要特别注意标识符的命名规则，大小写字母是区分的。

（2）赋值符号左侧为常量。

```
#include<stdio.h>
void main()
{
        int x,y;x=3;
        6=y;
        printf("%d\n",x+y);
}
```

C 语言规定赋值符号的左值必须是一个可以被修改的值，也就不可以是常量，提示的错误代码为 error C2106：'='：left operand must be l－value。

（3）某个字符常量的尾部漏掉了单引号，提示的错误代码为 error C2001：newline in constant。

```
#include<stdio.h>
void main()
```

```
{
    char a;
    a='a;
    printf("%c",a);
}
```

（4）单引号表示字符型常量。一般地，单引号中必须有且只能有一个字符（使用转义符时，转义符所表示的字符当作一个字符看待），如果单引号中的字符数多于 4 个，就会引发这个错误 error C2015：too many characters in constant。

```
#include<stdio.h>
void main()
{
    char a='asasdd';;
    printf("%c",a);
}
```

（5）使用两个单引号给字符变量赋值。

```
#include<stdio.h>
void main()
{
    char a;
    a='';
    printf("%c",a);
}
```

原因是连用了两个单引号，而中间没有任何字符，这是不允许的错误提示 error C2137：empty character constant。

（6）使用未知字符'0x♯♯'。

```
#include<stdio.h>
void main()
{
    char a;
    a='A';
    printf("%c",a);
}
```

0x♯♯ 是字符 ASCII 码的十六进制表示法。这里说的未知字符，通常是指全角符号、字母和数字，或者直接输入了汉字，本例中因为字符常量 A 两侧的单引号为中文全角字符，故提示错误。如果全角字符和汉字用双引号包含起来，则成为字符串常量的一部分，是不会引发这个错误的，错误提示代码 error C2018：unknown character '0x♯♯'。

（7）在八进制中出现了非法的数字 ♯（这个数字 ♯ 通常是 8 或者 9）error C2041：illegal digit '♯' for base '8'。

```
#include<stdio.h>
```

```
void main()
{
    int x;
    x=019;
    printf("%d",x);
}
```

如果某个数字常量以"0"开头(单纯的数字 0 除外),那么编译器会认为这是一个八进制数字。例如:"089"、"078"、"093"都是非法的,而"071"是合法的。本例中对 x 赋值的八进制数中出现了非法字符"9",故,错误提示为 error C2041:illegal digit '9' for base '8'。

(8) 重复定义。

```
#include<stdio.h>
void main()
{
    int x;
    float x=96;
    printf("%d",x);
}
```

变量"x"在同一作用域中定义了多次,并且进行了多次初始化,在 C 语言中这是不允许的,一个变量在同一作用域内只能被定义一次,检查"x"的每一次定义,只保留一个,或者更改变量名。错误提示 error C2086:'x':redefinition。

本 章 小 结

本章主要学习了 C 语言的基本数据类型,变量、常量、关键词和一些常见的运算符,利用这些运算符和不同的数据一起组成的表达式,这些丰富的运算符在使用时一定要注意优先级和结合性的问题。

在 C 语言中,所有数据都是属于某一种类型的,不同类型的数据在计算机内存中所占的空间大小和存储方式不同,整数以二进制的补码形式进行存储,字符类型则以相对应的 ASCII 码进行存放,实型数据则是以阶码、阶符和尾数的方式进行存储。

C 语言程序中的数据有常量也有变量,常量并不占用存储空间,需特别注意符号常量与变量的区别,前者只是一个字符串代表了一个常量值,不具备存储空间。

不同的编译系统给不同数据类型的变量所分配的空间并不一致,可以借助于 sizeof()运算符来查看当前编译系统,给某一种类型所分配的字节数。

自增和自减的运算在程序中可以使程序更加清晰、简练,但使用时应尽量避免二义性,如 i+++j,尽量使用最简单的形式。

习 题 二

一、选择题

1. 若 m 为 float 型变量,则执行以下语句后的输出为(　　　)。

```
m=1234.123;
printf("%-8.3f\n",m);
printf("%10.3f\n",m);
```

A. −1234.123   B. 1234.123   C. 1234.123   D. −1234.123

    1234.123   1234.123   1234.123   001234.123

2. 若 x,y,z 均为 int 型变量,则执行以下语句后的输出为(   )。

```
x=(y=(z=10)+5)-5;
printf("x=%d,y=%d,z=%d\n",x,y,z);
y=(z=x=0,x+10);
printf("x=%d,y=%d,z=%d\n",x,y,z);
```

A. $x=10,y=15,z=10$ B. $x=10,y=10,z=10$

    $x=0,y=10,z=0$ $x=0,y=10,z=10$

C. $x=10,y=15,z=10$ D. $x=10,y=10,z=10$

    $x=10,y=10,z=0$ $x=0,y=10,z=0$

3. 若 x 是 int 型变量,y 是 float 型变量,所用的 scanf 调用语句格式为:scanf("x=%d,y=%f",&x,&y);则为了将数据 10 和 66.6 分别赋给 x 和 y,正确的输入应是(   )。

A. x=10,y=66.6<回车>   B. 10 66.6<回车>

C. 10<回车>66.6<回车>   D. x=10<回车>y=66.6<回车>

4. 已知有变量定义:int a;char c;用 scanf("%d%c",&a,&c);语句给 a 和 c 输入数据,使 30 存入 a,字符'b'存入 c,则正确的输入是(   )。

A. 30'b'<回车>   B. 30   b<回车>

C. 30<回车>b<回车>   D. 30b<回车>

5. 已知有变量定义:double x;long a;要给 a 和 x 输入数据,正确的输入语句是(   )。若要输出 a 和 x 的值,正确的输出语句(   )。

A. scanf("%d%f",&a,&x);   B. scanf("%ld%f",&a,&x);

   printf("%d,%f",a,x);   printf("%ld,%f",a,x);

C. scanf("%ld%lf",&a,&x);   D. scanf("%ld%lf",&a,&x);

   printf("%ld,%lf",a,x);   printf("%ld,%f",a,x);

6. 若有定义 double x=1,y;则 y=x+3/2;printf("%f",y);执行的结果是(   )。

A. 2.500000   B. 2.5   C. 2.000000   D. 2

7. 若 a 为整型变量,则以下语句 a=−2L;printf("%d\n",a);执行结果是(   )。

A. 赋值不合法   B. 输出为不确定的值

C. 输出值为−2   D. 输出值为 2

8. 若 $x=0,y=3,z=3$,以下表达式值为 0 的是(   )。

A. !x   B. x<y? 1:0   C. x%2&&y==z   D. y=x||z/3

9. 以下运算符中优先级最低的运算符(   ),优先级最高的为(   )。

A. &&   B. !   C. !=   D. ||

E. ?:   F. ==

10. 若 $w=1,x=2,y=3,z=4$,则条件表达式 w<x?w:y<z?y:z 的结果为(   )。

A. 4   B. 3   C. 2   D. 1

二、填空题

1. 在 C 语言中,字符型数据和整型数据之间可以通用,一个字符数据既能以_____输出,也能以_____输出。

2. "%-ms"表示如果串长小于 m,则在 m 列范围内,字符串向_____靠,_____补空格。

3. printf 函数的"格式控制"包括两部分,它们是_____和_____。

4. 编写程序求矩形的面积和周长,矩形的长和宽由键盘输入,请填空。

```
#include<stdio.h>
void main()
{
    float l,w;
    _____(1)_____
    printf("please input length and width of the rectangle\n");
    scanf("%f%f",&l,&w);
    area=_____(2)_____;
    girth=_____(3)_____;
    _____(4)_____
}
```

5. 编写程序,输入一个数字字符('0'~'9')存入变量 c,把 c 转换成它所对应的整数存入 n,如:字符'0'所对应的整数就是 0。请填空。

```
_____(1)_____
void main()
{
    char c;
    _____(2)_____;
    printf("please input a char:\n");
    c=_____(3)_____;
    n=_____(4)_____;
    printf(_____(5)_____,c,n);
}
```

6. 设 int a=12;则表达式 a/=a+a 的值是_____。

7. 表达式 x=(a=3,6*a)和表达式 x=a=3,6*a 分别是_____表达式和_____表达式,两个表达式执行完的结果分别是_____和_____,x 值分别是_____和_____。

8. 在 C 语言中,实数有两种表示形式,即_____和_____。

9. 在 C 语言中,运算符的优先级最低的是_____运算符。

10. 若 a=5,b=6,c=7,d=8,则表达式 d=a/2&&b==c||!a 的值为_____。

三、读程序写结果

1. #include<stdio.h>

```
    void main()
    {
        int x,y;
        scanf("%2d%*2d%ld",&x,&y);
        printf("%d\n",x+y);
    }
```

运行结果：

_____

执行时输入：1234567

2. ```
   #include<stdio.h>
   void main()
   {
       int x=4,y=0,z;
       x*=3+2;
       printf("%d",x);
       x*=y=z=4;
       printf("%d",x);
   }
   ```

运行结果：

_____

3. ```
   #include<stdio.h>
   void main()
   {
       float x; int i;
       x=3.6; i=(int)x;
       printf("x=%f,i=%d",x,i);
   }
   ```

运行结果：

_____

4. ```
   #include<stdio.h>
   void main()
   {
       int a=2;
       a%=4-1; printf("%d, ",a);
       a+=a*=a-=a*=3; printf("%d",a);
   }
   ```

运行结果：

_____
   ```

5.
```
#include<stdio.h>
void main()
{
    int x=02,y=3;
    printf("x=%d,y=%%d",x,y);
}
```
运行结果：

_____

6.
```
#include<stdio.h>
void main()
{
    char c1='6',c2='0';
    printf("%c,%c,%d,%d\n",c1,c2,c1-c2,c1+c2);
}
```
运行结果：

_____

7.
```
#include<stdio.h>
void main()
{
    int x,y,z;
    x=y=1; z=++x-1;
    printf("%d,%d\n",x,z);
    z+=y++;
    printf("%d,%d\n",y,z);
}
```
运行结果：

_____

四、编程

1. 将华氏温度转换为摄氏温度和绝对温度的公式分别为：

$$c=5/9(f-32) \qquad （摄氏温度）$$
$$k=273.16+c \qquad （绝对温度）$$

请编程序：当给出 f 时，求其相应摄氏温度 c 和绝对温度 k。

测试数据：

① $f=34$；② $f=100$

2. 写一个程序把极坐标 (r,θ) （θ 之单位为度）转换为直角坐标 (x,y)。转换公式是

$$x=r\cos\theta$$
$$y=r\sin\theta$$

测试数据：

① $r=10$ $\theta=45°$

② $r=20$ $\theta=90°$

3. 输入 3 个双精度实数,分别求出它们的和、平均值、平方和以及平方和的开方,并输出所求出各个值。

4. 写一个程序,按如下格式输出数据。

name	number	math	English	computer
zhanghua	9901	80.50	87.0	80
lina	9902	70.00	80.0	90
wanggang	9903	87.00	76.0	78

5. 输入一个 3 位整数,求出该数每个位上的数字之和。如 123,每个位上的数字和就是 $1+2+3=6$。

实 验 二

一、实验目的

1. 掌握 C 语言数据类型,了解字符型数据和整型数据的内在关系。

2. 掌握对各种数值型数据的正确输入方法。

3. 学会使用教材中所介绍的运算符及表达式。

4. 学会编写和运行一些较简单的 C 程序。

二、实验内容

1. 输入华氏温度 h,输出摄氏温度 c。

```
#include<stdio.h>
void main()
{
    float h,c;
    printf("请输入华氏温度:\n");
    scanf("%f",&h);
    c=5.0/9*(h-32);
    printf("\n摄氏温度为%f\n",c);
}
```

为什么在计算摄氏温度时用 5.0/9,可不可以换成 5/9,为什么? 能不能修改成其他形式?

2. 从键盘输入一个 3 位整数,将输出该数的逆序数。

程序如下:

```
#include<stdio.h>
void main()
{
    int a,b,c,x,y;
    printf("请输入一个 3 位的正整数:\n");
    scanf("%d",&x);
```

```
    a=x/100;                        /*求 x 的百位数*/
    b=(x-a*100)/10;                 /*求 x 的十位数*/
    c=x-a*100-b*10;                 /*求 x 的个位数*/
    y=c*100+b*10+a;
    printf("%d:%d\n",x,y);
}
```

思考：利用 C 语言运算符中的求余运算符求出末位数字，输出后，利用除法运算符整型和整型相除还是整型的特性切掉末位，将得出的数值，再次求余，只需 3 次就可以完全逆序输出，请试着编出此程序。

3. 输入并运行以下程序，分析运行结果。

```
#include<stdio.h>
void main()
{
    int i,j;
    i=8; j=10;
    printf("%d,%d\n",++i,++j);
    i=8; j=10;
    printf("%d,%d\n",i++,j++);
    i=8; j=10;
    printf("%d,%d\n",++i,i);
    i=8; j=10;
    printf("%d,%d\n",i++,i);
}
```

4. 用 sizeof 运算符检测程序中各类型的数据占多少字节。

5. 输入 3 个字符型数据，将其转换成相应的整数后，求它们的平均值并输出。

编程思路：要解决这一问题需要定义 3 个字符或整数类型变量，用于存放 3 个字符型数据，还需要 1 个实型变量用于存放 3 个数据的平均值，因为整型和字符型可以互换，求得平均值输出即可。

三、实验总结

1. 总结本章所接触到的基本数据类型及其相应特点。

2. 总结各类运算符中所包含的运算符号以及运算符的优先级和结合性。

第 3 章　选择结构程序设计

在机器指令层对执行过程的控制,基本情况是一条指令完成后执行下一指令,即顺序的执行程序命令。而另一种控制方式是分支指令,它导致控制转移到指定位置,例如选择结构。选择结构是根据遇到的情况,从若干种情况中选择一种执行。

本章将主要介绍选择结构程序设计的方法及其在 C 语言中的实现。掌握 if 语句的执行和使用,能够用 if 语句实现选择结构。掌握 switch 语句的执行和使用,能够用 switch 语句实现多分支选择结构,并了解使用 break 语句的用法。掌握选择结构嵌套的执行。本章的重点和难点即是 if 语句的嵌套使用及应用选择分支结构实现相应算法。

3.1　if 语句引例

【例 3-1】　比较两数大小并输出较大的数。

分析:首先需要键盘输入数据,可利用 scanf() 函数接收。然而键盘输入数据具有随机性,两个数据的大小是不确定的,所以需要利用逻辑判断的逻辑表达式找出大数,并用 printf() 函数输出。然而较大数是两数之一,所以是二选一的选择题,一般遇到选择问题,都会使用 if 语句处理。

```
#include<stdio.h>
void main()
{
    int a,b,max;
    scanf("%d,%d",&a,&b);              /* 键盘输入两个随机整数,分别存入变量 a,b 内 */
    if(a>=b) max=a;                    /* 判断大数为 a,存入 max 中 */
    if(a<b) max=b;                     /* 判断大数为 b,存入 max 中 */
    printf("两数中较大数为%d\n",max);    /* 输出 max 中存放的较大数 */
    return 0;
}
```

程序运行结果:

32,68↙
两数中较大数为 68

注意:实验数据可任意从键盘输入,无限制。

题目中利用了暂存变量 max 存放两数中的较大数。保证较大数的值无论是 a 还是 b 都放在暂存变量中,这样,输出时则无须考虑较大数是 a 或者 b,只输出 max 即可。此类做题技巧需要掌握。

【例 3-2】　找出三个整数中的较大数,并输出。

```
#include<stdio.h>
```

```
void main()
{
    int a,b,c,max;
    scanf("%d,%d,%d",&a,&b,&c);
    if(a>=b && a>=c) max=a;
    if(b>=a && b>=c) max=b;
    if(c>=a && c>=b) max=c;
    printf("三数中较大数为%d\n",max);          /*输出 max 中存放的较大数 */
    return 0;
}
```

程序运行结果：

32,68,96↙
三数中较大数为 96

此例中,利用了逻辑条件的设定来判断三个数中的最大数,是最直接,最简单最易懂的形式。但在选择结构中此种解题方法并不聪明,三条 if 语句重复比较了三遍数据大小,对计算机来讲无疑是资源及时间的浪费,如何在解题思路和结构技巧上改进就需要大家在后续小节中进一步学习。

本章将针对选择结构进行详细介绍。

3.2 if 语句

选择结构式程序的基本结构之一,所谓选择结构,就是根据不同的条件,选择不同的处理。而 if 语句就是用来判定给定的条件是否满足,根据判定的结果进而执行不同的程序段。If 语句主要有 if、if…else 和 if…else if 3 种形式。

1. if 选择结构

if 分支是条件判断语句中最简单的形式,具体如下:

if(表达式)语句 1

其作用是,如果逻辑表达式值为真,执行语句 A,否则不做任何操作,直接去执行 if 语句后的语句,此种不带 else 的语句适合解决单分支选择问题。

2. if…else 形式

if(表达式) 语句 1
else   语句 2

其作用是,如果表达式的值为真,则执行语句 1,否则执行语句 2。这种带 else 子句的 if语句适合解决双分支选择问题,也即二选一。

3. 多分支 if…else if 形式

if(表达式 1)   语句 1
    else if(表达式 2) 语句 2
    else if(表达式 3) 语句 3

$$\vdots$$

```
else if(表达式 n) 语句 n
else    语句 m+1
```

可见,多分支选择结构在 else 部分又嵌套了多层的 if 语句。其作用是如果表达式 1 的值为真,则执行语句 1;否则,如果表达式 2 的值为真,则执行语句 2,……如果前面所以表达式的值都不为真,则执行语句 $n+1$。也即依次判断表达式的值,当出现某个表达式值为真时,则执行其对应的语句。然后跳到整个 if 语句之后继续执行程序。如果所有的表达式均为假,则执行语句 $n+1$。然后继续执行后续程序。此类结构利于解决多分支选择问题,三个及以上选择项时可使用。

三种选择结构直观流程图示如图 3-1 所示。

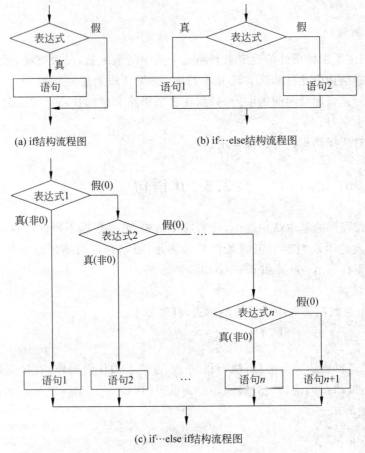

(a) if结构流程图   (b) if…else结构流程图

(c) if…else if结构流程图

图 3-1   if 语句三种常见结构流程图比较

图 3-1 流程图结构中可清楚地分析出,选择哪种结构一般与选择项的多少有关,选择项越多,选择结构越复杂,层次越多。

如在例 3-1 中,用的是两条 if 语句,但仔细分析,其实是 a 或 b 中选择某个较大的数输出,可归为二选一的题目,那么我们可以尝试用 if…else 结构直接解决。

【例 3-3】 改进例 3-1 题目为 if…else 结构。

分析:大数非 a 即 b,则根据逻辑条件判断结果选择输出数据即可。

```
#include<stdio.h>
int main()
{
    int a,b,max;
    scanf("%d,%d",&a,&b);                /* 键盘输入两个随机整数,分别存入变量 a,b 内 */
    if(a>=b) max=a;                      /* 判断大数为 a,存入 max 中 */
        else max=b;                      /* 判断大数为 b,存入 max 中 */
    printf("两数中较大数为%d\n",max);    /* 输出 max 中存放的较大数 */
    return 0;
}
```

程序运行结果:

6,5↙
两数中较大数为 6

而对于例 3-2 选择 3 个数中的大数输出,则是三选一的问题,所以可以选择 if…else if 结构,每次过滤一个选项。

【例 3-4】 改进例 3-2 题目为 if…else if 结构。

分析:a,b,c 三个数中,可以依次两两比较大小,始终保证大数放于变量 max 中,而后由 max 去与下一个数比较,仍然保留大数存放于 max 中即可。

```
#include<stdio.h>
int main()
{
    int a,b,c,max;
    scanf("%d,%d,%d",&a,&b,&c);
    max=a;                               /* 没与其他数比较之前,第一个数无疑是最大的 */
    if(a<=b) max=b;                      /* 参与比较,始终保证大数在 max 中存放 */
        else if(max<=c) max=c;
    printf("三数中较大数为%d\n",max);    /* 输出 max 中存放的较大数 */
    return 0;
}
```

程序运行结果:

42,65,84↙
三数中较大数为 84

注意:题目中 max＝a 的初始化方法要掌握,后期数组学习等均会用到上述方法。

if-else-if 结构更常用的形式是各选择项间基本无关联的分段函数,此类题目的做法,就是将分段函数后的条件罗列,然后列出此区间段的函数表达式即可。

【例 3-5】 有一函数:

$$y = \begin{cases} x-1, & x < 10 \\ x^2-9, & 10 \leqslant x < 25 \\ x^2+9, & 25 \leqslant x < 50 \\ 2x, & x \geqslant 50 \end{cases}$$

写一程序,输入 x,输出 y 值。

分析:此类题目最直观的解题方法,就是罗列 x 的范围条件,并对应输出相应 y 值的表达式。

```c
#include<stdio.h>
void main()
{
    float x,y;
    scanf("%f",&x);
        if(x<10)
    y=x-1;
    else if((x>=10)&&(x<25))           /*if后的判断条件罗列分段函数设定的条件即可*/
        y=x*x-9;
    else if((x>=25)&& (x<50))
        y=x*x+9;
    else
        y=2*x;
    printf("y=%f\n",y);
}
```

程序运行结果:

51↙

102.000000

【例 3-6】 输入一个字符,请判断是字母、数字还是特殊字符?

分析:输入字符如是字母,则为 A~Z 或 a~z,如果为数字则是 0~9,否则为特殊字符。3 种情况,可以考虑用 if…else if 结构。

```c
#include<stdio.h>
void main()
{
    char ch;
    printf("请输入一个字符: ");
    /*在双引号内的字符串中,可以出现汉字,不影响程序运行*/
    ch=getchar();
    if((ch>='a' && ch<='z')||(ch>='A' && ch<='Z'))
        printf("它是一个字母!\n");          /*注意前后的\n,养成良好的编辑习惯*/
    else if(ch>='0' && ch<='9')
            printf("它是一个数字!\n");
        else
            printf("它是一个特殊字符!\n");
}
```

程序运行结果:

请输入一个字符:5↙
它是一个数字!

【同步练习】

1. 输入一个数字，如果是 1～12 范围，判断是一年当中的第几个季度的月份，否则输出"超范围"。

2. 体型判断。可根据身高与体重计算出"体指数"来判断某人是否属于肥胖。体指数 $t=w/h^2$（w 表示体重，单位为千克（kg）；h 表示身高，单位为米（m））。

当 $t<18$ 时，为低体重；

当 $18 \leqslant t<25$ 时，正常；

当 $25 \leqslant t<27$ 时，超重；

当 $t \geqslant 27$ 时，肥胖。

分析：此类题目虽然文字化生活化了，但实质仍然是分段函数问题，只是需要多思考本题的 t 是什么，代表什么。分析后能列出类似例题的分段函数即可解决。

3.3 if 语句的嵌套

其实在现实生活中，并没有太多的 if 结构上的限制，无论哪种结构，都可以相互穿插使用。这样，当一个 if 语句中还包含其他一个或多个 if 语句，即可成为 if 语句的嵌套，如图 3-2 所示。

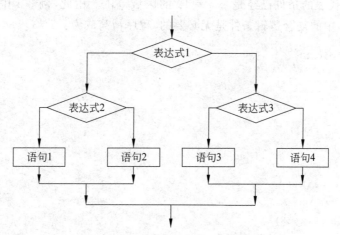

图 3-2 if 语句嵌套结构示意图

其一般形式可表示如下：

```
if(表达式 1)
    if(表达式 2)语句 1;
```

或者

```
if(表达式 1)
    if(表达式 2) 语句 1;
    else 语句 2;
else
    if(表达式 3) 语句 3;
    else 语句 4;
```

注意：

(1) 整个 if 语句可写在多行上，也可写在一行上，但都是一个整体，属于同一个语句在以上语句 1，语句 2 等各个语句中，每个其实都可以是一个新的 if 结构的语句，也就是说以上形式，变化多样，任何 if 结构可以任意搭配组合，可以是简单的语句，也可以是复合语句。

(2) 在嵌套内的 if 语句可能会出现多个 else，这将会出现多个 if 和多个 else 重叠的情况，这时要特别注意 if 和 else 的配对问题。C 语言规定：else 总是与它前面最近的还没有配对的 if 配对。

很多 if 嵌套结构能够使程序更加简洁，逻辑上更清晰，提升计算机执行效率。如例 3-5 的 if-else-if 结构虽然便于书写，但逻辑上并不是特别简洁清晰，由此可以利用 if 语句的嵌套来实现。

【例 3-7】 修改例 3-5 为 if 语句嵌套结构。

分析：利用嵌套结构，则每个 if 或 else 内嵌套的语句均可延续其前 if 设定的条件。例如，

```
if(x<10) y=x-1;
else
...
```

此处的 else 代表的条件已经是 $x \geqslant 10$ 的区域范围。由此，例 3-5 中语句 if(($x \geqslant 10$)&&($x<25$))中的复合逻辑条件是无必要的，程序精简成为：

```
#include<stdio.h>
void main()
{
    float x,y;
    scanf("%f",&x);
    if(x<10)
        y=x-1;
    else if(x<25)
            y=x*x-9;
        else if(x<50)
                y=x*x+9;
            else
                y=2*x;
    printf("y=%f\n",y);
}
```

程序运行结果：

```
51↙
102.000000
```

注意：

大家可能认为此程序除了逻辑判断条件部分的改变，和例 3-4 并无任何区别。其实两者的区别不在结构上，而在实际含义上。请注意两程序的缩进结构是不同的。例 3-4 中，每

个 else 结构后的 if 语句是独立的,因为其逻辑条件设置完整。而本例中,每个 else 后 if 设定的条件均延续了上个 if 语句设定的条件,所以从含义上讲,其后的语句都是上一个 if 的子句,它们之间有内在逻辑关系,有上下层级关系。

由此,大家可以考虑改进任何 if-else-if 语句为嵌套模式。

【例 3-8】 输入 3 个数 x,y,z,然后按从大到小输出。

分析:此处可以用列举法解决。首先罗列 x 为最大值情况,则其下 y,z 比较大小顺序确定后输出;其次罗列 y 为最大值情况,则其下 x,z 比较大小顺序确定后输出;最后罗列 z 为最大值情况,则其下 x,y 比较大小顺序确定后输出。

```c
#include<stdio.h>
void main()
{
    float x,y,z;
    scanf("%f%f%f",&x,&y,&z);
    if(x>=y&&x>=z)
    {
        printf("%f\t",x);
        if(y>=z) printf("%f\t%f\n",y,z);
        else printf("%f\t%f\n",z,y);
    }
    else if(y>=x&&y>=z)
    {
        printf("%f\t",y);
        if(x>=z) printf("%f\t%f\n",x,z);
        else printf("%f\t%f\n",z,x);
    }
    else
    {
        printf("%f\t",z);
        if(x>=y) printf("%f\t%f\n",x,y);
        else printf("%f\t%f\n",y,x);
    }
}
```

程序运行结果:

```
3  2.6  8↙
8.000000        3.000000        2.600000
```

注意:仔细观察题目内程序语句的缩进,以便了解程序内 if 和 else 的嵌套关系。另外,在这个典型的 if 语句嵌套结构中,如果不使用括号,那么 if 和 else 的对应关系就比较混乱。所以 if 语句的 3 种形式中,所有的语句应为单个语句,如果要想在满足条件时执行一组(多个)语句,则必须把这一组语句用{}括起来组成一个复合语句。但要注意的是在}之后不能再加分号。

【例 3-9】 改进例 3-2 为嵌套结构。

分析：以流程图 3-3 的形式说明解题思路。

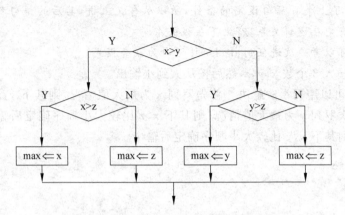

图 3-3　嵌套实现三数最大值的比较

```c
#include<stdio.h>
void main()
{
    int x,y,z,max;
    printf("\n Please input x,y,z:");
    scanf("%d%d%d",&x,&y,&z);
    if(x>=y)
    {
        if(x>z) max=x;
        else   max=z;
    }
    else
    {
        if(y>z) max=y;
        else max=z;
    }
    printf("\n max=%d",max);
}
```

程序运行结果：

```
Please input x,y,z:2 6 4↙
max=6
```

【同步练习】

1. 将 3.2 节同步练习中第 1 题体型判断例题改进为嵌套模式。

2. 请求出三个数当中的最小整数输出。

3.4　switch 语句

当对问题需要分析的情况较多时,常用 switch 语句代替 if 语句来简化程序的设计。switch 语句就像多路开关一样,使过程控制流形成多个分支,根据一个表达式可能产生不同的结果值,选择其中一个或者几个分支语句去执行,所以又称开关语句。

当然,switch 语句可以用嵌套的 if 语句来处理,但是如果分支较多,则嵌套的 if 语句层数多,程序冗长且可读性降低。C 语言提高的 switch 语句可以直接处理多分支选择,它的一般形式如下:

```
switch(表达式)
{
    case 常量表达式 1：语句 1; break;
    case 常量表达式 2：语句 2; break;
    case 常量表达式 3：语句 3; break;
      ⋮
    case 常量表达式 n：语句 n; break;
    default: 语句 n+1; [break;]
}
```

语义：计算表达式的值。并逐个与其后的常量表达式值相比较,当表达式的值与某个常量表达式的值相等时,即执行其后的语句,当执行到 break 语句时,跳出 switch 语句,转向执行 switch 语句的下一条。如表达式的值与所有 case 后的常量表达式均不相同时,则执行 default 后的语句,其流程图如图 3-4 所示。

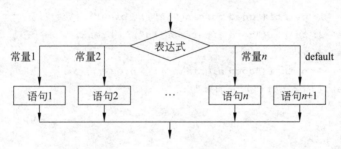

图 3-4　switch 语句流程图

【例 3-10】　任意输入 1～4 间某位整数,出现相应的问候语：1-good morning!,2-good afternoon! 3,4-good night!

分析：此例明显是一多分支的结构,且关系并列。按照 switch 语句模式套用。

```
#include<stdio.h>
void main()
{
    int x;
    scanf("%d",&x);
    switch(x)
    {
    case 1: printf("good  morning!\n");
    case 2: printf("good  afternoon!\n");
    case 3:
    case 4: printf("good  night!\n");
    default: printf("wrong!\n");
```

```
        }
    }
```

程序运行结果：

2↙

good afternoon!

good night!

wrong!

可以看出这个结果不是想要的,这是因为 case 语句之后没有加 break 语句,这样就不能互斥选择。输入数字与 2 匹配,因此进入 case 2,从此语句开始执行。期间没有跳出语句,因此其后所有语句均被顺序执行。要想得到正确的结果,程序修改如下：

```
#include<stdio.h>
void main()
{
    int x;
    scanf("%d",&x);
    switch(x)
    {
        case  1: printf("good morning!\n");  break;
        case  2: printf("good afternoon!\n");  break;
        case  3:
        case  4: printf("good night!\n");   break;
        default: printf("wrong!\n");
    }
}
```

程序运行结果：

2↙

good afternoon!

注意：

(1) 在 switch 后的表达式可以是整型表达式、字符型表达式或枚举型表达式。

(2) 在 case 后,允许有多个语句,可以不用{}括起来。

(3) 各 case 和 default 子句的先后顺序可以变动,而不会影响程序执行结果。

(4) 其中,default 子句可以省略不用。

【例 3-11】 要求按照考试成绩的等级输出百分制分数段,A 等为 85 分以上,B 等为 70～84 分,C 等为 60～69 分,D 等为 60 分以下。成绩的等级由键盘输入。

分析：判断出这是一个多分支选择问题,根据百分制分数将学生成绩分为 4 个等级。如果用 if 语句,至少要用 3 层嵌套的 if,进行 3 次检查判断,用 switch 语句进行一次检查即可得到结果。

```
#include<stdio.h>
void main()
```

```
{
    char grade;
    scanf("%c",&grade);
    printf("Your score:");
    switch(grade)
    {
        case 'A': printf("80～100\n");break;
        case 'B': printf("70～79\n");break;
        case 'C': printf("60～69\n");break;
        case 'D': printf("<60\n");break;
        default: printf("enter data error!\n");
    }
}
```

程序运行结果：

B↙
Your score: 70～79
F↙
enter data error!

【例 3-12】 已知某公司员工的保底薪水为 500,某月所接工程的利润 profit(整数)与利润提成的关系如下(计量单位：元)。

profit≤1000	没有提成；
1000<profit≤2000	提成 10%；
2000<profit≤5000	提成 15%；
5000<profit≤10000	提成 20%；
10000<profit	提成 25%。

分析：为使用 switch 语句,必须将利润 profit 与提成的关系,转换成某些整数与提成的关系。分析本题可知,提成的变化点都是 1000 的整数倍(1000、2000、5000、……),如果将利润 profit 整除 1000,则当：

profit≤1000	对应 0、1
1000<profit≤2000	对应 1、2
2000<profit≤5000	对应 2、3、4、5
5000<profit≤10000	对应 5、6、7、8、9、10
10000<profit	对应 10、11、12、…

为解决相邻两个区间的重叠问题,最简单的方法就是：利润 profit 先减 1(最小增量),然后再整除 1000 即可：

profit≤1000	对应 0
1000<profit≤2000	对应 1
2000<profit≤5000	对应 2、3、4
5000<profit≤10000	对应 5、6、7、8、9
10000<profit	对应 10、11、12、…

具体程序如下：

```c
#include<stdio.h>
void main()
{
    long profit;
    int grade;
    float salary=500;
    printf("Input profit:");
    scanf("%ld", &profit);
    grade=(profit-1)/1000;
    switch(grade)
    {
        case 0: break;      /* profit≤1000 */
        case 1: salary+=profit*0.1; break;      /* 1000<profit≤2000 */
        case 2:
        case 3:
        case 4: salary+=profit*0.15; break;      /* 2000<profit≤5000 */
        case 5:
        case 6:
        case 7:
        case 8:
        case 9: salary+=profit*0.2; break;      /* 5000<profit≤10000 */
        default: salary+=profit*0.25;            /* 10000<profit */
    }
    printf("salary=%.2f\n", salary);
}
```

程序运行结果：

```
Input profit:3500↙
```

程序输出为：

```
1025.00
```

【同步练习】

1. 修改例 3-10 程序段如下后，输出结果是否会有变化？

```c
#include<stdio.h>
void main()
{
    int x;
    scanf("%d",&x);
    switch(x)
    {
        case 1: printf("good morning!\n");  break;
        default: printf("wrong!\n");
```

```
        case 2: printf("good afternoon!\n");  break;
        case 3:
        case 4: printf("good night!\n");   break;
    }
}
```

2. 若将例 3-11 题目反转应该如何设定 switch 内的变量呢？也即转换成绩为分级制，如 80 分以上为"A"，70—79 为"B"……

提示：此处为分段区间，可借助规则转换条件。switch 后的变量，也即 case 选值只能为整形、字符型或枚举型表达式，那么需将 80—100，70—79 等区间转换为以上类型。最常用的方法，是分值除以 10 取整数部分。例如 mark 变量代表分值，则 grade＝mark/10。若 grade 值为 10，9，8，则为 A 级，为 7 则为 B 级，依次类推。

3.5 选择结构程序实例

【例 3-13】 输入某点象限坐标，显示该点所在的象限。

```
#include<stdio.h>
void main()
{
    float x,y;
    printf("input the cordinate of point:\n");
    printf("x=");
    scanf("%f",&x);
    printf("y=");
    scanf("%f",&y);
    if(x>0)
        if(y>0)
            printf("The point is in 1st quadrant./n");
        else
            printf("The point is in 4st quadrant./n");
    else
        if(y>0)
            printf("The point is in 2st quadrant./n");
        else
            printf("The point is in 3st quadrant./n");
}
```

程序运行结果：

```
input the cordinate of point:
x=2↙
y=-4↙
```

程序输出为：

The point is in 4st quadrant.

【例 3-14】 利用菜单形式编写一个简单的计算器程序。

分析：C 语言非可视化程序，所以菜单形式需要先打印出。菜单选项由 1～4 四个数值键表示，所以在选择 1～4 后意味着进行＋，－，＊，/四种不同的运算，所以其输出结果的语句就不同。可以利用 switch 语句由用户分类选择计算符号，再用不同的语句输出相应结果。

```c
#include<stdio.h>
#include<conio.h>
void main()
{
    int   a,b,c;
    char op;
    scanf("%d,%d", &a,&b);          /*接收两个操作数*/
    printf("      *********************************\n");
    printf("      *        请输入选项代码(0-4)        *\n");
    printf("      *              1--加法              *\n");
    printf("      *              2--减法              *\n");
    printf("      *              3--乘法              *\n");
    printf("      *              4--除法              *\n");
    printf("      *              0--退出              *\n");
    printf("      *********************************\n");
    printf("请输入一个 0-4 之间的整数：\n");
    getchar();
    op=getchar();                   /*接收以 1-4 为代表的+,-,*,÷操作符*/
    switch(op)
    {
        case '1': c=a+b; printf("%d+%d=%d\n",a, b,c);break;
        case '2': c=a-b; printf("%d-%d=%d\n",a, b,c);break;
        case '3': c=a*b; printf("%d*%d=%d\n",a, b,c);break;
        case '4': if(b!=0){c=a/b; printf("%d/%d=%d\n",a,b,c);}break;
        case '0': break;
    }
}
```

程序运行结果：

2,4↙

```
*********************************
*          请输入选项代码(0-4)          *
*              1--加法              *
*              2--减法              *
*              3--乘法              *
*              4--除法              *
*              0--退出              *
*********************************
```

请输入一个 1~4 之间的整数：

2↙
2-4=-2

思考：

(1) 如要求程序进行浮点数算术运算,则程序应该如何修改？语句 if(b!=0) 还能用于比较实型变量 b 和常数 0 的大小吗？

(2) 如果要求输入的算术表达式中的操作数和运算符之间可以加入任意多个空格符,如何修改程序？

(3) 如果要求能够不断循环输入数据计算如何修改程序？（涉及下一章知识点,可以在 switch 语句外加一层 while(1)循环）。

【例 3-15】 输入三个整数 x, y, z,请把这三个数由小到大输出。

分析：想办法把最小的数放到 x 上,先将 x 与 y 进行比较,如果 $x>y$ 则将 x 与 y 的值进行交换,然后再用 x 与 z 进行比较,如果 $x>z$ 则将 x 与 z 的值进行交换,这样能使 x 最小。本例中主要强调交换的方法,利用一个中间变量 t,暂存交换数据中的某一个,则另一个数可将原数覆盖,最后将暂存变量中的数覆盖另一个数即可。

```c
#include<stdio.h>
void main()
{
    int x,y,z,t;
    scanf("%d%d%d",&x,&y,&z);
    if(x>y)
        {t=x;x=y;y=t;}          /*交换 x,y 的值*/
    if(x>z)
        {t=z;z=x;x=t;}          /*交换 x,z 的值*/
    if(y>z)
        {t=y;y=z;z=t;}          /*交换 z,y 的值*/
    printf("small to big: %d %d %d\n",x,y,z);
}
```

程序运行结果：

2 8 0↙
small to big:0 2 8

【例 3-16】 计算分段函数的值：

$$y = \begin{cases} 0, & x < 0 \\ x, & 0 \leqslant x < 10 \\ 10, & 10 \leqslant x < 20 \\ 0.5x + 20, & 20 \leqslant x < 40 \\ 40 + x, & 40 \leqslant x \end{cases}$$

分析：可以前述知识,使用不同的方法实现程序。

(1) 使用不嵌套的 if 语句编程。

```
#include<stdio.h>
void main()
{
    float x,y;
    scanf("%f",&x);
    if(x<0)            y=0;
    if(0<=x && x<10)     y=x;
    if(10<=x && x<20)    y=10;
    if(x>=20 && x<40)    y=0.5*x+20;
    if(x>=40)           y=40+x;
    printf("y=%5.2f\n",y);
}
```

(2) 使用嵌套的 if 语句编程。

```
#include<stdio.h>
void main()
{
    float x,y;
    scanf("%f",&x);
    if(x>=0)
    {
        if(x>=10)
        {
            if(x>=20)
            {
                if(x>=40)    y=40+x;
                else    y=0.5*x+20;
            }
            else    y=10;
        }
        else    y=x;
    }
    else    y=0;
    printf("y=%5.2f\n",y);
}
```

(3) 使用 if…else 形式编程。

```
#include<stdio.h>
void main()
{
    float x,y;
    scanf("%f",&x);
    if(x<0) y=0;
    else  if(x<10) y=x;
    else  if(x<20) y=10;
```

```
    else  if(x<40)  y=0.5*x+20;
    else  y=40+x;
    printf("y=%5.2f\n",y);
}
```

（4）使用 switch 语句编程。

```
#include<stdio.h>
void main()
{
    float x,y;
    int z;
    scanf("%f",&x);
    z=(int)(x/10);    if(x<0)  z=-1;
    switch (z)
    {
        case -1:  y=0;  break;
        case  0:  y=x;  break;
        case  1:  y=10; break;
        case  2:
        case  3:  y=0.5*x+20;break;
        default:  y=40+x;
    }
    printf("y=%5.2f\n",y);
}
```

程序运行结果：

```
-5↙
y=0.00
30↙
y=35.00
```

【同步练习】

1．若将例 3-13 修改成 switch 结构，可行吗？

2．输入一个实数后，屏幕显示如下菜单：

1，输出相反数

2，输出平方数

3，输出平方根

4，退出

根据用户选择，输出相应结果。

3.6 常 见 错 误

（1）if 语句中，在语句之后必须加分号，尤其在使用 if…else 语句时需要特别注意。

```
if(x<0)
```

```
    y=y+1;          /*此处有分号！*/
else
    y=y-1;
```

（2）条件判断表达式必须用括号括起来，注意条件表达式的结合顺序。

如：

```
-5*a++||b&&c*x
```

如果顺序结合不清楚，建议加括号明确结合顺序。

（3）分清"＝"和"＝＝"区别。

如：

```
if(a=5) …;
```

其中是赋值符号，表示 a 变量的值为 5，表达式的值永远为非 0，所以其后的语句总是要执行的，当然这种情况在程序中不一定会出现，但在语法上是合法的。

如：a＝＝5 才是判断语句。

又如，有程序段：

```
if(a=b)
    printf("%d",a);
else
    printf("a=0");
```

本语句的语义是，把 b 值赋予 a，如为非 0 则输出该值，否则输出"a＝0"字符串。

注意：if 及 else 的配对。else 与最近的 if 配套。

如：

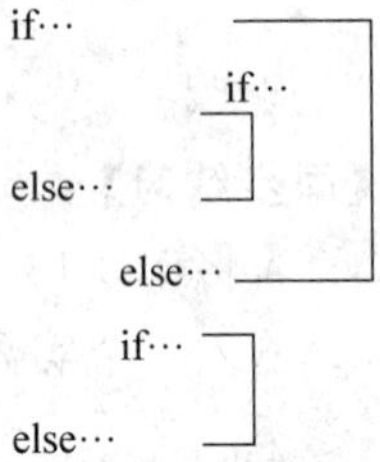

```
If…
    If…
else…
else…
if…
else…
```

的配套如图 3-5 所示。

（4）switch 语句后表达式需为整型、字符型和枚举型。

图 3-5 if 语句配套

如：

```
float a;
```

switch(a)是错误的。

（5）break 的使用。

如：

```
switch(grade)
{
    case 'A': printf("80～100\n");
```

```
    case 'B': printf("70～79\n");
    case 'C': printf("60～69\n");
}
```

如果没有 break 语句,则会从选项起之后依次每个语句都输出执行。

(6) case 语句与常量之间应当有空格,否则当作语句标号处理。如 case1。

本 章 小 结

本章重点介绍了结构化编程中的三种选择结构,包括 if 选择结构、switch 选择结构和 break 语句。

if 选择结构用于实现是否执行某种操作,if-else 选择结构用于实现两种操作中的某一种,switch 结构实现多项选择,事实证明简单的 if 结构即可提供任何形式的选择,任何能用 if…else 结构和 switch 结构完成的工作,也可以组合简单 if 结构来实现(但程序可能不够流畅),break 语句用于实现结束 switch 结构。

习 题 三

一、选择题

1. if 语句的基本形式是:if(表达式)语句,以下关于“表达式”值的叙述中正确的是(   )。

    A. 必须是逻辑值   B. 必须是整数值

    C. 必须是正数   D. 可以是任意合法的数值

2. 以下程序执行后的输出结果是(   )。

```
#include<stdio.h>
void main()
{
    int i=1,j=2,k=3;
    if(i++==1&&(++j==3||k++==3))
    printf("%d %d %d\n",i,j,k);
}
```

    A. 1 2 3   B. 2 3 4   C. 2 2 3   D. 2 3 3

3. 对下述程序,(   )是正确的判断。

```
#include<stdio.h>
void main()
{
    int x=3,y=0,z=0;
    if(x=y+z)  printf("****");
    else  printf("####");
}
```

A. 有语法错误不能通过编译

B. 输出****

C. 可以通过编译,但是不能通过连接,因而不能运行

D. 输出＃＃＃＃

4. 以下程序执行后的输出结果是(　　　)。

```c
#include<stdio.h>
void mian()
{
    float x=2.0,y;
    if(x<0.0)   y=0.0;
    else if(x<10.0)   y=1.0/x;
    else y=1.0;
    printf("%f\n",y);
}
```

A. 5　　　　　　　　B. 0.5　　　　　　C. 错误　　　　　　D. 0.500000

5. 在嵌套的 if 语句中,else 应与(　　　)。

A. 第一个 if 语句配对

B. 它上面的最近的且未曾配对的 if 语句配对

C. 它上面的最近的 if 语句配对

D. 占有相同列位置的 if 语句配对

6. 以下正确的 if 语句是(　　　)。

A. if(a>b);

　　printf("%d,%d",a,b);

　else

　　printf("%d,%d",b,a);

B. if(a>b)

　　temp=a;a=b;b=temp;

　　printf("%d,%d",a,b);

　else

　　printf("%d,%d",b,a);

C. if(a>b)

　　{temp=a;a=b;b=temp;

　　printf("%d,%d",a,b);};

　else

　　printf("%d,%d",b,a);

D. if(a>b)

　　{temp=a;a=b;b=temp;

　　printf("%d,%d",a,b);}

　else

```
        printf("%d,%d",b,a);
```

7. 以下程序的输出结果是( )。

```
#include<stdio.h>
void main()
{
    int   a=2,b=-1,c=2;
    if(a<b)
        if(b<1)c=0;
        else c+=1;
    printf("%d\n ",c);
}
```

  A. 3   B. 2   C. 1   D. 0

8. 以下程序的运行结果是( )。

```
#include<stdio.h>
void main()
{
    int a,b,c=119;
    a=c/100%9;
    b=(-1)&&0;
    printf("%d,%d\n",a,b);
}
```

  A. 9,1   B. 1,1   C. 9,0   D. 1,0

9. 以下有关 switch 语句的描述不正确的是( )。

  A. 每一个 case 的常量表达式的值必须互不相同

  B. case 的常量表达式只起语句标号作用

  C. 无论如何 default 后面的语句都要执行一次

  D. break 语句的使用是根据程序的需要

10. 若定义 char class＝'3';,则以下程序片段执行后的结果是( )。

```
switch(class)
{
    case  '1':printf("First\n");
    case  '2':printf("Second\n");
    case  '3':prmtf("Third\n");break;
    case  '4':printf("Fourth\n");
    default:printf("Error\n");
}
```

  A. Third   B. Error   C.   Fourth   D. Second

11. 阅读程序给出程序的运行结果( )。

```
#include<stdio.h>
```

```
void main()
{
    float x,y;
    scanf("%f",&x);
    if(x<0)
        y=1.0;
    else if(x>1.0)
            y=2.0;
    if(x>=2.0)
        y=3.0;
    else
        y=6.0;
    printf("%f\n",y);
}
```

当程序执行时输入 0.8,则输出的 y 值为(　　　)。

    A. 1.000000   B. 2.000000   C. 6.000000   D. 3.000000

12. 阅读程序给出程序的运行结果是(　　　)。

```
#include<stdio.h>
void main()
{
    int m=5;
    if(m++>5)
        printf("%d\n",m);
    else
        printf("%d\n",m++);
}
```

    A. 7   B. 6   C. 5   D. 4

13. 若 a,b,c,d,e,f 均是整型变量,正确的 switch 语句是(　　　)。

    A. switch (a+b);   B. switch(a+b)

      {case 1：c=a+b;break;   {case 2：

       case 0：c=a-b;break;   case 1：d=a+b;break;

      }   case 2：c=a-b;}

    C. switch (a+b)   D. switch a

      {default：e=a*b;break;   {case c：e=a*b;break;

       case 1：c=a+b;break;   case d：f=a+b;break;

       case 0：c=a-b;break;   default：e=a-b;

      }   }

14. 对下述程序,(　　　)是正确的判断。

```
#include<stdio.h>
void main()
{
```

```
        int x,y;
        x=3;y=4;
        if(x>y)
            x=y;y=x;
        else
            x++;y++;
        printf("%d,%d",x,y);
    }
```

A. 有语法错误,不能通过编译　　　B. 若输入数据 3 和 4,则输出 4 和 5

C. 若输入数据 4 和 3,则输出 3 和 4　　D. 若输入数据 4 和 3,则输出 4 和 4

15. 下面程序的输出结果是(　　)。

```
#include<stdio.h>
void main()
{
    int x=100,a=20,b=10, v1=5,v2=0;
    if(a<b)
        if(b!=15)
            if(!v1)
                x=1;
            else
                if(v2)
                    x=10;
        x=-1;
    printf("%d",x);
}
```

A. 100　　　　　　　B. －1　　　　　　　C. 1　　　　　　　D. 10

二、编程题

1. 输入一个整数 x,判断 x 能否被 3、5、7 整除,并输出以下信息之一。

① 能同时被 3、5、7 整除。

② 能被其中两数整除。

③ 能被其中一个数整除。

④ 不能被 3、5、7 任一个数整除。

2. 输入一个整数 x,判断能被 2,3,5 中哪个或哪些数整除。

3. 某单位马上要加工资,增加金额取决于工龄和现工资两个因素:对于工龄大于等于 20 年的,如果现工资高于 2000,加 200 元,否则加 180 元;对于工龄小于 20 年的,如果现工资高于 1500,加 150 元,否则加 120 元。工龄和现工资从键盘输入,编程求加工资后的员工工资。

4. 输入三角形的三条边长,求三角形面积。

5. 输入一个不大于 4 位的正整数,判断它是几位数,然后输出各位之积。

6. 输入 1～7 之间的任意数字,程序按照用户的输入输出相应的星期值。

实 验 三

一、实验目的及要求

1. 熟练掌握 if 语句的三种形式。
2. 进一步熟悉关系表达式和逻辑表达式。
3. 熟练掌握 switch 语句的功能、使用格式和执行过程。
4. 能用 switch 语句实现简单的菜单功能。
5. 熟练掌握 if 语句和 switch 语句。

二、实验内容

1. 输入一个整数 x，判断 x 能否被 3、5、7 整除，并输出以下信息之一。

① 能同时被 3、5、7 整除。

② 能被其中两数整除。

③ 能被其中一个数整除。

④ 不能被 3、5、7 任一个数整除。

（1）编程分析

判断一个数能够被另一个数整除，只需看其余数是否为 0。同时利用逻辑关系组合，看其能被几个数整除即可。

（2）参考程序

方法一：使用嵌套的 if 语句。

```
#include<stdio.h>
void main()
{
    int n;
    printf("请输入一个数：\n");
    scanf("%d",&n);
    if(n%3==0&&n%5==0&&n%7==0)
        printf("此数能同时被 3、5、7 整除\n");
    else if((n%3==0&&n%5==0)||(n%3==0&&n%7==0)||(n%5==0&&n%7==0))
            printf("此数能被其中两数整除\n");
        else if((n%3==0)||(n%5==0)||(n%7==0))
                printf("此数能被其中一个数整除\n");
            else printf("此数不能被 3、5、7 任一个数整除!\n");
}
```

方法二：使用 switch 语句。

```
#include<stdio.h>
void main()
{
    int n;
    printf("请输入一个数：\n");
```

```
scanf("%d",&n);
switch((n%3==0)+(n%5==0)*2+(n%7==0)*4)
{
    case 0:
        printf("此数不能被 3、5、7 任一个数整除!\n");break;
    case 1:
        printf("此数能被其中一个数整除\n");break;
    case 2:
        printf("此数能被其中一个数整除\n");break;
    case 4:
        printf("此数能被其中一个数整除\n");break;
    case 3:
        printf("此数能被其中两数整除\n");break;
    case 5:
        printf("此数能被其中两数整除\n");break;
    case 6:
        printf("此数能被其中两数整除\n");break;
    case 7:
        printf("此数能同时被 3、5、7 整除\n");
}
}
```

2. 某单位马上要加工资,增加金额取决于工龄和现工资两个因素：对于工龄大于等于 20 年的,如果现工资高于 2000,加 200 元,否则加 180 元;对于工龄小于 20 年的,如果现工资高于 1500,加 150 元,否则加 120 元。工龄和现工资从键盘输入,编程求加工资后的员工工资。

(1) 编程分析

在工龄大于等于 20 年条件下,又分为工资高于 2000 和低于 2000 两种情况。

对于工龄小于 20 年条件下,又分为工资高于 1500 和低于 1500 两种情况,很明显用嵌套 if 语句编程合适。

(2) 参考程序

```
#include<stdio.h>
void main()
{
    float s0,s;
    int y;
    printf("Input s0,y:");
    scanf("%f,%d",&s0,&y);
    if(y>=20)
    {
        if(s0>=2000)s=s0+200;
        else s=s0+180;
    }
    else
```

```
    {
        if(s0>=1500)s=s0+150;
        else s=s0+120;
    }
    printf("s=%f\n",s);
}
```

3. 输入一个不大于 4 位的正整数,判断它是几位数,然后输出各位之积。

编程提示:

(1) 不大于 4 位的正整数,可以用 999,99,9 来分段区分其为几位数,如大于 999 的为四位整数。

(2) 而后用整除取商或取余的方式分离个、十、百、千位。

(3) 最后根据位数,利用 switch 分情况求乘积。

4. 利用 if 语句和 scanf 函数模拟简单的 ATM 取款机界面。

(1) 编程分析

用户先输入密码,密码正确后,可以进行账户的操作,如查询,取款等。

(2) 参考程序

```
#include<stdio.h>
void main()
{
    int password,op,number=0,count=1000,n=0;
    printf("please input password:");
    scanf("%d",&password);
    loop:
    printf("\nwelcome! Please choice one operate:(1,2,3)\n");
    printf("1:count\n2:get money\n3:return\n");
    scanf("%d",&op);          /*输入一种操作*/
    switch(op)
    {
        case 1:printf("\nyour count is %d.\n",count);goto loop;
        /*账户查询*/
        case 2:printf("\n please input count that you want to get:");
            scanf("%d",&number);
            if(number>count||number<0)printf("\nerror");
            else {printf("\nnow,you can take money!");count-=number;}
            goto loop;
        /*取款*/
        case 3:break;
        /*返回*/
        default:printf("\n operate error!");
        goto loop;
    }
}
```

补充：goto 语句标号。

作用：使程序的流程无条件转移到相应语句标号处。

goto 语句一般和 if 语句一起使用，构成循环。

语句标号是对语句的标识，应是合法的标识符，即只能由字母、数字和下划线组成，且第一字符必须是字母或下划线。注意，不能用一个整数作为语句标号。

三、实验总结

1. 总结在本次实验遇到哪些问题及解决方法。

2. 总结 if 语句各种结构的用法。

3. 总结使用 switch 语句的主要事项。

第4章 循环结构程序设计

在前面章节的程序例子中,每运行一次程序,只能完成一次操作,若要再完成一次操作,必须重新运行一次程序;能否运行一次程序而完成多次操作呢?

只要用本章将要学习的循环知识即可解决上述问题。在实际应用中的许多问题,都会涉及重复执行某些操作的算法,如求和、方程迭代求解和数据统计等。

在 C 语言中,常用的循环语句有三种形式:while 语句、do…while 语句和 for 语句。

4.1 循环引例

【例 4-1】 求 $1+2+3+\cdots+100$ 的值,并将其结果放在变量 sum 中。

分析:根据前面章节学习的知识,用以下程序实现其功能。

```
#include<stdio.h>
void main()
{
    int sum=0;
    sum=sum+1;        /* sum 的值为 1 */
    sum=sum+2;        /* sum 的值为 1+2 的和 3 */
    sum=sum+3;        /* sum 的值为 1+2+3 的和 6 */
    ⋮                 /* 省略了 96 条语句,如果要运行程序,必须补充完整 */
    sum=sum+99;
    printf("1+2+3+…+100=%d\n",sum);
}
```

在上述程序中用 100 条语句求和的写法不可取。通过观察上述 100 条赋值语句的规律是:sum＝sum＋i;(其中 i 从 1 变化到 100)。其中 sum＝sum＋i;被重复执行了 100 次。这时可以用本章学习的知识来简化程序。程序改写如下。

```
#include<stdio.h>
void main()
{
    int i=1,sum=0;
    while(i<=100)
    {
        sum=sum+i;
        i++;
    }
    printf("1+2+3+…+100=%d\n",sum);
}
```

程序运行结果：

1+2+3+…+100=5050

这种有规律的、重复性的工作在程序设计中称为循环。循环结构是结构化程序设计的三种结构之一，是学习程序设计语言的基础。在 C 语言中循环语句有 while 语句、do-while 语句和 for 语句。在上述实例是用 while 语句进行循环处理。

需要说明的是无论采用哪一种循环语句实现循环，循环都是由循环条件和循环体两部分组成，循环条件用于确定什么时候开始循环，什么时候结束循环，如本例中的 i<=100；而循环体则是负责完成有规律的重复性的工作，在本例中就是一对花括号括起来的部分，主要完成求和工作。当循环体的工作在循环条件的控制下重新执行直到结束时，程序完成一个循环工作。在循环条件中用于控制判断的变量叫循环控制变量，如上例中的 i。

【同步练习】 求 1+3+5+…+99 的值，并将其结果放在变量 sum 中。

4.2 while 语句

while 语句一般用于解决循环次数未知的问题。

【例 4-2】 编写程序求一个班学生 C 语言成绩的总分。用 0 表示循环结束。

分析：由于需要不断地输入学生的 C 语言成绩，并且每输入一个成绩，将其加到总成绩 sum 中，因此要用循环结构，由于不知道一班有多少学生，当输入 0 是表示循环结束。

```c
#include<stdio.h>
void main()
{
    int score=0,sum=0;              /* 与循环相关变量初始化 */
    printf("Input student's score:");
    scanf("%d",&score);
    while(score!=0)                 /* 循环条件 */
    {
        printf("%4d",score);
        sum=sum+score;
        scanf("%d",&score);         /* 改变循环条件的语句,输入 0 时结束循环 */
    }
    printf("\nsum=%d\n",sum);
}
```

程序运行结果：

```
Input student's score: 85  90  75  88  96  0
85  90  75  88  96
sum=434
```

while 语句的一般形式：

```
while (条件表达式)
    循环体语句;
```

while 语句执行过程：当条件表达式满足时执行循环体,否则结束 while 循环,接着执行循环体以外的语句。

执行流程如图 4-1 所示。

使用 while 语句要注意以下几点。

（1）进入循环体之前,与循环相关的变量要初始化,否则会造成意外结果,如 sum＝0。

（2）while 语句先判断条件表达式后执行循环体,因此 while 语句适用于循环次数不确定的情况。

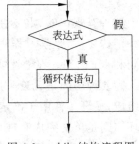

图 4-1　while 结构流程图

（3）为避免死循环,在循环体内必须有改变循环结束条件,如上例："scanf("％d",＆score);"。

（4）while()括号后没有分号,如果误加了分号,程序将空语句;作为循环体,造成意外的结果。

（5）由于 while 循环是先判断条件表达式后执行循环体,所以可能循环体一次也不执行,这种情况发生在循环初始条件不成立时。

【例 4-3】　用公式求 $\frac{\pi}{4}=1-\frac{1}{3}+\frac{1}{5}-\frac{1}{7}+\cdots\pi$ 的近似值,直到最后一项的绝对值小于 10^{-4} 为止。

分析：将上述公式改写 $\frac{\pi}{4}=1+\left(-\frac{1}{3}\right)+\frac{1}{5}+\left(-\frac{1}{7}\right)+\cdots$ 求和的形式,其规律是 sum＝sum＋p,p 的符号正负交替,可用一个变量（如 sign＝－sign）解决,即 p＝1/(2 * i－1) * sign;由于不能确定从第几项开始,p 的绝对值小于 10^{-4},符合 while 语句循环。

```c
#include<stdio.h>
#include<math.h>
void main()
{
    int sign=1,i=1;
    double p=1.0,pi=0.0,sum=0.0;
    while(fabs(p)>=1e-4)
    {   sum=sum+p;
        sign=-sign;
        i=i+2;
        p=(double)sign/i;
    }
    pi=sum*4;
    printf("pi=%lf\n",pi);
}
```

程序运行结果：

```
pi=3.141393
```

说明：fabs(x)是库函数,其功能是求 x 的绝对值。在调用此函数前需要在 main 函数前加＃include<math.h>。

【同步练习】

1. 编写程序求一个班学生 C 语言成绩的平均分。用 0 表示循环结束。

2. 求 $1-\dfrac{1}{2}+\dfrac{1}{3}-\dfrac{1}{4}+\cdots$ 的和,直到最后一项的绝对值小于 10^{-4} 为止。

4.3　do…while 语句

do…while 语句与 while 语句一样也用于解决循环次数未知的问题,但两者是有区别的(参见本节后面部分内容)。

【例 4-4】　用 do…while 语句求 $1+2+3+\cdots+100$ 的值,并将其结果放在变量 sum 中。

```
#include<stdio.h>
void main()
{
    int i=1,sum=0;
    do
    {
        sum=sum+i;
        i++;
    } while(i<=100);
    printf("1+2+3+…+100=%d\n",sum);
}
```

程序运行结果:

1+2+3+…+100=5050

do…while 语句的一般形式

```
do
循环体语句
while (表达式);
```

do…while 语句执行过程:先执行循环体中的语句,然后再判断表达式是否为真,如果表达式值为真则继续循环;如果为假,则终止循环。

因此,do-while 循环至少要执行一次循环语句。执行流程如图 4-2 所示。

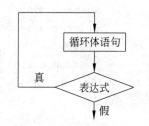

图 4-2　do…while 型循环流程图

【例 4-5】　用 do…while 语句编写程序求一个班学生 C 语言成绩的总分。用 0 表示循环结束。

分析:参见例 4-2。

```
#include<stdio.h>
void main()
{
    int score=0,sum=0;          /＊与循环相关变量初始化＊/
```

```c
        printf("Input student's score:");
        scanf("%d",&score);
        while(score!=0)                    /*循环条件*/
        {
            printf("%4d",score);
            sum=sum+score;
            scanf("%d",&score);            /*改变循环条件的语句,输入0时结束循环*/
        }
        printf("\nsum=%d\n",sum);
}
```

程序运行结果：

```
Input student's score: 85  90  75  88  96  0
85  90  75  88  96
sum=434
```

【例 4-6】 用公式 $\dfrac{\pi}{4}=1-\dfrac{1}{3}+\dfrac{1}{5}-\dfrac{1}{7}+\cdots$ 求 π 的近似值，直到最后一项的绝对值小于 10^{-4} 为止。

分析：参见例 4-3。

```c
#include<stdio.h>
#include<math.h>
void main()
{
    int sign=1,i=1;
    double p=1.0,pi=0.0,sum=0.0;
    do
    {
        sum=sum+p;
        sign=-sign;
        i=i+2;
        p=(double)sign/i;
    }while(fabs(p)>=1e-4);
    pi=sum*4;
    printf("pi=%lf\n",pi);
}
```

程序运行结果：

```
pi=3.141393
```

【例 4-7】 while 和 do…while 循环比较。

(1)

```c
#include<stdio.h>
void main()
```

```
{
    int sum=0,i;
    scanf("%d",&i);
    while(i<=10)
    {
        sum=sum+i;
        i++;
    }
    printf("sum=%d",sum);
}
```

(2)

```
#include<stdio.h>
void main()
{
    int sum=0,i;
    scanf("%d",&i);
    do
    {
        sum=sum+i;
        i++;
    }
    while(i<=10);
    printf("sum=%d",sum);
}
```

程序运行结果：

5↙
sum=45

一般情况下，while 语句和 do-while 语句是等价的；只有在第一次进入循环条件就不满足的特殊情况下，两者是不等价的，例如上述两个例子中，如果输入 i 的值为 15，则两个程序的执行结果就不相同。

【同步练习】

1. 用 do…while 语句编写程序求一个班学生 C 语言成绩的平均分。用 0 表示循环结束。

2. 用 do…while 求 $1-\dfrac{1}{2}+\dfrac{1}{3}-\dfrac{1}{4}+\cdots$ 的和，直到最后一项的绝对值小于 10^{-4} 为止。

4.4　for 语句

for 语句用于解决已知次数循环的问题。

【例 4-8】　用 for 求语句求 $1+2+3+\cdots+100$ 的值，并将其结果放在变量 sum 中。

```
#include<stdio.h>
void main()
{
    int i,sum=0;
    for(i=1;i<=100;i++)
    {
        sum=sum+i;
    }
    printf("1+2+3+…+10=%d\n",sum);
}
```

程序运行结果：

1+2+3+…+100=5050

for 循环语句的一般形式：

for(表达式 1；表达式 2；表达式 3)
    循环体语句；

for 循环语句执行过程：

（1）先求解表达式 1。

（2）求解表达式 2,若其值为真（非 0）,则执行 for 语句中指定的内嵌语句,然后执行下面第 3 步；若其值为假（0）,则结束循环,转到第 5 步。

（3）求解表达式 3。

（4）转回上面第 2 步继续执行。

（5）循环结束,执行 for 语句下面的一个语句。

执行流程如图 4-3 所示。

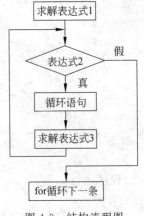

图 4-3　结构流程图

for 语句最简单同时也是最容易理解的形式如下：

for(循环变量赋初值；循环条件；循环变量增量)
    循环体语句；

循环变量赋初值总是一个赋值语句,它用来给循环控制变量赋初值；循环条件是一个关系表达式,它决定什么时候退出循环；循环变量增量,定义循环控制变量每循环一次后按什么方式变化。

【例 4-9】 求 1!＋2!＋3!＋…＋5!的和。

分析：实质是求和,但每次累加的数为连续的阶乘恰好可以在每次循环时取得。

```
#include<stdio.h>
void main()
{
    int i,t=1;
    double sum=0;
    for(i=1;i<=5;i++)
    {
```

```
            t=t*i;
            sum=sum+t;
    }
    printf("sum=%f\n",sum);
}
```

程序运行结果:

sum=153.000000

说明:

(1) for 循环中的"表达式 1(循环变量赋初值)""表达式 2(循环条件)"和"表达式 3(循环变量增量)"都是选择项,都可以缺省,但";"不能缺省。

(2) 省略了"表达式 1(循环变量赋初值)",表示不对循环控制变量赋初值或者已经把赋初值语句放在了 for 语句前面。

(3) 省略了"表达式 2(循环条件)",则不做其他处理时便成为死循环,这就需要在循环体语句中放有循环结束的语句。

(4) 省略了"表达式 3(循环变量增量)",则不对循环控制变量进行操作,这时可在语句体中加入修改循环控制变量的语句。

例如:

```
for(i=1;i<=100;)
{
    sum=sum+i;
    i++;
}
```

(5) "表达式 2"一般是关系表达式或逻辑表达式,但也可是数值表达式或字符表达式,只要其值非零,就执行循环体。

例如:

```
for(i=0;(c=getchar()) !='\n';i+=c);
```

又如:

```
for(;(c=getchar()) !='\n';)
    printf("%c",c);
```

【例 4-10】 求斐波纳契级数(Fibonacci)数列的前 20 个数。

数列如下:1,1,2,3,5,8,13,…

分析:根据斐波纳契级数规律:前两个数的值各为 1,从第 3 项起,每一项都是前两项的和。

```
#include<stdio.h>
void main()
{
    long f1=1,f2=1,f;   int i;
```

```
    printf("%ld %ld",f1,f2);
    for(i=1;i<=18;i++)
    {
        f=f1+f2;
        f1=f2;
        f2=f;
        printf("  %ld",f);
    }
}
```

程序运行结果：

1 1 2 3 5 8 13 21 34 55 89 144 233 377 610 987 1597 2584 4181 6765

【同步练习】

1. 求级数 $1^2+2^2+3^2+\cdots$ 前 10 项之和，用 for 循环语句实现。

2. 从键盘输入 10 个整数，求其中正数的平均数。

4.5　break 和 continue 语句

4.5.1　break 语句

break 语句除用于退出 switch 结构外，还可用于由 while、do while 和 for 构成的循环结构中。当执行循环体遇到 break 语句时，break 所在循环将立即终止，从循环语句后的第一条语句开始继续往下执行。

以 while 语句为例。

```
while (表达式 1)
{
    …;

    if(表达式 2) break;
    …;

}
```

执行流程如图 4-4 所示。

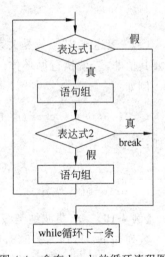

图 4-4　含有 break 的循环流程图

【例 4-11】　判断任意一个数是否为素数。

分析：素数即为除 1 和它本身之外不能被其他数整除的数，判断一个数 m 是否为素数即为判断 m 能否整除 2～m−1 这个范围内的数，如一个都不能整除，即为素数，否则，不是素数。

```
#include<stdio.h>
void main()
{
    int m, i;
```

· 104 ·

```
    scanf("%d",&m);
    for(i=2;i<=m-1;i++)
        if(m%i==0) break;
    if(i==m)
        printf("%d prime number\n",m);
    else
        printf("%d not a prime\n",m);
}
```

程序运行结果：

```
41✓
41 prime number
```

4.5.2 continue 语句

continue 语句与 break 语句不同，当在循环体中遇到 continue 语句时，程序将不执行 continue 语句后面尚未执行的语句，开始下一次循环，即只结束本次循环的执行，并不终止整个循环的执行。

以 while 语句为例。

```
while (表达式 1)
{
    …;
    if(表达式 2) continue;
    …;
}
```

执行流程如图 4-5 所示。

【例 4-12】 输出 100～120 之间不能被 3 整除的数。

```
#include<stdio.h>
void main()
{
    int n;
    for(n=100; n<=120; n++)
    {
        if(n%3==0)
            continue;
        printf("%d   ",n);
    }
}
```

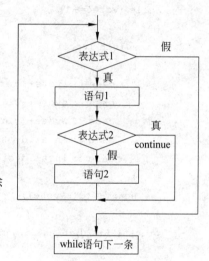

图 4-5 含有 continue 的循环

程序运行结果：

```
100 101 103 104 106 107 109 110 112 113 115 116 118 119
```

注意：break 语句和 continue 语句只适用于循环语句中，并且只对包含它们的最内层循环起作用。

【例 4-13】 统计选票。现有选票如下：3,1,2,1,1,3,3,2,1,2,3,3,2,1,1,3,2,0,1,4，−1。−1 是结束标志。设 1 选李，2 选张，3 选王，0 和 4 为废票，谁会当选？

分析：

（1）每当我们读入一张选票，只有 6 种情况，将它们加到相应的人选上。

（2）−1 结束循环。

（3）case 语句作为开关。

```c
#include<stdio.h>
void main()
{
    int vote,lvote,zvote,wvote,
    invalidvote;
    lvote=0; zvote=0; wvote=0;
    invalidvote=0;
    scanf("%d",&vote);
    while (vote!=-1)
    {
        switch (vote)
        {
            case 1: lvote++;break;
            case 2: zvote++;break;
            case 3: wvote++;break;
            case 0: invalidvote++;break;
            case 4: invalidvote++;break;
        }
        scanf("%d",&vote);
    }
    printf("Li%2d,zhang%2d,wang%2d,invalid%2d",  lvote,zvote,wvote,invalidvote);
}
```

程序运行结果：

```
1 2 3 4 1 2 3 1 2 0 -1↙
li 3,zhang 3,wang 2,invalid 2
```

一般在编写程序时，如果在循环结构的里边当出现某种特殊情况或某些特殊情况时循环就可以结束，这时在这些情况出现时就需要用到 break 语句；如果在循环结构的里边当出现某种特殊情况或某些特殊情况时循环就可以直接进行下一次循环，就需要用到 continue 语句。

【同步练习】

1. 针对例 4-11 能否换一种方法判断任意一个数是否为素数。

2. 参考例 4-13，增加一个刘姓候选人，再编写统计选票程序。

4.6 循环的嵌套

循环的嵌套是指在一个循环体内包含另一个循环。根据循环嵌套的层数分为两层循环嵌套与多层循环嵌套。

【例 4-14】 编程从键盘输入 n 值（$10 \geqslant n \geqslant 3$），然后求 $1! + 2! + 3! + \cdots + n!$ 的和。

分析：计算 $1! + 2! + 3! + \cdots + n!$ 相当于计算 $1 + 1 \times 2 + 1 \times 2 \times 3 + \cdots + 1 \times 2 \times 3 \times \cdots \times n$。可用循环嵌套解决。其中外层循环控制变量 i 的值从 1 变化到 n，以计算 1 到 n 的各个阶乘的累加求和，内层循环控制变量 j 从 1 变化到 i，以计算从 1 到 i 的阶乘 i!。

```c
#include<stdio.h>
void main()
{
    int  i, j, n;
    long p, sum=0;                  /* 累加求和变量 sum 初始化为 0 */
    printf("Input n:");
    scanf("%d", &n);
    for(i=1; i<=n; i++)
    {
        p=1;                        /* 每次循环之前都要将累乘求积变量 p 赋值为 1 */
        for(j=1; j<=i; j++)
        {
            p=p*j;                  /* 累乘求积 */
        }
        sum=sum+p;                  /* 累加求和 */
    }
    printf("1!+2!+…+%d!=%ld\n", n, sum);
}
```

程序运行结果：

```
Input n:10↙
1!+2!+…+10!=4037913
```

上述程序是 for 语句的循环体内又包含另一个循环，将这种形式的循环称为循环嵌套。

【例 4-15】 打印如下图形：

```
* * * * * * * *
* * * * * * * *
* * * * * * * *
* * * * * * * *
* * * * * * * *
```

分析：这是一个简单的二维图形：5 行，8 列。用变量 i 表示行号，取值范围 1 到 5；变量 j 表示列号，取值范围 1～8。

因为打印图形是按行打印，先打印第 1 行，再打印第 2 行，…，所以应该由内循环完成行的打印。对某一行 i，有循环：

```c
for(j=1; j<=8; j++)  printf("*");
```

实现对 i 行的打印，打印出第 i 行的："********"。

所以 j 就是内循环变量了。外循环 i 是控制行号的，i 是外循环变量。

程序：

```c
#include<stdio.h>
void main()
{
    int i, j;
    for(i=1; i<=5; i++)
    {
        for(j=1; j<=8; j++)
            printf("*");
        printf("\n");                /* 输出 8 个 *，换行一次 */
    }
}
```

程序运行结果：

```
* * * * * * * *
* * * * * * * *
* * * * * * * *
* * * * * * * *
* * * * * * * *
```

【例 4-16】 例如输出显示如下 9 * 9 乘法口诀表。

```
1 * 1=1
2 * 1=2  2 * 2=4
3 * 1=3  3 * 2=6   3 * 3=9
4 * 1=4  4 * 2=8   4 * 3=12  4 * 4=16
5 * 1=5  5 * 2=10  5 * 3=15  5 * 4=20  5 * 5=25
6 * 1=6  6 * 2=12  6 * 3=18  6 * 4=24  6 * 5=30  6 * 6=36
7 * 1=7  7 * 2=14  7 * 3=21  7 * 4=28  7 * 5=35  7 * 6=42  7 * 7=49
8 * 1=8  8 * 2=16  8 * 3=24  8 * 4=32  8 * 5=40  8 * 6-48  8 * 7-56  8 * 8=64
9 * 1=9  9 * 2=18  9 * 3=27  9 * 4=36  9 * 5=45  9 * 6=54  9 * 7=63  9 * 8=72  9 * 9=81
#include<stdio.h>
void main()
{
    int i,j,result;
    printf("\n");
    for(i=1;i<10;i++)
    {
        /* 根据上述输出结果，可以看出每输出一行数据增加一列数据 */
        /* 再根据外层循环执行一次、内层循环执行一遍的特点，找出 j 和 i 的关系是 j<=i */
        for(j=1;j<=i;j++)
```

```
      {
        result=i*j;
        printf("%d*%d=%-3d",i,j,result);          /* -3d 表示左对齐,占 3 位 */
      }
      printf("\n");                                /* 每一行后换行 */
    }
}
```

程序运行结果:

```
1*1=1
2*1=2   2*2=4
3*1=3   3*2=6    3*3=9
4*1=4   4*2=8    4*3=12   4*4=16
5*1=5   5*2=10   5*3=15   5*4=20   5*5=25
6*1=6   6*2=12   6*3=18   6*4=24   6*5=30   6*6=36
7*1=7   7*2=14   7*3=21   7*4=28   7*5=35   7*6=42   7*7=49
8*1=8   8*2=16   8*3=24   8*4=32   8*5=40   8*6=48   8*7=56   8*8=64
9*1=9   9*2=18   9*3=27   9*4=36   9*5=45   9*6=54   9*7=63   9*8=72   9*9=81
```

双层循环是多层循环的基础,使用它注意以下问题。

(1) 循环边界的控制。

(2) 外层循环执行一次,内层循环执行一遍。

(3) 总循环次数=外层循环次数*内层循环次数。

(4) 一般编程都要涉及找出内外层循环控制变量之间的某种变化规律,这是编程重点考虑的问题,也是最难的地方。

【同步练习】

1. 用 while 循环嵌套编程从键盘输入 n 值($10 \geqslant n \geqslant 3$),然后求 $1!+2!+3!+\cdots+n!$ 的和。

2. 打印如下图形:

4.7　循环程序举例

1. 求最大值

【例 4-17】 从键盘输入一组整型数据,求这组数中的最大值,说明当输入数据 0,表示输入结束。

分析:求一组数的最大值,一般的方法是先假设第一个数为最大值,然后将每一个数与最大值比较,若该数大于最大值将该数赋值给最大值,比较完所有的数据,则假设的最大值变量中存储的就是真正的最大值。最小值的算法与此类似。

```
#include "stdio.h"
void main()
{
    int x,max;
    printf("please input a integer number:\n");
    scanf("%d",&x);
    max=x;                    /*假设输入的第一个整数是最大值*/
    while(x!=0)               /*当输入的整数为 0 时退出循环*/
    {
        /*求最大值*/
        if(x>max)
        {
            max=x;
        }
        scanf("%d",&x);    /*在循环内实现连续输入多个数据*/
    }
    printf("max=%d",max);
}
```

程序运行结果：

```
please input a integer number:
23 45 87 2 98 5 0
max=98
```

2. 求最大公约数和最小公倍数

【例 4-18】 输入两个正整数 m 和 n，求其最大公约数和最小公倍数。

分析：求两个正整数的最大公约数和最小公倍数采用的是欧几里得算法，也就是人们常说的辗转相除法。该算法如下。

（1）对于已知两数 m,n，使得 $m>n$。

（2）m 除以 n 得出余数 r。

（3）若 $r=0$，则 n 为最大公约数，结束；否则执行（4）。

（4）$m \leftarrow n, n \leftarrow r$，再重复执行（2）从算法中可以看出，求最大公约数通过循环来实现的，循环结束的条件是余数为零，图 4-6 是辗转相除的结果，$r=0$ 时 n 就是最大公约数 3。而最小公倍数等于两个正整数的乘积与最大公约数的商。

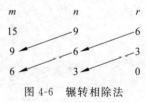

图 4-6　辗转相除法

代码如下：

```
#include<stdio.h>
void main()
{
    int p,r,n,m,temp;
    printf("input m and n:");
    scanf("%d%d",&n,&m);
    /*把大数放在 m 中,小数放在 n 中*/
    if(m<n)
```

```
    {
        temp=m;
        m=n;
        n=temp;
    }
    p=m*n;                       /*先将 m 和 n 的乘积保存在 p 中,以便求最小公倍数时用*/
    while((r=m%n)!=0)            /*求 m 和 n 的最大公约数*/
    {
        m=n;
        n=r;
    }
    printf("gong yue shu is:%d\n",n);
    printf("gong bei shu is:%d\n",p/n);        /*p 是原来两个整数的乘积*/
}
```

程序运行结果:

```
input m and n:15 9↙
gong yue shu is:3
gong bei shu is:45
```

3. 求素数

【例 4-19】 求 2～100 之间所有的素数,要求每行显示 10 个素数。

分析:判断一个数 m 是否为素数最简单的方法是用 m 依次与 $2 \sim m-1$ 相除,只要有一个数能被整除,说明 m 不是素数,否则 m 是素数。

代码如下:

```
#include "stdio.h"
#include "math.h"
void main()
{
    int m,k,i,n=0;
    for(m=2;m<=100;m++)
    {
        k=m-1;
        for(i=2;i<=k;i++)
        {
            if(m%i==0)
                break;
        }
        if(i==m)
        {
            printf("%4d",m);
            n=n+1;
        }
        if(n%10==0)      /*一行显示 10 个数据,即每输出 10 个素数输出一个回车换行*/
            printf("\n");
    }
    printf("\n");
```

```
}
```

程序运行结果:

```
2 3 5 7 11 13 17 19 23 29
31 37 41 43 47 53 59 61 67 71
73 79 83 89 97
```

4. 穷举法

穷举法,也称为枚举法,其基本思想是:对问题的所有可能情况一一测试,直到找到满足条件解。

【例 4-20】 36 块砖,36 人搬,男人搬 4 块,女人搬 3 块,两个小孩搬一块,要求一次搬完,设计一个程序,求需要男人、女人和小孩各多少人?

分析:假设 man 表示男人,women 表示女人,child 表示小孩,则 $4*man+3*women+0.5*child=36$,由题意知:man 取值范围 $[0,9]$,women 取值范围 $[0,12]$,child=36-man-women。

采用穷举法,用双层循环分别确定 man 和 women 的值,而 child 可有 child=36-man-women 求得。

```c
#include<stdio.h>
void main()
{
    int man,women,child;        /* man 表示男人,women 表示女人,child 表示小孩 */
    for(man=0;man<=9;man++)
    {
        for(women=0;women<=12;women++)
        {
            child=36-man-women;
            if(4*man+3*women+0.5*child==36)
                printf("man=%d\twomen=%d\tchild=%d\n",man,women,child);
        }
    }
}
```

程序运行结果:

```
man=3 women=3 child=30
```

5. 分类统计

【例 4-21】 输入一行字符,分别统计出其中英文字母、空格、数字和其他字母的个数。

```c
#include<stdio.h>
void main()
{
    char c;
    int letter=0,space=0,digit=0,other=0;
    printf("input a line letter:\n");
```

```
    while((c=getchar())!='\n')
    {
        if(c>='a'&&c<='z'||c>='A'&&c<='Z')
            letter++;
        else if(c==' ')
            space++;
        else if(c>='0'&&c<'9')
            digit++;
        else
            other++;
    }
    printf(" letter=%d,space=%d,digit=%d,other=%d\n",letter,space,digit,
    other);
}
```

程序运行结果：

```
input a line letter:
My teacher's address is"#123 Beijing Road,Shanghai".
letter=38,space=6,digit=3,other=6
```

4.8　本章常见错误总结

（1）while 语句后面不能加分号"；"，否则造成死循环，即把"；"空语句作为循环体，而真正的循环体并没有执行。

例如：

```
while(i<=100);          /*此时;作为循环体,造成死循环*/
{
    sum=sum+i;
    i++;
}
```

（2）do…while 语句后面的分号"；"不能少，它是 do…while 语句结束的标志，缺少会出现语法错误。

（3）误把＝作为等号使用。

这与条件语句中的情况一样，例如：

```
while(i=1)
{
    …
}
```

这是一个条件永远成立的循环，正确的写法是

```
while(i==1)
```

```
{
    ...
}
```

（4）忘记用大括号括起来循环体中的多个语句，这也与条件语句类似，例如：

```
i=1;
while(i<=10)
printf("%d",i);
i++;
```

由于没有大括号，循环体就剩下 printf("％d",i)一条语句，循环变成了死循环。正确的写法是

```
i=1;
while(i<=10)
{
    printf("%d",i);
    i++;
}
```

（5）在不该加分号的地方加了分号，例如：

```
for(i=1;i<=10;i++);
    sum=sum+i;
```

由于 for 语句后加了分号，表示循环体只有一个空语句，而 sum＝sum＋i;与循环体无关。正确的写法是

```
for(i=1;i<=10;i++)
    sum=sum+i;
```

（6）大括号不匹配。

由于各种控制结构的嵌套，有些左右大括号相距较远，这就有可能忘掉右侧的大括号而造成大括号不匹配，这种情况在编译时可能产生许多莫名其妙的错误，而且错误的提示与实际错误无关。解决的办法是配对的大括号在上下对齐（即在列的位置上对齐）。

```
while()
{
    ...
    while()
    {
        ...
        if()
        {
            ...
        }
    }
    ...
}
```

如果括号上下不对齐,可以肯定括号不匹配。(注意为了使程序层次清晰易读,左右括号要单独占一行)

(7) 循环中没有改变控制循环变量的语句,造成死循环。

```
i=1;
while(i<=100)
{
    sum=sum+i;
}
```

由于 i 在循环中没有改变,i<=100 永远成立,造成死循环。

(8) for 循环中三个表达式都可以省略,但";"不能省。

例如:

```
i=1;
for(i<=100;i++)
    sum=sum+i;
```

正确的是

```
i=1;
for(;i<=100;i++)
    sum=sum+i;
```

(9) 使用 while、do while 和 for 循环语句时,不要忘记与循环相关变量的初始化,这是初学者最易犯的错误。

例如:

```
/*控制循环变量 i 没有初始化*/
sum=0;
while(i<=100)
{
    sum=sum+i;
    i++;
}
/*求和变量 sum 没有初始化*/
for(i=1;i<=100;i++)
{
    sum=sum+i;
}
```

本 章 小 结

本章重点介绍了 while、do…while 和 for 三种循环语句。

使用 while 和 do…while 语句时要注意以下两点:进入循环体之前要进行初始化与循环体相关的变量;循环体内要有改变循环条件的语句。

while 和 do…while 语句都可以用于解决未知循环次数的问题,区别是 do…while 循环体至少执行一次,而 while 有可能一次也不执行循环。

for 语句一般用于解决已知循环次数的问题,它的用法比较灵活,建议使用常规的 for 语句格式,如果要灵活格式,切记:无论省略了哪一个表达式,都要在循环体前或循环体内加上与省略表达式功能相同的语句,才能实现同样的功能。

break 语句和 continue 语句都可用于循环流程控制,其中 break 语句功能是跳出该语句所在的循环体;而 continue 语句的功能是结束本次循环进入下一次循环,深刻体会两个语句的作用有助于编写较高质量的程序。

双层循环是多层循环嵌套的基础,使用它注意以下问题。

(1) 循环边界的控制。

(2) 外层循环执行一次和内层循环执行一遍。

(3) 总循环次数=外层循环次数×内层循环次数。

(4) 一般编程都要涉及找出内、外层循环控制变量之间的某种变化规律,这是编程重点考虑的问题,也是最难的地方。

习 题 四

一、选择题

1. 设有程序:

```
#include<stdio.h>
void main()
{
    int i,j;
    for(i=0,j=1;i<=j+1;i+=2,j--)
        printf("%d\n",i);
}
```

在运行上述程序时,for 语句中循环体的执行次数是(　　)。

　　A. 3　　　　　　　　B. 2　　　　　　　　C. 1　　　　　　　　D. 0

2. 在下述选项时,没有构成死循环的程序是(　　)。

　　A. int i=100;

　　　　while(1)

　　　　{

　　　　　　i=i%100+1;

　　　　　　if(i>100)

　　　　　　　　break;

　　　　}

　　B. for(;;);

　　C. int k=1000;

　　　　do

```
    {
        ++k;
    }while (k>=10000);
```

D. int s=36;
while (s);--s;

3. 有以下程序：

```
#include<stdio.h>
void main()
{
    int i,n=0;
    for(i=2;i<5;i++)
    {
        do
        {   if(n%3) continue;
            n++;
        } while (!i);
        n++;
    }
    printf("n=%d\n",n);
}
```

程序执行后结果为(   )。

A. n=5   B. n=2   C. n=3   D. n=4

4. 假定 a 和 b 为 int 型变量,则执行下述语句组后,b 的值为(   )。

```
a=1;
b=10;
do
{
    b-=a;
    a++;
} while (b--<0);
```

A. 9   B. -2   C. -1   D. 8

5. 有以下程序：

```
#include<stdio.h>
void main()
{
    int x=10;
    while(x--);
        printf("x=%d\n",x);
}
```

程序执行后的输出结果是(   )。

A. x=0   B. x=-1   C. x=1   D. while 构成无限循环

6. 以下叙述正确的是(　　)。

 A. do…hile 语句构成的循环不能用其他语句构成的循环代替

 B. 只有 do…while 语句构成的循环能用 break 语句退出

 C. 用 do…while 语句构成循环时,在 while 后的表达式为零时不一定结束循环

 D. 用 while 语句构成循环时,在 while 后的表达式为零时结束循环

7. 以下程序的输出结果是(　　)。

```
#include<stdio.h>
void main()
{
    int y=10;
    for(;y>0;y--)
        if(y%3==0)
        {
            printf("%d",--y);
            continue;
        }
}
```

 A. 741   B. 852   C. 963   D. 8754321

8. 若变量已正确定义,有以下程序段:

```
i=0;
do
    printf("%d,",i);
while(i++);
printf("%d\n",i);
```

其输出结果是(　　)。

 A. 0,0   B. 0,1   C. 1,1   D. 程序进入无限循环

9. 有以下程序段:

```
int k=0;
while(k=1) k++;
```

while 循环执行的次数是(　　)。

 A. 无限次   B. 有语法错误,不能执行

 C. 一次也不执行   D. 执行一次

10. 若变量已正确定义,下面程序段的输出结果是(　　)。

```
a=1;b=2;c=2;
while(a<b<c)
{t=a;a=b;b=t;c--;}
printf("%d,%d,%d",a,b,c);
```

 A. 1,2,0   B. 2,1,0   C. 1,2,2   D. 2,1,1

二、编程题

1. 求解猴子吃桃问题。猴子第一天摘下若干个桃子,当天吃了一半,还不过瘾,又多吃了一个,第二天早上又将剩下的桃子吃掉一半,并又多吃了一个。以后每天早上都吃了前一天剩下的一半零一个。到第 10 天早上想再吃时,只剩一个桃子了。求第一天共摘了多少桃子。

2. 打印所有的"水仙花数"。所谓"水仙花数"是指一个三位数,其各位数字的立方和等于该数本身。例如 $153 = 1^3 + 5^3 + 3^3$ 等。

3. 从键盘输入一批整数,统计其中不大于 100 的非负整数的个数。

4. 一个数如果恰好等于它的因子之和,这个数称为"完数"。例如 6 的因子分别为 1、2、3,而 $6 = 1 + 2 + 3$,因此 6 是"完数"。编程序找出 1000 之内所有完数并输出。

5. 每个苹果 0.8 元,第一天买两个苹果。从第二天开始,每天买前一天的 2 倍,当某天需购买苹果的数目大于 100 时,则停止。求平均每天花多少钱?

6. 无重复数字的 3 位数问题。用 1,2,3,4 等 4 个数字组成无重复数字的 3 位数,将这些 3 位数据全部输出。

7. 鸡兔同笼,共有 98 个头,386 个脚,编程求鸡兔各多少只。

实 验 四

一、实验目的

1. 熟练掌握 while、do…while 和 for 三种循环控制语句,掌握循环结构程序设计和调试方法。

2. 掌握二重循环结构程序的设计方法。

二、实验内容

1. 求解猴子吃桃问题。猴子第一天摘下若干个桃子,当即吃了一半,还不过瘾,又多吃了一个。第二天早上又将剩下的桃子吃掉一半,并又多吃了一个。以后每天早上都吃了前一天剩下的一半零一个。到第 10 天早上想再吃时,只剩一个桃子了。求第一天共摘了多少桃子。

(1) 编程分析

猴子吃桃问题可用递推方法求解。设前一天开始时的桃子数为 m,猴子吃掉之后剩余桃子数为 n,则 m 和 n 存在如下关系:

$$n = m/2 - 1$$

已知第 10 天开始时只有一个桃子,根据上述关系,有如下递推数据:

第 9 天: $n = 1, m = 2 \times (n+1) = 4$

第 8 天: $n = 4, m = 2 \times (n+1) = 10$

第 7 天: $n = 10, m = 2 \times (n+1) = 22$

第 6 天: $n = 22, m = 2 \times (n+1) = 46$

……

按照上述递推过程,用 while、do…while 与 for 循环语句求解猴子吃桃问题。

（2）参考程序

a. 用 while 语句实现。

```c
#include<stdio.h>
void main()
{
    int i=1,m,n=1;
    while(i<10)
    {
        m=2*n+2;
        n=m;
        i++;
    }
    printf("total=%d\n",m);
}
```

b. 用 do…while 语句实现。

```c
#include<stdio.h>
void main()
{
    int i=1,m,n=1;
    do
    {
        m=2*n+2;
        n=m;
        i++;
    }while(i<10);
    printf("total=%d\n",m);
}
```

c. 用 for 语句实现。

```c
#include<stdio.h>
void main()
{
    int i,m,n=1;
    for(i=1;i<10;i++)
    {
        m=2*n+2;
        n=m;
    }
    printf("total=%d\n",m);
}
```

2. 从键盘输入一批整数，统计其中不大于 100 的非负整数的个数。
实验步骤：

（1）编程分析

由于输入数据个数是不确定的，因此每次执行程序时，循环次数都是不确定的。在进行程序设计时，确定循环控制的方法是本实验的一个关键问题。循环控制条件可以有多种确定方法：

① 使用一个负数作为数据输入结束标志。

② 输入一个数据后通过进行询问的方式决定是否继续输入下一个数据。

（2）参考程序

```c
/* 参考程序 1：使用负数作为数据输入结束标志的程序 */
#include<stdio.h>
void main()
{
    int m,counter=0;
    while(1)
    {
        printf("请输入一个整数：");
        scanf("%d",&m);
        if(m<0)
            break;
        if(m<=100)
            counter++;
        printf("\n");
    }
    printf("符合要求的整数个数为:%d\n",counter);
}
/* 参考程序 2：通过进行询问的方式决定是否继续输入下一个数据的程序 */
#include<stdio.h>
void main()
{
    int m,counter=0;
    char ask;
    while(1)
    {
        printf("请输入一个整数：");
        scanf("%d",&m);
        getchar();
        if(m>=0&&m<=100)
            counter++;
        printf("继续输入下一个数据?(Y/N) ");
        ask=getchar();
        getchar();
        if(ask!='y'&&ask!='Y')
            break;
        printf("\n");
    }
```

```
        printf("符合要求的整数个数为:%d\n",counter);
}
```

3. 打印所有的"水仙花数"。所谓"水仙花数"是指一个三位数,其各位数字的立方和等于该数本身。例如 $153=1^3+5^3+3^3$ 等。

编程提示:

(1) 用一重循环实现

① "水仙花数"的取值范围 100～999 的三位整数。

② 分离出每个三位整数的百位、十位、个位。

③ 用百位数^3＋十位数^3＋个位数^3 的和与 100～999 的三位整数分别比较判断是否"水仙花数"。

(2) 用三重循环实现

① 分别设百位、十位、个位分别为 i,j,k。

② 判断 $i×100+j×10+k$ 与 $i×i×i+j×j×j+k×k×k$ 是否相等判断是否"水仙花数"。

4. 无重复数字的 3 位数问题。用 1,2,3,4 等 4 个数字组成无重复数字的 3 位数,将这些 3 位数据全部输出。

编程提示:

① 可填在百位、十位、个位的数字都是 1,2,3,4。

② 首先组成所有的排列,然后去掉不满足条件的排列。

③ 该问题可用三重循环实现。

三、实验总结

1. 总结在本次实验遇到哪些问题及解决方法。

2. 总结 while、do…while 与 for 语句区别与联系。

3. 总结使用循环嵌套的主要事项。

第5章 数　　组

在程序设计中,为了处理方便,把具有相同类型的若干变量按有序的形式组织起来。这些按序排列的同类数据元素的集合称为数组。在 C 语言中,数组属于构造数据类型。一个数组可以分解为多个数组元素,这些数组元素可以是基本数据类型或是构造类型。因此按数组元素的类型不同,数组又可分为数值数组、字符数组、指针数组和结构数组等各种类别。难点是对数组名含义的理解和字符串的相关操作。

5.1　数　组　引　例

【例 5-1】 编写程序计算 10 位学生的 C 语言的平均成绩,并统计比平均分高的人数。

分析:显而易见,该程序是例 4-2 的深入。例 4-2 求的是一个班级内学生的总成绩,所以每位同学的成绩并不需要存放。程序内使用 score 每录入一个新的学生成绩,统计入总分 sum 后,下一位同学的成绩均会在 score 内将上一人成绩覆盖。而此处学生的成绩需要保留,就不能只用一个变量,而需要定义 10 个变量,例如:

```
int   n,s,score1,score2,score3,score4,score5,score6,score7,score8,score9,
score10;
float aver;
scanf("%d%d%d%d%d%d%d%d%d%d",&score1,&score2,&score3,&score4,&score5,
&score6,&score7,&score8,&score9,&score10);
s=score1+score2+score3+score4+score5+score6+score7+score8+score9+score10;
aver=s/10;
    if(score1>aver)  printf("%d",score1);
    if(score2>aver)  printf("%d",score2);
    if(score3>aver)  printf("%d",score3);
...
```

这样的定义方法显然有违常理,工作量过大。如果不是 10 个数,而是 100,1000,甚至是 10000,此时按上面方法编写程序就非常冗长。

从而引入数组,int score[10] 即可一次性定义 10 个变量。同时,如果可以使用循环来编写,程序可以简洁许多。要使用循环:必须使用 $score[i](i=1,2,\cdots,10)$ 的形式来代表 $score1,score2,\cdots,score10$,则程序编写修改为如下形式:

```
#include<stdio.h>
void main()
{
    float score[10],aver,sum=0.0;
    int i,num=0;
    for(i=0;i<=9;i++)
```

```
    {
        printf("Input students %i score:",i+1);
        scanf("%f",&score[i]);
        sum=sum+score[i];
    }
    aver=sum/10;
    for(i=0;i<=9;i++)
        if(score[i]>aver)      num=num+1;
    printf("平均分为%f,高于平均分人数为%d\n",aver,num);
}
```

程序运行结果：

```
Input students 1 score: 10
Input students 2 score: 20
Input students 3 score: 30
Input students 4 score: 40
Input students 5 score: 50
Input students 6 score: 60
Input students 7 score: 70
Input students 8 score: 80
Input students 9 score: 90
Input students 10 score: 100
```

平均分为 55.000000,高于平均分人数为 5。

题目中利用了变量 i 作为统计数据个数的下标,所以在 printf("Input students ％i score:",i+1);语句中,i 初值为 0,i+1 体现了学生的序号。而 for 循环中的 score[i]则分别在每次循环内代表 score[0],score[1],score[2],…,score[9]这十个变量记录的十位同学的各自成绩。

数组的学习当中,一定要会使用循环控制变量 i 作为数组下标的使用方法。

数组是一些具有相同类型的数据的集合,是属于构造类型(又称导出类型)的数据。同一个数组中的每个元素都具有相同的变量名,但具有不同的序号,也即下标。

一维数组：只有一个下标的数组。

二维数组：有两个下标的数组。

以此类推,C 语言允许使用任意维数的数组。当处理大量的和同类型的数据时,利用数组是很方便的。数组同其他类型的变量一样,也必须先定义,后使用。

在程序中使用数组,一是刻意用数组名加下标来表示同类型的数据,不需定义多个变量;二是同类型的数据在内存中连续存放,便于实现对数组的高效管理。

5.2 一 维 数 组

只有一个下标变量的数组,称为一维数组。定义一个一维数组,需要明确数组名,数组元素的数据类型和数组中不包含的数组元素个数(即数组长度)。

5.2.1 一维数组定义

一般形式为：

类型符　数组名[常量表达式]；

其中：

　　类型说明符是任一种基本数据类型或构造类数据类型；

　　数组名是用户定义的标识符；

　　方括号中的常量表达式表示数据元素的个数，也称为数组的长度。

　　例如：

int a[5];

表示定义了 5 个连续的存储空间分别存放 a[0]，a[1]，a[2]，a[3]，a[4] 这 5 个变量，其中注意下标从 0 开始，并且每个元素所能存放的变量类型为 int 整型，其在内存中存放形式为：

a[0]	a[1]	a[2]	a[3]	a[4]

　　在定义数组时，需要注意如下几个问题：

　　(1) 表示数组长度的常量表达式，必须是正的整型常量表达式，通常是一个整型常量。

　　(2) C 语言不允许定义动态数组，也就是说，数组的长度不能依赖于程序运行过程中变化着的变量。下面这种数组定义方式是不允许的：

```
int i;
i=15;
int data[i];
```

　　(3) 相同类型的数组、变量可以在一个类型说明符下一起说明，互相之间用逗号隔开。例如：

float a[10],f,b[20];

它定义了 a 是具有 10 个元素的浮点型数组，f 是一个浮点型变量，b 是具有 20 个元素的浮点型数组。但数组名不能与同一函数中其他变量名相同：int a；float a[10]；是错误的。

5.2.2 一维数组引用和初始化

1. 数组元素的引用

一维数组元素的表示方法如下所示：

数组名[下标表达式]

其中，下标表达式可以是整型常量、整型变量及其表达式。当数组的长度为 n 时，下标表达式的取值范围为 $0,1,2,\cdots,n-1$，也就是说，C 语言数组中的各元素总是从 0 开始编号的，即数组元素的下标是从 0 开始的。例如：

int a[5];　　　　　　/ * 此处为数组的定义，表明 a 数组共有 a[0]~a[4]五个整型变量 * /

```
a[0]=3;              /*数组元素的引用,给数组元素 a[0]赋值为 3*/
a[4]=9;              /*数组元素的引用,给数组元素 a[4]赋值为 9*/
```

注意：

（1）引用数组元素的时候，可以用变量。以下 n 作为数组元素引用下标时可以使用变量（数组定义时不可使用变量）。以下语句均正确。

```
int n=3,a[10];
a[n]=5;
a[n+1]=10;
a[6]=a[2]+a[3]-a[2*4];
```

（2）数组下标从 0 开始，最大下标为 9，没有 a[10]元素，以下语句错误。

```
int a[10],x,y;
a[10]=5;
```

（3）只能逐个引用数组元素，不能一次引用整个数组。以下语句错误，不能用一个语句输出整个数组。

```
int a[10];
printf("%d",a);
```

2. 一维数组的初始化

数组一般在声明时初始化。在编译阶段进行初始化这样将减少运行时间，提高效率。数组初始化的一般形式为：

类型符　　数组名[常量表达式]={初始化列表};

例如：

```
int a[10]={ 0,1,2,3,4,5,6,7,8,9 };
```

相当于

```
a[0]=0; a[1]=1;…;a[9]=9;
```

对数组元素初始化可以用以下方法实现：

（1）对数组所有元素赋初值，可以省略数组长度。

例如：

```
int a[]={0,1,2,3,4,5,6,7,8,9};
```

（2）也可对数组部分元素赋初值。

例如：

```
int a[10]={0,1,2,3,4,5};
```

其中，a[0]~a[5]被赋初值，其余元素 a[6]~a[9]值不确定。但如果在定义数组是定义了数组的存储类型为"静态"存储，关键字为 static，则当花括号内值的个数少于数组元素的个数时，多余的数组元素初值自动为 0。例如：

```
```

```
static int a[10]={0,1,2,3,4,5};
```

则 a[6]~a[9]自动初始化初始值为 0。

（3）给数组整体赋初值。

例如：

```
int a[10]={0};
```

此时，数组 a 的所有元素均被赋值为 0。而 int a[10]=0;是不可行的，因为不能给数组整体赋值，只能针对数组内元素操作。

（4）循环形式为数组元素一一赋值。

例如：

```
int i,a[10];
for(i=0;i<10;i++)
    a[i]=i;
```

则与 int a[10]={ 0,1,2,3,4,5,6,7,8,9 };效果完全一致。同理，利用循环也可对数组元素任意赋值。

例如：

```
int i,a[10];
    for(i=0;i<10;i++)
        scanf("%d",&a[i]);       /* 配合 scanf()函数实现任意数值的赋值 */
```

数组元素输出同样可以利用循环的方式，这是今后数组操作最常用也是最基本的方法。

例如：

```
for(i=0;i<10;i++)
    printf("%d",a[i]);
```

5.2.3 一维数组的应用

【例 5-2】 将任意 10 个数的数组倒序输出。

分析：本题主要希望大家注意数组中下标的关系。将数组倒序输出，意味着本来 a[0]~ a[9]的输入顺序，最后要按照 a[9]~ a[0]输出。数据总个数为 $n=10$，注意输入与输出之间的对应关系，a[0]对 a[9]，a[1]对 a[8]……每对之间下标相加 $0+9=1+8=2+7=\cdots=n-1$，意味着如果当前值为 a[i]，则输出值应为 a[n-1-i]。

```
#include<stdio.h>
void  main()
{
    int i,a[10];
    int n=10;
    for(i=0;i<n;i++)
        scanf("%d",&a[i]);
    for(i=0;i<n;i++)
```

```
        printf("%d  ",a[n-1-i]);     /*利用下标控制数组输出顺序*/
}
```

程序运行结果：

```
1 2 3 4 5 6 7 8 9 10↙
10 9 8 7 6 5 4 3 2 1
```

【例 5-3】 求 Fibonacci 数列前 20 个数。该数列的定义如下：

$$f_1 = 1, \qquad\qquad n = 1$$
$$f_2 = 1, \qquad\qquad n = 2$$
$$f_n = f(n-1) + f(n-2), \quad n \geqslant 3$$

分析：利用传统方法，需要找各个数据之间的关系，发现通式 $f_n = f(n-1) + f(n-2)$ $(n \geqslant 3)$ 是加法模式，下一个数十前两个数之和。则每次移动，此次 $f_3 = f_2 + f_1$，下次计算新数据时移动相应数据变为新加数，也即 f_2 成为新的 f_1，f_3 成为下一次计算中的 f_2，用语句 $f_1 = f_2$；$f_2 = f_3$；完成。

```
#include<stdio.h>
void main()
{
    int f1=1,f2=1,f3,count=2,i;
    printf("%5d%5d",f1,f2);
    for(i=0;i<18;i++)
    {
        f3=f2+f1;
        printf("%5d",f3);
        if(++count==5)
        {
            count=0;
            printf("\n");
        }
        f1=f2;
        f2=f3;
    }
}
```

可见，以往方法虽然也可以实现，但编程者思路必须清晰，会利用通式转换变量关系。利用数组则可以简化解题思路，直接利用下标表现通式关系即可。

```
#include<stdio.h>
void main()
{
    int i;
    int f[20]={1,1};
    for(i=2;i<20;i++)
        f[i]=f[i-2]+f[i-1];        /*直接利用下标关系表示通式，程序完成*/
    for(i=0;i<20;i++)              /*按格式输出数据*/
```

```
    {
        if(i%5==0)
            printf("\n");
        printf("%5d",f[i]);
    }
    printf("\n");
}
```

程序运行结果：

```
  1    1    2    3    5
  8   13   21   34   55
 89  144  233  377  610
987 1597 2584 4181 6765
```

【例 5-4】 输入 10 个整型数据，找出其中的最大值并显示出来，并将其与第一个数组数据互换。

分析：在若干数中求最大值，一般先假设首数为最大值的初值，然后依次将每一个数与最大值比较，若大于该数，则该数替换为新的最大数。

元素互换，需要保留最大数外还需要知道其下标。利用中间变量，运用以前的知识，交换数组间的两个数。

```
#include<stdio.h>
void main()
{
    int buffer[10],Max,Max_loc,i,t;
    for(i=0;i<10;i++)
        scanf("%d",&buffer[i]);
    Max=buffer[0];        /*假设首个数为所要求的最大数*/
    for(i=1;i<10;i++)    /*遍历比较后续数据,始终保留最大数*/
        if(Max<buffer[i])
        {
            Max=buffer[i];
            Max_loc=i;
        }
    printf("Max=%d下标为%d\n",Max,Max_loc);
    t=buffer[0];               /*数组元素的交换*/
    buffer[0]=buffer[Max_loc];
    buffer[Max_loc]=t;
    for(i=0;i<10;i++)
        printf("%d ",buffer[i]);
}
```

程序运行结果：

```
66 55 77 54 32 9 6 54 86 32↙
Max=86下标为8
```

```
86 55 77 54 32 9 6 54 66 32
```

【例 5-5】 选择法排序。将无序数组 8,6,9,3,2,7 排列成有序的顺序。

分析：选择法排序是最为简单且最易理解的算法，基本思想是：每次在若干个无序数中找最小(大)数，并放在无序数中第一个位置。

例对于有 n 个数的数组，按递增次序排序的步骤：

（1）从 n 个数中找出最小数的下标，出了内循环，最小数与第 1 个数交换位置；通过这一轮排序，第 1 个数已确定好。

（2）除已排序的数外，其余数再按步骤（1）的方法选出最小的数，与未排序数中的第 1 个数交换位置。

（3）重复步骤（2），最后构成递增序列。

由此可见，数组排序必须用两重循环才能实现，内循环选择最小数的下标，找到该数在数组中的有序位置；执行 $n-1$ 次外循环使 n 个数都有其确定的位置。

递减排列每次选最大数即可。

针对本题，6 个数需要经历 5 轮选择（$i=0\sim4$）。

每一轮做的工作：

a. 从第 i 个到最后一个中找一个最小的。

b. 与第 i 个交换。放到 $a[i]$ 这个位置。

具体过程如图 5-1 所示。

a(1)	a(2)	a(3)	a(4)	a(5)	a(6)	原始数据	8 6 9 3 2 7
a(1)	a(2)	a(3)	a(4)	a(5)	a(6)	第1轮比较	2 6 9 3 8 7
	a(2)	a(3)	a(4)	a(5)	a(6)	第2轮比较	2 3 9 6 8 7
		a(3)	a(4)	a(5)	a(6)	第3轮比较	2 3 6 9 8 7
			a(4)	a(5)	a(6)	第4轮比较	2 3 6 7 8 9
				a(5)	a(6)	第5轮比较	2 3 6 7 8 9

图 5-1　选择法排序过程演示图

```c
#include<stdio.h>
void  main()
{
    int i,j,t,p,n-6;
    int a[6]={8,6,9,3,2,7};
    for(i=0;  i<n-1;  i++)          /*n=6个数需要经历 n-1,即 5 轮选择(i=0~4)*/
    {
        p=i;                        /*从第 i 个到最后一个中找一个最小的*/
        for(j=i+1;  j<n;  j++)
            if(a[j]<a[p])
                p=j;
        t=a[i];                     /*与第 i 个交换*/
        a[i]=a[p];
        a[p]=t;
    }
```

```
    for(i=0;  i<n;  i++)              /*输出排序后结果*/
        printf("%d ",a[i]);
}
```

程序运行结果：

```
2 3 6 7 8 9
```

【例5-6】 冒泡法排序。将无序数组8,6,9,3,2,7排列成有序的顺序。

基本思想：

（1）从第一个元素开始,对数组中两两相邻的元素比较,将值较小的元素放在前面,值较大的元素放在后面,一轮比较比较完毕,一个最大的数沉底成为数组中的最后一个元素,一些较小的数如同气泡一样上浮一个位置。如 a[0]与 a[1]比较,a[0]>a[1],为逆序,则两者交换；然后 a[1]与 a[2]比较……,直到最后 a[n-1]与 a[n],此时一轮比较完成,一个最大的数沉底,成为数组最后一个数 a[n],一些较小的数如同气泡一样上浮。

（2）n 个数,经过 $n-1$ 轮比较后完成排序。

针对本题,具体过程如图5-2所示。

	第1趟 比较5次						第2趟 比较4次					第3趟 比较3次				第4趟 比较2次			比1次	
8	8	6	6	6	6	6	6	6	6	6	6	6	3	3	3	3	2	2	2	2
6	6	8	8	8	8	8	8	8	3	3	3	3	6	2	2	2	3	3	3	3
9	9	9	9	3	3	3	3	3	8	2	2	2	2	6	6	6	6	6	6	6
3	3	3	3	9	2	2	2	2	2	8	7	7	7	7	7	7	7	7	7	7
2	2	2	2	2	9	7	7	7	7	7	8	8	8	8	8	8	8	8	8	8
7	7	7	7	7	7	9	9	9	9	9	9	9	9	9	9	9	9	9	9	9

图5-2 冒泡法排序过程演示图

```
#include<stdio.h>
void main()
{
    int i,j,t,n=6;
    int a[6]={8,6,9,3,2,7};
    for(i=0;  i<n-1;  i++)    /*n=6个数需要经历 n-1 即 5 轮冒泡(i=0~ 4)*/
        for(j=0;  j<n-i-1;  j++)           /*每轮需要经过 5-i 次比较*/
            if(a[j]>a[j+1])    /*发现前面的数比后面的数大则需要交换,把大的换到后面
                                去。即相邻逆序则交换*/
            {
                t=a[j];
                a[j]=a[j+1];
                a[j+1]=t;
            }
    for(i=0;  i<n;  i++)  /*输出排序后结果*/
        printf("%d ",a[i]);
}
```

程序运行结果：

2 3 6 7 8 9

【同步练习】
1. 利用选择法倒序输出任意 10 个数。
2. 利用冒泡法倒序输出任意 10 个数。

5.3 二 维 数 组

5.3.1 二维数组的定义

二维数组定义的一般形式如下：

类型符　数组名[常量表达式 1][常量表达式 2];

其中：常量表达式 1 表示第一维下标的长度，常量表达式 2 表示第二维下标的长度。

例如：

```
int a[3][2];      表示 3 行 2 列的数组,共 6 个整型元素
float b[4][4];    表示 3 行 4 列的数组,共 16 个浮点元素
char c[5][10];    表示 5 行 10 列的数组,共 50 个字符元素
```

二维数组的应用与矩阵有关，其中，从左起第 1 个下标表示行数，第 2 个下标表示列数。与一维数组相似，二维数组的每个下标也是从 0 开始的。数组中的每个元素都具有相同的数据类型，且占有连续的存储空间，一维数组的元素是按照下标递增的顺序连续存放的，二维数组元素的排列顺序是按行进行的，即在内存中，先按顺序排列第 1 行的元素，然后，再按顺序排列第 2 行的元素，以此类推。例如，上面定义的 a 数组中的元素在内存中的排列顺序为：

$$a[0][0],a[0][1],a[1][0],a[1][1],a[2][0],a[2][1]$$

数组元素在内存中的排列顺序与程序设计没有直接关系，在需要时，只要利用下标来存取相应的数组元素即可。

根据 C 语言对二维数组的定义方式，可以把二维数组看成是一种特殊的一维数组：它的元素又是一个一维数组。例如，可以把数组 a 看成是一个一维数组，它有 3 个元素：a[0],a[1],a[2]，而每个元素又包含 2 个元素的一维数组，如图 5-3 所示。因此可以把 a[0],a[1]，a[2]看做是 3 个一维数组的名字。上面定义的二维数组就可以理解为定义了 3 个一维数组，即相当于：

$$a\begin{cases} a[0]\rightarrow & a[0][0] \quad a[0][1] \\ a[1]\rightarrow & a[1][0] \quad a[1][1] \\ a[2]\rightarrow & a[2][0] \quad a[2][1] \end{cases}$$

图 5-3　二维数组 a[3][2]

```
int a[0][2],a[1][2],a[2][2];
```

C 语言这种处理方法在数组初始化和用指针表示时显得特别方便，在以后学习中会体会到。按行存放二维数组的形式可以类推至多维数组，多维数组存放时各元素仍是连续的，按行存放的。

5.3.2 二维数组的引用和初始化

1. 二维数组的引用

二维数组元素的表示形式如下：

数组名[下标表达式][下标表达式]

其中，下标表达式可以是整型常量、整型变量及其表达式。例如：

```
int S[3][2];
```

它共有 6 个元素，分别用 S[0][0]，S[0][1]，S[1][0]，S[1][1]，S[2][0]，S[2][1]来表示。

可用下面的语句把 10 赋给 S 数组中第 0 行和第 1 列的元素：

```
S[0][1]=10;
S[2-2][2×2-3]=10;
```

对基本数据类型的变量所能进行的各种操作，也都适合于同类型的二维数组元素。例如：

```
S[1][1]=S[0][0]×2;
S[2][1]=S[0][0]/2+S[1][1];
```

二维数组元素的地址也是通过 & 运算得到的。例如，S[1][1]元素的地址可表示为 &S[1][1]。请严格区别定义数组是用的 S[3][2]和引用元素是的 S[3][2]的区别。前者用 S[3][2]来表示定义数组的维数和各维的大小，后者 S[3][2]中的 3 和 2 是数组元素的下标值。实际在 int S[3][2]的定义内，无元素 S[3][2]存在，因为下标的计算均是从 0 开始计算的。

如果从键盘上为二维数组元素输入数据，一般需要使用双重循环，同时可采用两种输入方式：一种是按行输入方式，另一种是按列输入方式。采用哪一种输入方式，完全取决于程序的需要。

按行输入：

```
for(i=0;i<3;i++)
    for(j=0;j<2;j++)
        scanf("%d",&S[i][j]);
```

按列输入：

```
for(i=0;i<2;i++)
    for(j=0;j<3;j++)
        scanf("%d",&S[j][i]);
```

2. 二维数组的初始化

(1) 将所有元素的初值写在称为初始值表中，编译系统将按行的顺序依次为各元素赋初值。例如：

```
int S[3][2]={1,2,3,4,5,6};
```

即：

```
S[0][0]=1,S[0][1]=2,S[1][0]=3,S[1][1]=4,S[2][0]=5,S[2][1]=6
```

这种初始化方式也可以只为数组的部分元素赋初值，例如：

```
int S[3][2]={1,2,3};
```

即：

```
S[0][0]=1,S[0][1]=2,S[1][0]=3
```

而其余元素的初值将自动设置为 0。

（2）可以将初值按行的顺序排列，每行都用一对花括号括起来，各行之间用逗号隔开。例如：

```
int S[3][2]={{1,2},{3,4},{5,6}};
```

即：

```
S[0][0]=1,S[0][1]=2,S[1][0]=3,
S[1][1]=4,S[2][0]=5,S[2][1]=6
```

这种初始化方式，也可以只为每行中的部分元素赋初值，例如：

```
static int S[3][2]={{1},{2},{3}};
```

即：

```
S[0][0]=1,S[1][0]=2,S[2][0]=3
```

而其余元素的初值将自动设置为 0。

（3）若希望数组中的每个元素的初值都为 0，则只要进行如下定义即可：

```
static int d[5][5];
```

同一维数组一样，如果在函数内定义二维数组没有加上 static 关键字，同时又没有初始化的话，则数组中每个元素的初值是不定的。例如：

```
void func()
{
    int a[5][3];
    …
}
```

a 数组中每个元素的初值是不定的。

C 语言允许在定义二维数组时不指定第一维的长度（即行数），但必须指定第二维的长度（即列数），第一维的长度可以由系统根据初值表中的初值个数来确定。例如：

```
int S[ ][2]={1,2,3,4,5,6};
```

由于 S 数组共有 6 个初值，列数为 2，所以可确定第一维的长度为 3，即 S 为 3×2 整型数组。

在按行为数组的部分元素赋初值时,也可以省略第一维的长度。例如:

```
int S[ ][2]={{1},{2,3},{4}};
```

编译系统也会根据初值的行数来确定 S 数组的第一维的长度为 3。需要注意的是,如果没有初始值表,则在定义二维数组时,所有维的长度都必须给出。

5.3.3　二维数组程序举例

【例 5-7】　将一个二维数组 a 的转置存入 b 数组中输出。

分析:求矩阵转置,即把矩阵中的元素所处的位置(行,列)置换成(列,行),则如果 a 对应的矩阵元素用 a[i][j]表示,其对应的转置矩阵元素即为 b[j][i]。

```c
#include<stdio.h>
void main()
{
    int a[2][3]={{2,2,2},{3,3,3}};
    int b[3][2],i,j;
    printf("array a:\n");
    for(i=0;i<=1;i++)
        {
            for(j=0;j<=2;j++)
            {
                printf("%5d",a[i][j]);
                b[j][i]=a[i][j];
            }
            printf("\n");
        }
    printf("array b:\n");
    for(i=0;i<=2;i++)
    {
        for(j=0;j<=1;j++)
            printf("%5d",b[i][j]);
        printf("\n");
    }
}
```

程序运行结果:

```
array  a:
  2   2   2
  3   3   3
array  b:
  2   3
  2   3
  2   3
```

【例 5-8】 求一个 3 行 4 列的数组中的鞍点。鞍点即某一个数在该行最大而在该列最小。

分析：首先查找每行中的最大值,然后判断其是否为该列的最小值。

```c
#include<stdio.h>
void main()
{
    int a[3][4],i,j,t,k,max;
    for(i=0;i<3;i++)                              /* 输入 a 矩阵 */
        for(j=0;j<=3;j++)
            scanf("%d",&a[i][j]);
    for(i=0;i<3;i++)                              /* 行控制 */
    {
        max=a[i][0];
        for(j=1;j<=3;j++)                         /* 找每行最大值 */
            if(max<a[i][j])
            {
                max=a[i][j];k=j;                  /* 记录行内最大值所在列 k */
            }
        t=1;                                      /* t 为标识量,为 1 表示为行值最大 */
        for(j=0;j<3;j++)                          /* 在该列内判断该值是否为最小值 */
            if(a[j][k]<max){t=0;break;}           /* 不是最小值则取缔 t 标识,改为 0 */
        if(t==1)
            printf(" 鞍点为 %d\n",max);
    }
}
```

程序运行结果:

```
2  3  4  1
5  6  7  8
9  10  11  12
鞍点为 4
```

【例 5-9】 已知近 3 年各季度产品销量表如表 5-1 所示,求各年、各季度及三年销售总量。

表 5-1 产品销量表　　　　　　　　　　　　　　单位:万件

季度 ＼ 年份	2013	2014	2015	总量
一季度	12	4	6	
二季度	8	23	3	
三季度	15	7	9	
四季度	2	5	17	
总量(万件)				

分析：表结构可看做是一个二维数组。题目即求各行、各列及全部元素之和，填入相应位置。

```c
#include<stdio.h>
void main()
{
    int x[5][4],i,j;
    for(i=0;i<4;i++)
        for(j=0;j<3;j++)
            scanf("%d",&x[i][j]);
    for(i=0;i<3;i++)
        x[4][i]=0;
    for(j=0;j<5;j++)
        x[j][3]=0;
    for(i=0;i<4;i++)
        for(j=0;j<3;j++)
        {
            x[i][3]+=x[i][j];        /*行求和,即季度值求和*/
            x[4][j]+=x[i][j];        /*列求和,即年度值求和*/
            x[4][3]+=x[i][j];        /*总和*/
        }
    for(i=0;i<5;i++)
    {
        for(j=0;j<4;j++)
            printf("%5d\t",x[i][j]);
        printf("\n");
    }
}
```

程序运行结果：

```
12 4 6↙
8 23 3↙
15 7 9↙
2 5 17↙
   12       4       6      22
    8      23       3      34
   15       7       9      31
    2       5      17      24
   37      39      35     111
Press any key to continue.
```

【同步训练】

1. 求矩阵元素中的最小值。

2. 修改例 5-9 为求各平均值。

5.4　字符数组和字符串

5.4.1　字符数组

字符数组就是类型为 char 的数组,它用来存放字符型数据,其中一个元素存放一个字符。一维字符数组的定义方式如下所示:

char 数组名[常量表达式];

例如:

char c[10];

二维字符数组的定义方式如下所示:

char 数组名[常量表达式][常量表达式];

例如:

char ch[3][3];

字符数组中的每个元素只能存放一个字符型数据,其赋值方法和一维二维数组赋值方法一致,只是需对字母加单引号,例如:

c[0]='B'; c[1]='O'; c[2]='Y';
ch[1][1]='Y';

字符数组也可以在定义时为其元素赋初值。例如:

char ch[5]={'H','e','l','l','o'};

它为每个数组元素赋以如下初值:

ch[0]='H',ch[1]='e',ch[2]='l',ch[3]='l',ch[4]='o'

在初始值表中的初值个数可以少于数组元素的个数,这时,将只为数组的前几个元素赋初值,其余的元素将自动被赋以"空字符",即字符'\0'。如果初始值表中的初值个数多于数组元素的个数,则被当作语法错误来处理。

需要说明的是,由于字符型和整型是相互通用的(利用字符的 ASCII 码),故字符数组的处理基本上是与整型数组相通的,只不过每个元素的值都小于 255。

5.4.2　字符串

字符串就是由若干个有效字符构成且以字符'\0'作为结束标志的一个字符序列,字符串常量是用双引号括起来的一串字符,一般来讲,字符串是利用结尾带'\0'的字符数组来存放的。

为了有效而方便地处理字符数组,在进行字符数组处理时,C 语言提供了不需要了解数组中有效字符长度的方法。其基本思想是:在每个字符数组中有效字符的后面(或字符串末尾)加上一个特殊字符'\0',在处理字符数组的过程中,一旦遇到特殊字符'\0'就表示已经

到达字符串的末尾。同时,C语言允许用一个简单的字符串常量来初始化一个字符数组,而不必使用一串单个字符。例如:

```
char str[ ]={"Happy"};
```

其中,也可以省略花括号。

```
char str[ ]="Happy";
```

经上述初始化后,数组长度是 6,而不是 5,因为字符串常量的最后由系统增加'\0'做结束符。str 数组中每个元素的初值如下:

```
str[0]='H',str[1]='a',str[2]='p',str[3]='p',str[4]='y',str[5]='\0'
```

如果对数组逐个元素初始化,则要显式加上'\0',也即:

```
char str[ ]={'H','a','p','p','y','\0'};
```

需要注意的是,C语言并不要求所有的字符数组的最后一个字符一定是'\0',但为了处理上的方便,往往需要以'\0'作为字符串的结尾,同时,C语言库函数中有关字符串处理的函数,如 strcmp 等,一般都要求所处理的字符串必须以'\0'结尾,否则,将会出现错误。

5.4.3 字符数组的输入输出方式

字符数组的输入和输出有两种方式:
(1) 采用"%c"格式符,逐个输出。例如:

```
printf("%c",c[2]);
```

输出结果为数组 c 的第 3 个元素。
(2) 采用"%s"格式符,整个字符串一次性输入输出。例如:

```
printf("%s",c);
```

输出结果为 c 代表的字符串。(如 char c[]="string";则输出结果为 string)
使用"%s"格式符输出字符串时,应注意以下几个问题:
(1) 输出字符不包括结束符'\0'。
(2) 用"%s"格式符输出字符串时,printf()函数中的输出项是字符数组名,而不是数组元素名,printf("%s",c[0]);是错误的。
(3) 如果数组长度大于字符串实际长度,也只输出遇到'\0'即结束。如:

```
char c[10]="string";
printf("%s",c);
```

也只输出有效字符 string,而不是输出 10 个字符。这是字符串用结束标志的好处。
(4) 如果一个字符数组包含一个以上'\0',则遇到第一个'\0'时输出就结束。
(5) 可以用 scanf()函数输入字符串。例如:

```
scanf("%s",c);
```

scanf()函数中的输入项 c 是字符数组名,它应该是在使用前已被定义的。而且在使用数组名时不应加"&"(取地址运算符),因为数组名就代表数组的首地址。例如上面语句不能写成 scanf("%s",&c);。

输入字符串时,串长度应小于已定义的字符数组的长度,因为系统在有效字符后会自动添加字符串结束标志'\0'。

字符串的输入是以"空格""Tab"或者"回车"来结束输入的。通常,在利用 scanf() 函数同时输入多个字符串时,字符串之间以"空格"为间隔,最后按"回车"键结束输入。例如:

```
scanf("%s%s%s",c1,c2,c3);
```

而当输入 Lily is fun 时,其存放格式如图 5-4 所示。

再如,对于下面的语句:

```
char str[13];
scanf("%s",str);
```

L	i	I	y	\0
i	s	\0		
f	u	n	\0	

图 5-4　存放形式

如果要输入 how are you? 实际上并不是将所有字符及'\0'送到数组 str 中,而是遇到第一个空格时就结束,也即只会把"how"作为一个字符串加'\0'存入 str 内。

【例 5-10】　"%s"和"%c"格式的比较。从键盘上输入"how are you?",并在屏幕显示。

分析:当用字符数组时,需用循环形式一个元素一个元素输入并输出;字符串形式则不然,可一次性输入一个串,但需要注意字符串输入是以"空格""Tab"或者"回车"来结束输入的,所以一旦有空格等特殊字符,则认为输入完毕。

```
#include<stdio.h>
void main()
{
    char c[12];
    char s[13];
    int i;
    printf("字符输出测试:\n");
    for(i=0;i<12;i++)
        scanf("%c",&c[i]);
    for(i=0;i<12;i++)
        printf("%c",c[i]);
    printf("\n字符串输出测试:\n");
    scanf("%s",s);
    printf("%s\n",s);
}
```

程序运行结果:

字符输出测试:
How are you? ✓
How are you?
字符串输出测试:
How are you? ✓

5.4.4 字符串处理函数

C 语言提供了丰富的字符串处理函数,大致可分为字符串的输入、输出、合并、修改、比较、转换、复制和搜索几类。使用这些函数可大大减轻编程的负担。用于输入输出的字符串函数,在使用前应包含头文件"stdio.h",使用其他字符串函数则应包含头文件"string.h"。

下面介绍几个最常用的字符串函数。

1. 字符串输出函数 puts()

格式:

```
puts(字符数组)
```

功能:向显示器输出一个字符串(输出完,换行)。

说明:字符数组必须以'\0'结束。可以包含转义字符,输出时'\0'转换成'\n',即输出字符后换行。

例如:利用 puts()函数输出数组内容。思考程序结果状态的原因。

```
#include<stdio.h>
void main()
{
    char  a1[ ]="china\nbeijing";
    char  a2[ ]="china\0beijing";
    puts(a1);  puts(a2);
    puts("HENAN");
}
```

程序运行结果:

```
china
Beijing
china
HENAN
```

分析:puts(a2)语句中是将'\0'→'\n' 因此光标移到下行输出 HENAN。

2. 字符串输入函数 gets()

格式:

```
gets(字符数组)
```

功能:从键盘输入一个以回车结束的字符串放入字符数组中,并自动加 '\0 '。

说明:输入串长度应小于字符数组维数。

例如:gets 和 scanf 输入比较。

```
#include<stdio.h>
void main()
{
```

```
    char  a1[15], a2[15];
    gets(a1);
    scanf("%s",a2);
    printf("a1=%s\n",a1);
    printf("a2=%s\n",a2);
}
```

程序运行结果：

```
china  beijing↙
china  beijing↙
a1=china  beijing
a2=china
```

注意：puts()和 gets()函数只能输入输出一个字符串。puts(str1,str2);gets(str1, str2)是错误的。gets()函数遇回车结束,scanf()空格则已判断结束。

3. 字符串连接函数 strcat()

格式：

```
strcat(字符数组 1,字符数组 2)
```

功能：把字符数组 2 连到字符数组 1 后面。

返值：返回字符数组 1 的首地址。

说明：

(1) 字符数组 1 必须足够大。

(2) 连接前,两串均以'\0'结束;连接后,取串 1 的'\0'做结束符。

例如：连接两个已有字符串。

```
#include<stdio.h>
void main()
{
    char  str1[30]={"People's Republic of "};
    char str2[]={"China"};
    printf("%s\n",strcat(str1,str2));
}
```

程序运行结果：

```
People's Republic of China
```

分析：3 个字符串分别如下：

```
str1: People's Republic of \0
str2: china\0
str1: People's Republic of china\0
```

str2 连接至 str1 后,形成新串。

4. 字符串复制函数 strcpy()

格式：

strcpy(字符数组 1,字符串 2)

功能：将字符串 2,复制到字符数组 1 中去。

返回：返回字符数组 1 的首地址。

说明：

(1) 字符数组 1 必须足够大,>字符串 2。

(2) 字符数组 1 必须是数组名形式(str1),字符串 2 可以是字符数组名或字符串常量。

(3) 拷贝时'\0'一同拷贝。

(4) 不能使用赋值语句为一个字符数组赋值。如：

```
char str1[20],str2[20];
str1={"Hello!"};          (×)
str2=str1;                (×)
```

(5) 可以只复制字符串 2 中的前几个字符,来取代字符数组 1 的前几个字符。如：
strcpy(str1,str2,2)——复制前 2 个。

例如：利用 strcpy 与 strcat 连接字符串。

```
#include<stdio.h>
void main()
{
    char destination[25];
    char blank[]=" ", c[]="C++",turbo[]="Turbo";
    strcpy(destination, turbo);      /*将 turbo 串内容复制到 destination 内*/
    strcat(destination, blank);      /*连接空格*/
    strcat(destination, c);          /*连接 c 串*/
    printf("%s\n", destination);
}
```

程序运行结果：

```
Turbo C++
```

5. 字符串比较函数 strcmp()

格式：

strcmp(字符串 1,字符串 2)

功能：比较两个字符串。

比较规则：对两串从左向右逐个字符比较(ASCII 码),直到遇到不同字符或'\0'为止。

返回值：返回 int 型整数。其值是 ASCII 码的差值。

(1) 若字符串 1<字符串 2,返回负整数。

(2) 若字符串 1> 字符串 2,返回正整数。

(3) 若字符串 1==字符串 2,返回零。

说明：字符串比较不能用"==",必须用 strcmp,虽然编译无错,但结果不对。如 if
(str1==str2) printf("yes");是错误的。正确的写法为 if(strcmp(str1,str2)==0)

```
printf("yes");
```

例如：

```
#include<stdio.h>
#include<string.h>
void main()
{
    int  i,j,k;
    char  a1[]="beiqing",  a2[]="beijing";
    i=strcmp(a1,a2);
    j=strcmp("china", "korea");
    k=strcmp(a2, "beijing");
  printf("i=%d\nj=%d\nk=%d\n",i,j,k);
}
```

程序运行结果：

```
i=1
j=-1
k=0
```

分析：因为 i 相当于"beiqing"与"beijing"比较，bei 相同，实质比较的是 q 与 j，而 q 的 ASCII 码大于 j 的 ASCII 码，所以返回值正数。同理，j 为负数，k 为 0。

注意：加入头文件 string. h。

6. 字符串长度函数 strlen()

格式：

```
strlen(字符数组)
```

功能：计算字符串长度。

返值：返回字符串实际长度，不包括'\0'在内。

例如：

对于以下字符串，strlen(s)的值为 1,3,1：

(1) char   s[10]={'A','\0','B','C','\0','D'};   1(见\0 即终止)。

(2) char   s[ ]="\t\v\\\0will\n";   3(\t,\v,\\,分别代表不同的转义字符)。

(3) char   s[ ]="\x69\082\n";   1(\x 为十六进制的标识，所以\x69 为十六进制，遇见\0 终止)。

7. 大写字母转换成小写字母函数 strlwr()

格式：

```
strlwr(字符串)
```

8. 小写字母转换成大写字母函数 strupr()

格式：

```
strupr(字符串)
```

例如：

```
#include<stdio.h>
void main()
{
    char  a1[6]="CHinA", a2[ ]="hEnAN";
    printf("%s\n",strlwr(a1));
    printf("%s\n",strupr(a2));
}
```

程序运行结果：

```
china
HENAN
```

5.4.5 字符数组和字符串程序实例

【例 5-11】 输入一行字符，统计其中的单词个数，单词间空格分开。

分析：根据题目要求，可以用一个字符数组来存储输入的这行字符。要统计其中单词数，就是判断该字符数组中的各个字符，如果出现非空格字符，且其前一个字符为空格，则新单词开始，计数 num 加 1。

但这在第一个单词出现时有点特殊，因为第一个单词前面可能没有空格，因此在程序里我们可以人为加上一个标志 word，并初始化为 0。该标志指示前一个字符是否是空格，如果该标志值为 0 则表示前一个字符为空格。如输入 I am a boy，则有表 5-2 成立。具体程序执行过程如图 5-5 所示。

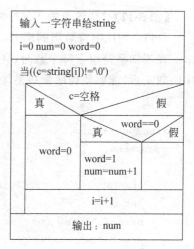

图 5-5 程序流程

表 5-2 程序分析表

当前字符	i		a	m		a		b	o	y	.
是否空格	否	是	否	否	是	否	是	否	否	否	否
Word 原值	0	1	0	1	1	0	1	0	1	1	1
新单词是否开始	是	未	是	未	未	是	未	是	未	未	未
Word 新值	1	0	1	1	0	1	0	1	1	1	1
Num 值	1	1	2	2	2	3	3	4	4	4	4

```
#include<stdio.h>
void  main()
{
    char string[81];
    int i,num=0,word=0;
```

```
char c;
gets(string);
for(i=0;(c=string[i])!='\0';i++)
    if(c==' ')  word=0;
        else if(word==0)
        {
            word=1;  num++;
        }
    printf("There are %d words in the line\n",num);
}
```

程序运行结果：

I am a boy. ↙
There are 4 words in the line

【例 5-12】 从键盘输入一个字符串，并复制到另一个字符数组后显示出来。

分析：利用字符数组的形式，无法批量赋值或复制，需要用循环的形式依次给复制元素。在不知字符串字符个数时，利用 while 循环实现如果想简化程序，使用系统提供的字符串函数实现，能够使程序简单易懂。

方法一：

```
#include<stdio.h>
void main()
{
    char str1[20],str2[20];
    int i;
    printf("Input a string:");
    scanf("%s",str1);
    i=0;
    while(str1[i]!='\0')
    {
        str2[i]=str1[i];
        i++;
    }
    str2[i]='\0';
    printf("%s",str2);
}
```

方法二：

```
#include<stdio.h>
#include<string.h>
void main()
{
    char str1[20],str2[20];
    printf("Input a string:");
```

```
    scanf("%s",str1);
    strcpy(str2,str1);
    printf("%s",str2);
}
```

程序运行结果：

字符数组操作实例。↙
字符数组操作实例。

【同步训练】

1. 若准备将字符串"This is a string."记录下来,错误的输入语句为：
A. char s[20];
         scanf("%20s",s);
B. for(k=0;k<17;k++)
         s[k]=getchar();
C. while((c=getchar())!='\n')
         s[k++]=c;
D. char a[5],b[5],c[5],d[10];
         scanf("%s%s%s%s",a,b,c,d);

分析：以上选项中,只有 A 选项无法实现该字符串的输入,原因与例题 5-10 一致。另外 3 种方法都是我们今后可以利用的输入方式,大家可以仔细体会期间区别与联系。

2. 任意输入两个字符串,以回车结束。连接两个字符串后统计新字符串总共的字符数输出。

5.5 数组实例

【例 5-13】 把一个整数按大小顺序插入已排好序的数组中。

分析：为了把一个数按大小插入已排好序的数组中,应首先确定排序是从大到小还是从小到大进行的。设排序是从大到小进序的,则可把欲插入的数与数组中各数逐个比较,当找到第一个比插入数小的元素 i 时,该元素之前即为插入位置。然后从数组最后一个元素开始到该元素为止,逐个后移一个单元。最后把插入数赋予元素 i 即可。如果被插入数比所有的元素值都小则插入最后位置。

程序如下：

```
#include<stdio.h>
void main()
{
    int i,j,p,q,s,n,a[11]={127,3,6,28,54,68,87,105,162,18};
    for(i=0;i<10;i++)
    {
        p=i;q=a[i];
        for(j=i+1;j<10;j++)
```

```
        if(q<a[j])
        {
            p=j;q=a[j];
        }
        if(p!=i)
        {
            s=a[i];
            a[i]=a[p];
            a[p]=s;
        }
        printf("%d ",a[i]);
    }
    printf("\ninput number:\n");
    scanf("%d",&n);
    for(i=0;i<10;i++)
        if(n>a[i])
        {
            for(s=9;s>=i;s--)
                a[s+1]=a[s];
            break;
        }
    a[i]=n;
    for(i=0;i<=10;i++)
        printf("%d ",a[i]);
    printf("\n");
}
```

程序运行结果：

```
162 127 105 87 68 54 28 18 6 3
input number:
60↙
```

程序输出为：

```
162 127 105 87 68 60 54 28 18 6 3
```

【例 5-14】 有一行电文，按下面规律译成密码：

$$A \to Z \quad a \to z \quad B \to Y \quad b \to y \quad C \to X \quad c \to x \quad \cdots\cdots$$

即第一个字母变成第 26 个字母，第 i 个字母变成第 $(26-i+1)$ 个字母。非字母字符不变。要求编程序将密码译回原文，并打印出密码和原文。

分析：字符和整型相通，运算时均用 ASCII。此密码规则 $a \to z, b \to y, c \to x \cdots\cdots$，从 ASCII 来看就是 $97 \to 122, 98 \to 121, 96 \to 120 \cdots\cdots$ 也即总和全为 $97+122=219$，则 $219-s[k]$ 的 ASCII 码值，即为加密后字符的值，也即通式 $97+(122-s[k])$。大写字母通式相同。

```
#include<string.h>
#include<stdio.h>
```

```
void main()
{
    char s[80],c[80]={'0'};
    int k,i;
    gets(s);
    for(k=0;s[k];k++)
    {
        if(s[k]>='a'&& s[k]<='z')
            c[k]=97+(122-s[k]);
        else if(s[k]>='A'&&s[k]<='Z')
                c[k]=65+(90-s[k]);
            else c[k]=s[k];
    }
    puts(s);
    printf("加密后 c 串为：\n",k);
    puts(c);
}
```

程序运行结果：

```
defg000ab↙
defg000ab
加密后 c 串为：
Wvut000zy
```

【例 5-15】 输出以下杨辉三角形（10 行）。

杨辉三角形各行数字有以下规律：

（1）各行第一个数都是 1。

（2）各行最后一个数都是 1。

（3）从第三行起，除第一个数和最后一个数之外，其余各数是上一行同列和前一列两个数之和，用 C 语言可描述为：

```
a[i][j]=a[i-1][j]+a[i-1][j-1]

1
1  1
1  2  1
1  3  3  1
1  4  6  4  1
1  5  10  10  5  1
...
```

```
#include<stdio.h>
void main()
{
    int i, j, a[11][11];   //第 0 行和第 0 列不使用
```

```
for(i=1;i<=10;i++)
{
    a[i][1]=1; a[i][i]=1;
}
for(i=3;i<=10;i++)
    for(j=2;j<=i-1;j++)
        a[i][j]=a[i-1][j]+a[i-1][j-1];
for(i=1;i<=10;i++)
{
    for(j=1;j<=i;j++)
        printf("%6d",a[i][j]);
    printf("\n");
}
}
```

程序运行结果：

```
    1
    1    1
    1    2    1
    1    3    3    1
    1    4    6    4    1
    1    5   10   10    5    1
    1    6   15   20   15    6    1
    1    7   21   35   35   21    7    1
    1    8   28   56   70   56   28    8    1
    1    9   36   84  126  126   84   36    9    1
Press any key to continue
```

【例 5-16】 老虎机：假设有 3×3 个方格，编写程序，在程序运行后，在 3×3 个方格内随机显示符号，三种符号"☺、♯、＊"得分规则是在一条直线或斜线上有 3 个相同的图案则得一分，按 y 继续玩，每人玩 3 次，统计总得分。（其中☺可以用'\1'输出）

分析：首先需要随机显示 3 种符号，然后放入二维数组当中。随机函数 rand()产生的随机数作为下标可显示数组内元素。然后需判断随机出现的矩阵内是否有相同直线或斜线上相同的图案计分。所以需要查阅所有行，所有列，以及两条对角线。

```
#include<string.h>
#include<stdio.h>
#include<stdlib.h>
#define N 3
int  main()
{
    char a[N][N]={0},i,j,time=0,score=0;
    char b[3]={'#','*','\1'};
    while(1)
    {
        for(i=0;i<N;i++)
            for(j=0;j<N;j++)
```

```
            {
                a[i][j]=b[rand()%3];          /*产生随机字符存入数组*/
            }
        for(i=0;i<N;i++)
            for(j=0;j<N;j++)
            {
                printf("%c",a[i][j]);
                if(j==(N-1))printf("\n");
            }
        for(i=0;i<N;i++)
        {
            if(a[i][0]==a[i][1]&&a[i][0]==a[i][2])score++;   /*某行相同*/
            if(a[0][i]==a[1][i]&&a[0][i]==a[2][i])score++;   /*某列相同*/
        }
        if(a[0][0]==a[1][1]&&a[0][0]==a[2][2])score++;        /*对角线相同*/
        if(a[0][2]==a[1][1]&&a[0][2]==a[2][0])score++;        /*对角线相同*/
        printf("press y to play or n to quit:");
        if(getchar()!='y')
            break;
        getchar();
        time++;
        if(time>=3)
            break;
    }
    printf("score=%d",score);
}
```

程序运行结果：

```
☺☺*
*☺*
##*
press y to play or n to quit:y✓
☺☺☺
*#*
☺*☺
press y to play or n to quit:y✓
###
#☺#
**#
press y to play or n to quit:y✓
score=4Press any key to continue
```

5.6 常见错误

(1) 数组定义与数组元素的引用。

如：int a[10]； 此处为定义，表示 a 数组有 10 个元素，下标 0～9。

a[10]＝5;该语句错误,因为没有 a[10]这个元素。

（2）双重循环中行控制的换行方式。

如:

```
for(i=1;i<=10;i++)
{
    for(j=1;j<=i;j++)
        printf("%6d",a[i][j]);
    printf("\n");
}
```

此处 printf("\n")是该行输入完毕换行的标识,放在内层循环与外层循环之间。

（3）数组定义之后,不能用一个语句输出整个数组。

```
int a[10];
printf("%d",a);
```

（4）字符数组和字符串的区别。

字符数组结尾可以没有'\0',字符串必须有\0 做结束符。

char ch[5]＝{'H','e','l','l','o'};与 char ch[6]＝"hello";不同。后者必须留有'\0'做结束符的空间。

（5）printf("%s",c[0]);是错误的。

用"%s"格式符输出字符串时,printf 函数中的输出项是字符数组名,而不是数组元素名。

（6）scanf("%s",&c);错误。

因为数组名就代表数组的首地址,在使用数组名时不应加"&"(取地址运算符)。

（7）char str[13];

scanf("%s",str);

并不能将 how are you? 全部存入 str 数组,因为其默认空格为结束符,所以只会把"how"作为一个字符串加'\0'存入 str 内。

可用 gets(),puts()实现有间隔串的输入输出。

（8）使用字符串处理函数时需加头文件 string.h。

本 章 小 结

在数组应用中,最常见的是用字符数组存取字符串。在实际应用中,使用字符数组的情况很多,在对字符串进行处理时,复制、比较和连接等操作不能直接使用关系运算符和赋值运算符,而必须使用字符串处理函数。处理好循环与数组下标的关系,就掌握了数组的核心技术。

字符数组和字符串的根本区别在于程序在处理字符串时是以'\0'作为结束标志的,字符串不能用赋值语句。

习 题 五

一、选择题

1. 以下一维数组 a 的正确定义是( )。

   A. int a(10);

   B. int n＝10,a[n];

   C. int n; scanf("%d",&n); int a[n];

   D. ♯define SIZE 10 int a[SIZE];

2. 关于二维数组的语句,正确的是( )。

   A. 二维数组可以认为是一维数组的数组

   B. 二维数组可以存储两种不同类型的元素

   C. 第一维表示列

   D. 当将数组传递给函数时,第二维的大小必须以值参数形式来传递

3. 下列数组初始化语句正确的是( )。

   A. int ary{}＝{1,2,3,4};

   B. int ary[]＝[1,2,3,4];

   C. int ary[]＝{1,2,3,4};

   D. int ary{}＝[1,2,3,4];

4. 关于数组元素传递的语句,正确的是( )。

   A. 数组不能被传递给函数,因为其结构过于复杂

   B. 不可能紧紧将二维数组的某一行传递给函数

   C. 在参数类表中申明一个二维数组是,仅需要给出第一维的大小

   D. 在把数组传递给函数时,总是按引用传递(传递的仅只是地址)

5. 在执行 int a[][3]＝{1,2,3,4,5,6};语句后,a[1][1]的值是( )。

   A. 4   B. 1   C. 2   D. 5

6. 为了判断两个字符串 s1 和 s2 是否相等,应当使用( )。

   A. if(s1＝＝s2)   B. if(s1＝s2)

   C. if(strcmp(s1,s2))   D. if(strcmp(s1,s2)＝＝0)

7. 下列哪个语句把 x 的值赋给了 ary 数组的第一个元素是( )。

   A. ary＝x;   B. ary＝x[0];

   C. ary＝x[1];   D. ary[1]＝x;

8. C 语言字符串的分隔符是( )。

   A. 换行符

   B. 由程序员设计

   C. '\0'字符(NUL 字符)

   D. 在标准 C 中没有定义

9. 关于字符串变量的说明错误的是( )。

   A. 赋值操作符将一个字符串的值拷贝到另一个字符串

B. 如果字符串被定义为一个字符指针,数组的括号是不需要的

C. 字符串名字是一个指针

D. 当在定义字符串时初始化,C 会自动添加分隔符

10. 下面哪个字符串操作函数返回除去 NULL 分隔符之后的字符数目( )。

　　A. strcmp　　　　B. strcpy　　　　C. strlen　　　　D. strtok

11. 以下不能对二维数组初始化的选项是( )。

　　A. int　a[2][2]={{1},{2}};　　　　　B. int　a[][2]={1,2,3,4};

　　C. int　a[2][2]={{1},2,3};　　　　　D. int　a[2][]={{1,2},{3,4}};

12. 设有数组定义:char array [ ]="China";则数组 array 所占的空间为( )。

　　A. 4 个字节　　　B. 5 个字节　　　C. 6 个字节　　　D. 7 个字节

13. 以下程序的输出结果是( )。

```
void main()
{  int i, a[10];
   for(i=9;i>=0;i--) a[i]=10-i;
   printf("%d%d%d",a[2],a[5],a[8]);
}
```

　　A. 258　　　　　B. 741　　　　　C. 852　　　　　D. 369

14. 若有以下定义和语句:char　str1[]="string",str2[5];则用以复制字符串的正确方法是( )。

　　A. strcpy(str2,"Hello");　　　　　B. strcpy(str1,"Hello");

　　C. str2=str1;　　　　　　　　　　D. str1="Hello";

15. 若有说明 int a[3][4];则 a 数组元素的非法引用是( )。

　　A. a[0][2*1]　　　B. a[1][3]　　　C. a[4-2][0]　　　D. a[0][4]

16. 以下能正确定义字符串的语句是( )。

　　A. char str[]={'\064'};　　　　　　B. char str="kx43";

　　C. char str=";　　　　　　　　　　D. char str[]="\0";

17. 下列描述中不正确的是( )。

　　A. 字符型数组中可以存放字符串

　　B. 可以对字符型数组进行整体输入和输出

　　C. 可以对实型数组进行整体输入和输出

　　D. 不能在赋值语句中通过赋值运算符"="对字符型数组进行整体赋值

二、程序题

1. 用筛法求 1~1000 之间的素数。

2. 编写程序输入一个字符串,删除字符串中的所有数字字符后输出此字符串。

3. 把数组中相同的数据删的只剩一个。

4. 假设在 2×7 的二维数组中存放了数据,其中各行的元素构成一个整数,如第 1 行元素构成整数 1234507000。编写程序比较两行元素构成的整数大小。(规则:从高位起逐个比对应位数,若每位均相等,则两数相等;若遇到第一个不相等的数字,则数字大者为大)

5. 从键盘输入由 5 个字符组成的单词,判断此单词是不是 hello,并给出提示信息。

实　验　五

一、实验目的

1. 熟练掌握一维数组、二维数组的定义、初始化和输入输出方法。

2. 熟练掌握字符数组和字符串函数的使用。

3. 熟练与数组有关的常用算法(如查找、排序等)。

二、实验内容

1. 用筛法求 1～1000 之间的素数。

(1) 编程分析

eratosthenes 筛法：

① 利用数组存放这 1000 个数。

② 挖掉第一个数 1(令该数＝0)。

③ 2 没被挖掉,挖掉后面所有 2 的倍数。

④ 3 没被挖掉,挖掉后面所有 3 的倍数。

⑤ 4 被挖掉,不执行任何操作。

⑥ 5 没被挖掉,挖掉后面所有 5 的倍数。

⑦ 直到最后一个数。

剩下的非 0 数就是素数。

(2) 参考程序

```c
#include<stdio.h>
int  main()
{
    int a[1000],i=0,b52=1;
    for(;i<1000;i++)
        a[i]=i+1;
        a[0]=0;
    while(b52<1000)
    {
        if(a[b52]!=0)
            for(i=b52+1;i<1000;i++)
            {
                if(a[i]%a[b52]==0)
                    a[i]=0;
            }
        b52++;
    }
    for(i=0;i<1000;i++)
    {
        if(a[i]!=0)printf("%d",a[i]);
```

```
    }
    return 0;
}
```

2. 编写程序输入一个字符串,删除字符串中的所有数字字符后输出此字符串。

(1) 编程分析

① 定义一个一维字符数组。

② 输入一串测试字符。

③ 依次判断数组中字符是否为数字(即>'0'且<'9')。

④ 若是则将后面所有字符依次往前移一位。

⑤ 输出整个字符串。

(2) 参考程序

```
#include<string.h>
#include<stdio.h>
int  main()
{
    int i;
    char a[20]={0};
    scanf("%s",a);
    for(i=0;i<=20;i++)
    {
        if('0'<=a[i]&&a[i]<='9')
            a[i]=0;
        if(a[i]!=0)
            printf("%c",a[i]);
    }
    printf("\n");
    return 0;
}
```

3. 假设在 2×7 的二维数组中存放了数据,其中各行的元素构成一个整数,如第 1 行元素构成整数 1234507000。编写程序比较两行元素构成的整数大小。(规则:从高位起逐个比对应位数,若每位均相等,则两数相等;若遇到第一个不相等的数字,则数字大者为大)

例如:

1	2	3	4	5	0	7
1	2	3	7	4	2	6

(1) 编程分析

本题是考察二维数组与一维数组关系的一道题目。可将二维数组每行看成一个整体,从而每行构成一个一维数组的元素。本例比较每行数据组成一个整体正数后的大小。可按数组元素从低位到高位组合。例如,如果第 1 行数组元素为 a[0][0],a[0][1],a[0][2]值分别为 1、2、3，则形成的整数应为：
$$a[0][0]\times100+a[0][1]\times10+a[0][2]=1\times100+2\times10+3=123$$
同理求解第二行后比较两数大小即可。

（2）参考程序

```c
#include<string.h>
#include<stdio.h>
#define N 7
void main()
{
    int a[2][N]={0},i=0,d=0;
    long int b,c;
    for(i=0;i<2;i++)
        for(d=0;d<N;d++)
            scanf("%d",&a[i][d]);
    b=a[0][0];
    for(i=1;i<N;i++)
        b=b*10+a[0][i];
    c=a[1][0];
    for(i=1;i<N;i++)
        c=c*10+a[1][i];
    if(b>c)
        printf("%d",b);
    if(b==c)
        printf("c=b");
    if(b<c)
        printf("%d",c);
}
```

4. 从键盘上输入一些字符串(以"＄＄＄"为结束标志)。然后统计每个字符串的出现次数。最后按输入顺序输出各个单词及其对应的出现次数。如输入：

```
Girl  boy  Girl  Student  Lin  Student  $$$
```

则输出：

```
Girl  boy  Student  Lin
2     1    2        1
```

（1）编程分析

首先掌握字符串的存储方式。所以，看似的二维数组，实际是 Word[0]，Word[1]，Word[2]……构成单词的一维数组。则以循环方式相邻比较两单词是否相同，相同则统计量加 1。对于比较过的重复的单词，要设置标记，以防重复计数。可标识其首字母为 0，以表示此单词已经被重复计数。

列标 行标	[0]	[1]	[2]	[3]	[4]
Word[0]	G	i	r	l	\0
Word[1]	b	o	y	\0	
Word[2]	G	i	r	l	\0

（2）参考程序

```c
#include<stdio.h>
#include<string.h>
#define MAX   256
void main()
{
    char words[MAX][MAX]={0},i,j,n;
    int freq[MAX]={0};
    /*输入*/
    n=0;
    while(1)
    {
        scanf("%s",words[n]);
        freq[n]=1;
        if(strcmp("$ $ $",words[n++])==0)
            break;
    }
    /*以下开始统计次数,$ $ $ 不计算在内*/
    for(i=0; i<n-2; i++)
    {
        for(j=i+1; j<n-1; j++)
        {
            /*如果当前字符已经判断过有重复的,则跳过*/
            if(!words[j][0])
                continue;
            if(strcmp(words[i],words[j])==0)
            {
                freq[i]++;
                /*清除相同单词,防止重复计数*/
                words[j][0]=0;
                freq[j]=0;
            }
        }
    }
    for(i=0; i<n-1; i++)
    {
        if(freq[i]>0)
```

```
            printf("%s ",words[i]);
    }
    printf("\n");
    for(i=0; i<n-1; i++)
    {
        if(freq[i]>0)
        printf("%d ",freq[i]);
    }
}
```

三、实验总结

1. 总结在本次实验中遇到的问题及解决方法。

2. 总结一维数组、二维数组和多维数组结构的各种用法。

3. 总结使用字符数组和字符串的使用方法。

第6章 函　　数

一个程序通常由上万条语句组成,如果把这上万条语句都放在 main 函数中,不仅不利于多个程序员平行开发,而且还会使开发出的程序可读性差,很难进行后期维护工作。

为了解决上述问题,C 语言使用函数实现程序的模块化,将一个大程序分成若干个相对独立的函数,每个函数实现单一的功能。编写函数时只需要对函数的入口(形式参数)和出口(函数返回值)做出统一的规定,这样各个函数就可以单独进行编辑、编译和测试,有利于多个程序员分工合作,共同完成一个较大的程序,大大提高了开发效率。

6.1　函数引例

【例 6-1】 从键盘输入 x 和 y 的值,利用库函数 pow(x,y)计算 x^y 的值(其中 x 与 y 都是 double 变量)。

分析:C 语言提供了库函数 pow(x,y),该函数的功能是计算 x 的 y 次方,注意调用该函数要添加命令行 #include<math.h>。

```
#include<stdio.h>
#include<math.h>
void main()
{
    double x=0,z=0, y=0;
    printf("Input x,y:");
    scanf("%lf%lf",&x,&y);
    z=pow(x,y);
    printf("%.0lf,%.0lf,%.0lf\n",x,y,z);
}
```

程序运行结果:

```
Input x y:2 3↙
2.000000,3.000000,8.000000
```

【例 6-2】 使用自定义函数求 x^y 的值。

分析:计算 x^y,就是 y 个 x 相乘所得的乘积,可以利用循环实现。

```
#include<stdio.h>
double mypow(double x,double y)
{
    double z=1.0;
    int i=0;
    for(i=1; i<=y; i++)  z=z*x;
    return  z;
```

```
}
void main()
{
    double a=0,b=0, c=0;
    printf("Input a b:");
    scanf("%lf%lf",&a,&b);
    c=mypow(a,b);
    printf("%lf,%lf,%lf\n",a,b,c);
}
```

程序运行结果与例 6-1 相同。

程序说明：

（1）mypow 是自编函数的函数名，由用户编写的，称为自定义函数。

（2）mypow(x,y)与 pow(x,y)的作用都是计算 x^y 的值，但由于 mypow(x,y)函数不是库函数，所以在程序的开头应先编写该函数，然后就可以像使用库函数一样使用它，不必再添加命令行 #include<math.h>。

上述举例从用户的使用角度看，函数可分为库函数和用户定义函数两种。

（1）库函数：由 C 系统提供，用户无须定义，也不必在程序中作类型说明，只需在程序前包含有该函数原型的头文件即可在程序中直接调用。在前面章节的例题中用到 printf()、scanf()、sqrt()、pow()等函数均属此类。

（2）用户自定义函数：由用户根据自己的需要写的函数。对于用户自定义函数，不仅要在程序中定义函数本身，而且在主调函数中还必须对该被调函数进行类型说明，然后才能使用，如上述的 mypow()函数，自定义函数是模块化程序设计的基础。

另外，从函数的定义形式来看，函数分为无参函数和有参函数两种。

（1）无参函数：在调用无参函数时，主调函数不向被调函数传递数据。此类函数通常用来完成一组指定的功能，可以返回或不返回函数值，但一般以不返回函数值的居多。

（2）有参函数：在调用函数时，主调函数在调用被调函数时，通过参数向被调函数传递数据，一般情况下，执行被调函数时会得到一个函数值供主调函数使用，例如上述的 mypow()函数就是有参函数，主函数将 a 与 b 的值传递给 mypow()函数中的参数 x 和 y，经过 mypow()函数的运算，将 z 的值带回主调函数。

注意：在 C 语言中，所有的函数定义，包括主函数 main()在内，都是平行的。即在一个函数的函数体内，不能再定义另一个函数，即不能嵌套定义。但是函数之间允许相互调用，也允许嵌套调用。

说明：

（1）一个源程序文件有一个或多个函数组成，但却有且只能有一个 main()函数。

（2）函数调用前必须声明，方法为：

类型名　函数名(参数类型)

（3）任何 C 程序都从 main()函数开始执行，当 main()函数的最后一条指令执行完，程序结束。

（4）形参和实参的个数和类型一定要一致。

（5）调用时，实参值传递给形参，调用结束时，形参值直接丢弃。

（6）函数的返回值为 return 后的变量或表达式的值。

【同步练习】

编写一个求前 n 个自然数和的函数，然后在 main()函数中调用它，求 $1+2+3+\cdots+100$ 的值。

6.2　函数的定义与调用

6.2.1　函数的定义

函数在使用之前必须进行正确地定义，定义时根据函数要完成的工作，需要确定函数名、类型名、参数个数及类型等。

【例 6-3】　编写一个输出 Hello World 的函数，并在主函数中调用。

```
#include<stdio.h>
void Hello()
{
    printf("Hello World ");
}
void main()
{
    Hello();
}
```

程序运行结果：

```
Hello World
```

其中 void Hello()是函数头，小括号内没有参数，包括大括号在内是函数体。该函数的作用是输出 Hello Word。

【例 6-4】　编写求两个整数和的函数，并在主函数中调用。

```
#include<stdio.h>
int GetTwoSum(int a, int b)
{
    int z;
    z=a+b;
    return z;
}

void main()
{
    int x=3,y=4,z;
    z=GetTwoSum(x,y);
    printf("z=%d\n",z);
}
```

程序运行结果：

z=7;

定义一个求两个整数和的函数 GetTwoSum()，在主函数中调用该函数时，将 x,y 的值分别传递给 GetTwoSum() 函数的 a,b，经过计算将计算结果 7 返回主调函数。

函数定义的一般形式

类型名　函数名([类型名 形式参数 1,类型名 形式参数 2,…])
{
　　说明语句
　　执行语句
}

其中"类型名　函数名([类型名 形式参数 1,类型名 形式参数 2,…])"为函数头。

（1）类型名是指函数返回值类型，含义是调用该函数后返回值的类型，指明了本函数的类型，例 6-4 的 int max(int a,int b) 中的 int 表示调用该函数后返回的最大值为 int 类型；如果函数没有返回值用 void 类型，表示该函数没有返回值，例 6-3 的 void Hello() 中 void 表示调用该函数后不需要返回值。

（2）函数名是由用户定义的标识符，注意：为了提高程序的可读性，函数名应尽量反映函数的功能，如函数名 GetTwoSum 表示求两个数的和。

（3）用方括号[]括起来的部分是形式参数列表，[]表示该项是可选项，可以有，也可以没有，如果没该项时表示该函数是无形式参数函数，称为无参函数，注意，没有形式参数时，函数名后面的小括号()不能少，如例 6-3 的 Hello 函数；有形式参数的函数，称为有参函数，注意，每个形式参数必须单独定义，且各个参数之间用逗号分隔开，如例 6-4 的 GetTwoSum() 函数。

（4）用{}括起来的部分称为函数体，函数体包含了实现函数功能的所有语句，是函数实现的细节。函数体中的说明语句用于定义函数中所用的变量，函数体内定义的变量不能与形参同名，如例 6-4 的 GetTwoSum() 函数中的"int x=3,y=4,z;"。执行语句用于实现函数所要完成的功能，如例 6-4 的 GetTwoSum() 函数中的"z=a+b;"。

（5）如果调用函数后需要函数值，则在该函数名前给出该函数的类型，并且在函数体中用 return 语句将函数值返回如例 6-4 中的 GetTwoSum() 函数名前的 int 与函数体中的"return z;"。

【同步练习】　编写一个求 n 个自然数和的函数。

6.2.2　函数调用

函数只有在调用时才会发挥它的作用，调用自己编写的函数与调用库函数的方法是一样的。

【例 6-5】　调用函数求两个整数的最大值。

```
#include<stdio.h>
int max(int a, int b)
{
```

```
        if(a>b)
            return a;
        else
            return b;
    }
    void main()
    {
        int x,y,z;
        printf("Input x y:");
        scanf("%d%d",&x,&y);
        z=max(x,y);          /*调用 max 函数*/
        printf("\nmax=%d",z);
    }
```

程序运行结果：

```
Input x y:3 8↙
max=8
```

程序说明：主函数中"z＝max(x,y);"的作用求两个整数中的最大值,由于库函数中没有提供该功能,因此在调用之前由用户自己定义该函数。

C 语言中,函数调用的一般形式为

```
函数名([参数表])
```

对无参函数调用时则无实际参数表。实际参数表中的参数可以是常数、变量或其他构造类型数据及表达式。各实参之间用逗号分隔。

函数调用的方式如下。

(1) 函数表达式：函数作为表达式中的一项出现在表达式中,以函数返回值参与表达式的运算。这种方式要求函数是有返回值的。例如：

```
z=max(x,y)
```

(2) 函数语句：函数调用的一般形式加上分号即构成函数语句。例如：

```
printf("%d",a);scanf("%d",&b);
```

(3) 函数实参：函数作为另一个函数调用的实际参数出现。这种情况是把该函数的返回值作为实参进行传送,因此要求该函数必须是有返回值的。例如：

```
printf("%d",max(x,y));
```

说明：在主调函数中调用某函数之前应对该被调函数进行说明(声明),形式如下：

```
类型说明符    被调函数名(类型 形参,类型 形参,…)
```

或

```
类型说明符    被调函数名(类型,类型,…)
```

【例 6-6】 利用自定义函数实现求任意两个数的和。

```
#include<stdio.h>
void main()
{
    float add(float,float);          /*在主函数中对被调用函数进行说明*/
    float a,b,c;
    scanf("%f%f",&a,&b);
    c=add(a,b);
    printf("sum is %f",c);
}
float add(float x,float y)
{
    float z;
    z=x+y;
    return (z);
}
```

程序运行结果：

```
34 78.9✓
sum is 112.900000
```

【例 6-7】 利用函数输出指定内容。

```
#include<stdio.h>
void drawbar(int x,char ch)
{
    int i;
    for(i=1;i<=x;i++)
    printf("%c",ch);
    printf("\n");
}
void main()
{
    int income;
    char symbol;
    income=20;
    symbol='#';
    drawbar(12, 'X');
    drawbar(15, symbol);
    drawbar(income, '$ ');
}
```

程序运行结果：

```
XXXXXXXXXXXX
###############
$ $ $ $ $ $ $ $ $ $ $ $ $ $ $ $ $ $ $ $
```

注意：对库函数的调用不需要再作说明，但必须用include命令把该函数的头文件包含在源文件前部。

函数调用注意事项：

（1）调用库函数时必须用include命令将与该库函数相关的头文件包含在源文件前部，例如调用printf()和scanf()库函数用"#include<stdio.h>"，调用sqrt()和pow()库函数用"#include<math.h>"。

（2）调用用户自定义函数有两种方式：

① 用户自定义函数定义在函数调用的后面，必须在调用该函数的前面进行声明，如例6-6，推荐使用这种方式，优点是当程序比较长时，自定义函数声明集中写在main()函数前面，而函数定义在调用它的后面，一般集中写在main()函数后面，这样程序阅读者很容易知道该程序有多少个函数，而且很容易找到main()函数。

② 用户自定义函数定义在函数调用的前面，就不用在函数调用前声明了，这种方式一般在程序行数比较少时使用，见例6-7。

6.2.3 形式参数和实际参数

在函数调用时要注意函数形参与实参的关系。

形参出现在函数定义中，在整个函数体内都可以使用，离开该函数后则不能使用。实参出现在主调函数中，进入被调函数后，实参变量也不能使用。

形参和实参的功能是作数据传送。发生函数调用时，主调函数把实参的值传送给被调函数的形参从而实现主调函数向被调函数的数据传送。

函数的形参和实参具有以下特点：

（1）形参变量只有在被调用时才分配内存单元，在调用结束时，即刻释放所分配的内存单元。因此，形参只有在函数内部有效。函数调用结束返回主调函数后则不能再使用该形参变量。

（2）实参可以是常量、变量、表达式、函数等，无论实参是何种类型的量，在进行函数调用时，它们都必须具有确定的值，以便把这些值传送给形参。因此应预先用赋值，输入等办法使实参获得确定值。

（3）实参和形参在数量、类型和顺序上应严格一致，否则会发生类型不匹配的错误。

（4）函数调用中发生的数据传送是单向的。即只能把实参的值传送给形参，而不能把形参的值反向地传送给实参。因此在函数调用过程中，形参的值发生改变，而实参中的值不会变化。

【例6-8】 参数值传递。

```c
#include<stdio.h>
void s(int n)
{
    int i;
    for(i=n-1;i>=1;i--)
        n=n+i;
    printf("n=%d\n",n);
```

```
    }

void main()
{
    int n;
    printf("input number:\n");
    scanf("%d",&n);
    s(n);
    printf("n=%d\n",n);
}
```

程序运行结果：

```
input number:
100
n=5050
n=100
```

本程序中定义了一个函数 s，该函数的功能是求 n 个自然数的和。在主函数中输入 n 值，并作为实参，在调用时传送给 s 函数的形参变量 n（注意，本例的形参变量和实参变量的标识符都为 n，但这是两个不同的变量，各自的作用域不同）。在主函数中用 printf() 函数输出一次 n 值，这个 n 值是实参 n 的值。在函数 s 中也用 printf() 函数输出了一次 n 值，这个 n 值是形参最后取得的 n 值 0。从运行情况看，输入 n 值为 100。即实参 n 的值为 100。把此值传给函数 s 时，形参 n 的初值也为 100，在执行函数过程中，形参 n 的值变为 5050。返回主函数之后，输出实参 n 的值仍为 100。可见实参的值不随形参的变化而变化。

6.2.4　函数的返回值

函数返回值是指函数被调用之后，执行函数体中的程序段所取得的并返回给主调函数的值。对函数返回值有以下一些说明。

(1) 函数返回值只能通过 return 语句返回主调函数。

return 语句的一般形式为：

return 表达式；

或者为

return (表达式)；

该语句的功能是计算表达式的值，并返回给主调函数。在函数中允许有多个 return 语句，但每次调用只能有一个 return 语句被执行，因此只能返回一个函数值。

(2) 函数返回值类型和函数定义中函数的类型应保持一致。如果两者不一致，则以函数类型为准，自动进行类型转换。

(3) 如函数返回值为整型，在函数定义时可以省去类型说明。

(4) 不返回函数值的函数，可以明确定义为"空类型"，类型说明符为"void"。如函数 s() 并不向主函数返回函数值，可定义为：

```
void s(int n)
{
    ...
}
```

一旦函数被定义为空类型后,就不能在主调函数中使用被调函数的函数值了。例如,在定义 s 为空类型后,在主函数中写下述语句:

```
sum=s(n);
```

上述语句就是错误的,为了使程序有良好的可读性并减少出错,凡不要求返回值的函数都应定义为空类型 void。

【同步练习】

1. 编写一个求圆面积的函数,并在主函数中调用它。

2. 编写判断一个整数是否是素数的函数,并在主函数中调用它求 100~200 之间的所有素数。

6.3 函数的嵌套和递归

利用函数的嵌套和递归可以用来解决一些相对复杂的问题。

6.3.1 函数的嵌套

在 C 语言中,函数中调用其他函数称函数的嵌套。

C 中函数的定义是平行的,除了 main() 以外,都可以互相调用,但函数不可以嵌套定义。

其关系可表示如图 6-1 所示。

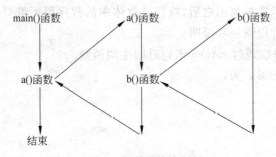

图 6-1 函数的嵌套调用

其执行过程是:执行 main() 函数中调用 a() 函数的语句时,即转去执行 a() 函数,在 a() 函数中调用 b() 函数时,又转去执行 b() 函数,b() 函数执行完毕返回 a() 函数的断点继续执行,a() 函数执行完毕返回 main() 函数的断点继续执行。

【例 6-9】 计算 $s = 2^2! + 3^2!$。

分析:编写两个函数,一个用来计算平方值的函数 f1(),另一个用来计算阶乘值的函数 f2()。主函数先调 f1() 计算出平方值,再在 f1() 中以平方值为实参,调用 f2() 计算其阶乘值,然后返回 f1(),再返回 main() 函数,在循环程序中计算累加和。

程序如下：

```
#include<stdio.h>
long f1(int p)
{
    int k;
    long r;
    long f2(int);
    k=p*p;
    r=f2(k);
    return r;
}
long f2(int q)
{
    long c=1;
    int i;
    for(i=1;i<=q;i++)
    c=c*i;
    return c;
}
void main()
{
    int i;
    long s=0;
    for(i=2;i<=3;i++)
        s=s+f1(i);
    printf("\ns=%ld\n",s);
}
```

程序运行结果：

s=362904

在程序中,函数 f1() 和 f2() 均为长整型,都在主函数之前定义,故不必再在主函数中对 f1() 和 f2() 加以说明。在主程序中,执行循环程序依次把 i 值作为实参调用函数 f1() 求 i2 值。在 f1() 中又发生对函数 f2() 的调用,这时是把 i2 的值作为实参去调 f2(),在 f2() 中完成求 i2!的计算。f2() 执行完毕把 C 值(即 i2!) 返回给 f1(),再由 f1() 返回 main() 函数实现累加。

6.3.2 函数的递归调用

一个函数在它的函数体内调用它自身称为递归调用,这种函数称为递归函数。C 语言允许函数的递归调用。在递归调用中,主调函数又是被调函数。执行递归函数将反复调用其自身,每调用一次就进入新的一层。

例如有函数 f() 如下：

```
int f(int x)
```

```
{
    int y;
    z=f(y);
    return z;
}
```

这个函数是一个递归函数。但是运行该函数将无休止地调用其自身,这当然是不正确
的。为了防止递归调用无终止地进行,必须在函数内有终止递归调用的条件,满足某种条件
后就不再作递归调用,然后逐层返回。下面举例说明递归调用的执行过程。

【例 6-10】 有 5 个人坐在一起,问第 5 个人有多大?他说比第 4 个人大 2 岁。问第 4
个人有多大,他说比第 3 个人大 2 岁。问第 3 个人有多大,他说比第 2 个人大 2 岁。问第 2
个人有多大,他说比第 1 个人大 2 岁。问第 1 个人有多大,他说 10 岁。请问第 5 个人有
多大?

分析:经过分析可得

$$Age(5)=age(4)+2$$
$$Age(4)=age(3)+2$$
$$Age(3)=age(2)+2$$
$$Age(2)=age(1)+2$$
$$Age(1)=10$$
$$Age(n)=\begin{cases}10\\Age(n-1)+2\end{cases},\quad n=1$$

程序如下:

```
#include<stdio.h>
int age(int n)
{
    int c;
    if(n==1)
        c=10;
    else
        c=age(n-1)+2;
    return c;
}
void main()
{
    printf("%d\n",age(5));
}
```

程序运行结果:

18

【例 6-11】 用递归方法求 $n!$。

分析:分析可得

$$n! = \begin{cases} 1, & n = 1 \\ (n-1)!n, & n > 1 \end{cases}$$

程序如下：

```
#include<stdio.h>
int fac(int  n)
{
    int f;
    if((n==0)||(n==1))
        f=1;
    else
        f=n*fac(n-1);
    return  f;
}
void main()
{
    int n;
    scanf("%d",&n);
    printf("%d\n",fac(n));
    getchar();
}
```

程序运行结果：

5 ↙
120

【例 6-12】 Hanoi 塔问题。

一块板上有三根针 A、B、C。A 针上套有 64 个大小不等的圆盘,大的在下,小的在上。要把这 64 个圆盘从 A 针移动 C 针上,每次只能移动一个圆盘,移动可以借助 B 针进行。但在任何时候,任何针上的圆盘都必须保持大盘在下,小盘在上。求移动的步骤。

分析：设 A 上有 n 个盘子。

如果 $n=1$,则将圆盘从 A 直接移动到 C。

如果 $n=2$,则：

(1) 将 A 上的 $n-1$(等于 1)个圆盘移到 B 上。

(2) 再将 A 上的一个圆盘移到 C 上。

(3) 最后将 B 上的 $n-1$(等于 1)个圆盘移到 C 上。

如果 $n=3$,则：

(1) 将 A 上的 $n-1$(等于 2,令其为 n')个圆盘移到 B(借助于 C),步骤如下：

① 将 A 上的 $n'-1$(等于 1)个圆盘移到 C 上。

② 将 A 上的一个圆盘移到 B。

③ 将 C 上的 $n'-1$(等于 1)个圆盘移到 B。

(2) 将 A 上的一个圆盘移到 C。

(3) 将 B 上的 $n-1$(等于 2,令其为 n')个圆盘移到 C(借助 A),步骤如下：

① 将 B 上的 $n'-1$(等于 1)个圆盘移到 A。

② 将 B 上的一个盘子移到 C。

③ 将 A 上的 $n'-1$(等于 1)个圆盘移到 C。

到此,完成了 3 个圆盘的移动过程。

从上面分析可以看出,当 n 大于等于 2 时,移动的过程可分解为 3 个步骤:

第 1 步:把 A 上的 $n-1$ 个圆盘移到 B 上。

第 2 步:把 A 上的一个圆盘移到 C 上。

第 3 步:把 B 上的 $n-1$ 个圆盘移到 C 上,其中第 1 步和第 3 步是类同的。

当 $n=3$ 时,第 1 步和第 3 步又分解为类同的 3 步,即把 $n'-1$ 个圆盘从一个针移到另一个针上,这里的 $n'=n-1$。显然这是一个递归过程,据此算法可编程如下:

```c
#include<stdio.h>
void move(int n,int x,int y,int z)
{
    if(n==1)
    printf("%c-->%c\n",x,z);
    else
    {
        move(n-1,x,z,y);
        printf("%c-->%c\n",x,z);
        move(n-1,y,x,z);
    }
}
void main()
{
    int h;
    printf("\ninput number:\n");
    scanf("%d",&h);
    printf("the step to moving %2d diskes:\n",h);
    move(h,'a','b','c');
}
```

可以看出,move()函数是一个递归函数,它有 4 个形参 n、x、y、z。n 表示圆盘数,x、y、z 分别表示三根针。move()函数的功能是把 x 上的 n 个圆盘移动到 z 上。当 $n==1$ 时,直接把 x 上的圆盘移至 z 上,输出 $x \to z$。如 $n!=1$ 则分为 3 步:递归调用 move()函数,把 $n-1$ 个圆盘从 x 移到 y;输出 $x \to z$;递归调用 move()函数,把 $n-1$ 个圆盘从 y 移到 z。在递归调用过程中 $n=n-1$,故 n 的值逐次递减,最后 $n=1$ 时,终止递归,逐层返回。

运行结果:

```
input number:
4↙
the step to moving 4 diskes:
a→b
a→c
b→c
a→b
```

```
c→a
c→b
a→b
a→c
b→c
b→a
c→a
b→c
a→b
a→c
b→c
```

【同步训练】 有 5 个人坐在一起,问第 5 个人有多大? 他说是第 4 个人的 2 倍。问第 4 个人有多大,他说是第 3 个人的 2 倍。问第 3 个人有多大,他说是第 2 个人的 2 倍。问第 2 个人有多大,他说是第 1 个人的 2 倍。问第 1 个人有多大,他说 4 岁。请问第 5 个人有多大?

6.4 数组作为函数参数

数组可以作为函数的参数使用,进行数据传送。数组用作函数参数有两种形式,一种是把数组元素(下标变量)作为实参使用;另一种是把数组名作为函数的形参和实参使用。

1. 数组元素作函数实参

数组元素就是下标变量,它与普通变量并无区别。因此它作为函数实参使用与普通变量是完全相同的,在发生函数调用时,把作为实参的数组元素的值传送给形参,实现单向的值传送。

【例 6-13】 判别一个整数数组中各元素的值,若大于 0 则输出该值,若小于等于 0 则输出 0 值。编程如下:

```c
#include<stdio.h>
void nzp(int v)
{
    if(v>0)
        printf("%d ",v);
    else
        printf("%d ",0);
}
void main()
{
    int a[5],i;
    printf("input 5 numbers\n");
    for(i=0;i<5;i++)
    {
        scanf("%d",&a[i]);
        nzp(a[i]);
```

```
        }
    }
```

程序运行结果：

```
input 5 numbers
1 2 -1 -2 3
1 2 0 0 3
```

本程序中首先定义一个无返回值函数 nzp，并说明其形参 v 为整型变量。在函数体中根据 v 值输出相应的结果。在 main() 函数中用一个 for 语句输入数组各元素，每输入一个就以该元素作实参调用一次 nzp() 函数，即把 a[i] 的值传送给形参 v，供 nzp() 函数使用。

2. 数组名作为函数参数

用数组名作函数参数与用数组元素作实参有几点不同。

(1) 用数组元素作实参时，只要数组类型和函数的形参变量的类型一致，那么作为下标变量的数组元素的类型也和函数形参变量的类型一致。因此，并不要求函数的形参也是下标变量。换句话说，对数组元素的处理是按普通变量对待的。用数组名作函数参数时，则要求形参和相对应的实参都必须是类型相同的数组，都必须有明确的数组说明。当形参和实参二者不一致时，即会发生错误。

(2) 在普通变量或下标变量作函数参数时，形参变量和实参变量是由编译系统分配的两个不同的内存单元。在函数调用时发生的值传送是把实参变量的值赋予形参变量。在用数组名作函数参数时，不是进行值的传送，即不是把实参数组的每一个元素的值都赋予形参数组的各个元素。因为实际上形参数组并不存在，编译系统不为形参数组分配内存。那么，数据的传送是如何实现的呢？前面曾介绍过，数组名就是数组的首地址。因此在数组名作函数参数时所进行的传送只是地址的传送，也就是说把实参数组的首地址赋予形参数组名。形参数组名取得该首地址之后，也就等于有了实际的数组。事实上形参数组和实参数组为同一数组，共同拥有一段内存空间。

图 6-2 说明了这种情形。图中设 a[] 为实参数，类型为整型。a[] 占有以 2000 为首地址的一块内存区，b[] 为形参数组。当发生函数调用时，进行地址传送，把实参数 a[] 的首地址传送给形参数组名 b[]，于是 b[] 也取得该地址 2000。于是 a[] 和 b[] 两数组共同占有以2000 为首地址的一段连续内存单元。从图中还可以看出 a[] 和 b[] 下标相同的元素实际上也占相同的两个内存单元(整型数组每个元素占二字节)。例如 a[0] 和 b[0] 都占用 2000 和2001 单元，当然 a[0] 等于 b[0]。类推则有 a[i] 等于 b[i]。

	a[0]	a[1]	a[2]	a[3]	a[4]	a[5]	a[6]	a[7]	a[8]	a[9]
起始地址 2000	2	4	6	8	10	12	14	16	18	20
	b[0]	b[1]	b[2]	b[3]	b[4]	b[5]	b[6]	b[7]	b[8]	b[9]

图 6-2　变量的传递

【例 6-14】　数组 a 中存放了一个学生 5 门课程的成绩，求平均成绩。

```
#include<stdio.h>
float aver(float a[5])
{
```

```
    int i;
    float av,s=a[0];
    for(i=1;i<5;i++)
        s=s+a[i];
    av=s/5;
    return av;
}
void main()
{
    float sco[5],av;
    int i;
    printf("\ninput 5 scores:\n");
    for(i=0;i<5;i++)
        scanf("%f",&sco[i]);
    av=aver(sco);
    printf("average score is %5.2f",av);
}
```

程序运行结果：

```
input 5 scores:
88 76 98 89 87
average score is 87.60
```

本程序首先定义了一个实型函数 aver()，有一个形参为实型数组 a[]，长度为 5。在函数 aver()中，把各元素值相加求出平均值，返回给主函数。主函数 main()中首先完成数组 sco[]的输入，然后以 sco[]作为实参调用 aver()函数，函数返回值送 av，最后输出 av 值。从运行情况可以看出，程序实现了所要求的功能。

（3）前面已经讨论过，在变量作函数参数时，所进行的值传送是单向的。即只能从实参传向形参，不能从形参传回实参。形参的初值和实参相同，而形参的值发生改变后，实参并不变化，两者的终值是不同的。

而当用数组名作函数参数时，情况则不同。由于实际上形参和实参为同一数组，因此当形参数组发生变化时，实参数组也随之变化。当然这种情况不能理解为发生了"双向"的值传递。但从实际情况来看，调用函数之后实参数组的值将由于形参数组值的变化而变化。

【例 6-15】 题目同例 6-13。改用数组名作函数参数。

```
#inlcude<stdio.h>
void nzp(int a[5])
{
    int i;
    printf("\nvalues of array a are:\n");
    for(i=0;i<5;i++)
    {
        if(a[i]<0) a[i]=0;
        printf("%d ",a[i]);
```

```
        }
    }
    void main()
    {
        int b[5],i;
        printf("\ninput 5 numbers:\n");
        for(i=0;i<5;i++)
            scanf("%d",&b[i]);
        printf("initial values of array b are:\n");
        for(i=0;i<5;i++)
            printf("%d ",b[i]);
        nzp(b);
        printf("\nlast values of array b are:\n");
        for(i=0;i<5;i++)
            printf("%d ",b[i]);
    }
```

程序运行结果：

```
input 5 numbers:
1 2 -1 -2 3
initial values of array b are:
1 2 -1 -2 3
values of array a are:
1 2 0 0 3
last values of array b are:
1 2 0 0 3
```

本程序中函数 nzp 的形参为整数组 a，长度为 5。主函数中实参数组 b 也为整型，长度也为 5。在主函数中首先输入数组 b 的值，然后输出数组 b 的初始值。然后以数组名 b 为实参调用 nzp 函数。在 nzp 中，按要求把负值单元清 0，并输出形参数组 a 的值。返回主函数之后，再次输出数组 b 的值。从运行结果可以看出，数组 b 的初值和终值是不同的，数组 b 的终值和数组 a 是相同的。这说明实参形参为同一数组，它们的值同时得以改变。

用数组名作为函数参数时还应注意以下几点。

(1) 形参数组和实参数组的类型必须一致，否则将发生错误。

(2) 形参数组和实参数组的长度可以不相同，因为在调用时，只传送首地址而不检查形参数组的长度。当形参数组的长度与实参数组不一致时，虽不至于出现语法错误（编译能通过），但程序执行结果将与实际不符，这是应予以注意的。

【例 6-16】 实参数组长度大于形参数组长度时的情况，把例 6-15 修改如下：

```
#include<stdio.h>
void nzp(int a[8])
{
    int i;
    printf("\nvalues of array a are:\n");
```

```
    for(i=0;i<8;i++)
    {
        if(a[i]<0)a[i]=0;
        printf("%d ",a[i]);
    }
}
void main()
{
    int b[5],i;
    printf("\ninput 5 numbers:\n");
    for(i=0;i<5;i++)
        scanf("%d",&b[i]);
    printf("initial values of array b are:\n");
    for(i=0;i<5;i++)
        printf("%d ",b[i]);
    nzp(b);
    printf("\nlast values of array b are:\n");
    for(i=0;i<5;i++)
        printf("%d ",b[i]);
}
```

程序运行结果：

```
input 5 numbers:
1 2 -1 -2 3
initial values of array b are:
1 2 -1 -2 3
values of array a are:
1 2 0 0 3 1245120 4199289 1
last values of array b are:
1 2 0 0 3
```

本程序与例 6-15 程序比，nzp 函数的形参数组长度改为 8，函数体中，for 语句的循环条件也改为 i＜8。因此，形参数组 a 和实参数组 b 的长度不一致。编译能够通过，但从结果看，数组 a 的元素 a[5]，a[6]，a[7]显然是无意义的。

在函数形参表中，允许不给出形参数组的长度，或用一个变量来表示数组元素的个数。

例如，可以写为：

```
void nzp(int a[])
```

或写为

```
void nzp(int a[],int n)
```

其中形参数组 a 没有给出长度，而由 n 值动态地表示数组的长度。n 的值由主调函数的实参进行传送。

【例 6-17】 用一个形参变量来表示数组元素的个数，例 6-16 又可改为例 6-17 的形式。

```
#include<stdio.h>
void nzp(int a[],int n)
{
    int i;
    printf("\nvalues of array a are:\n");
    for(i=0;i<n;i++)
    {
        if(a[i]<0) a[i]=0;
        printf("%d ",a[i]);
    }
}
void main()
{
    int b[5],i;
    printf("\ninput 5 numbers:\n");
    for(i=0;i<5;i++)
        scanf("%d",&b[i]);
    printf("initial values of array b are:\n");
    for(i=0;i<5;i++)
        printf("%d ",b[i]);
    nzp(b,5);
    printf("\nlast values of array b are:\n");
    for(i=0;i<5;i++)
        printf("%d ",b[i]);
}
```

程序运行结果：

```
input 5 numbers:
1 2 -1 -2 3
initial values of array b are:
1 2 -1 -2 3
values of array a are:
1 2 0 0 3
last values of array b are:
1 2 0 0 3
```

本程序 nzp 函数形参数组 a 没有给出长度，由 n 动态确定该长度。在 main() 函数中，函数调用语句为 nzp(b,5)，其中实参 5 将赋予形参 n 作为形参数组的长度。

【同步练习】 编写一个求整形数组元素和的函数，并主程序中调用它输出该数组元素的和。

6.5 变量的作用域及存储类型

C 语言中的变量从不同的角度可以分为不同的类型，从变量值存在的作用时间（即生存期）角度来分，可以分为静态存储方式和动态存储方式；从变量的作用域划分，变量可分为局部变量和全局变量。

6.5.1 静态、动态

从变量值存在的作用时间(即生存期)角度来分,可以分为静态存储方式和动态存储方式。

静态存储方式:是指在程序运行期间分配固定的存储空间的方式。

动态存储方式:是在程序运行期间根据需要进行动态的分配存储空间的方式。

1. 动态存储变量

指在程序运行期间根据需要进行动态的分配存储空间的变量。即:变量所在的函数一结束,变量就消失,下一次调用该函数时,初始化等一系列操作重新执行。

动态存储变量定义方式:

auto 类型名 变量名;

或

类型名 变量名;

【例 6-18】 输出 $1\sim5$ 的阶乘。

```
#include<stdio.h>
int   fac(int   n)
{
    int f=1;
    f=f*n;
    return f;
}
void main()
{
    int i;
    for(i=1;i<=5;i++)
        printf("%d\n",fac(i));
}
```

运行结果:

1 2 3 4 5

请大家分析原因,并提出改进方法。

2. 静态存储变量

指在程序运行期间由系统分配固定的存储空间的方式,即变量在所在函数结束时并不消失,也就是说这种变量只在第一次调用时赋初值语句。如定义时没有赋初值,自动为 0。

静态存储变量定义方式:

static 类型名 变量名;

【例 6-19】 阅读下面程序,分析静态变量的值。

```
#include<stdio.h>
int f1(int a)
{
    int b=0;
    static int c=3;
    b=b+1;
    c=c+1;
    return (a+b+c);
}
void main()
{
    int a=2,i;
    for(i=0;i<=3;i++)
    printf("%d",f1(i));
}
```

程序运行结果：

5 7 9 11

6.5.2　变量的作用域

从变量的作用域划分，变量可分为局部变量和全局变量。

1. 局部变量

局部变量也称为内部变量。局部变量是在函数内作定义说明的。其作用域仅限于函数内，离开该函数后再使用这种变量是非法的。

例如：

```
int f1(int a)
{
    int b,c;        函数 f1 中 a,b,c 有效
    ...
}
int f2(int x)
{
    int y,z;        函数 f2 中 x,y,z 有效
    ...
}

void main()
{
    int m,n;        main 函数中 m,n 有效
    ...
}
```

在函数 f1 内定义了 3 个变量，a 为形参，b 和 c 为一般变量。在 f1 的范围内 a,b,c 有

效,或者说 a、b、c 变量的作用域限于 f1 内。同理,x、y、z 的作用域限于 f2 内。m 和 n 的作用域限于 main() 函数内。关于局部变量的作用域还要说明以下几点。

(1) 主函数中定义的变量也只能在主函数中使用,不能在其他函数中使用。同时,主函数中也不能使用其他函数中定义的变量。因为主函数也是一个函数,它与其他函数是平行关系。这一点是与其他语言不同的,应予以注意。

(2) 形参变量是属于被调函数的局部变量,实参变量是属于主调函数的局部变量。

(3) 允许在不同的函数中使用相同的变量名,它们代表不同的对象,分配不同的单元,互不干扰,也不会发生混淆。如在前例中,形参和实参的变量名都为 n,是完全允许的。

(4) 在复合语句中也可定义变量,其作用域只在复合语句范围内。例如:

```c
void main()
{
    int s,a;
    …
    {
        int b;
        s=a+b;
        …                    /*b作用域*/
    }
    …                        /*s,a作用域*/
}
```

【例 6-20】 阅读程序分析变量 i,k 的值。

```c
#include<stdio.h>
void main()
{
    int i=2,j=3,k;
    k=i+j;
    {
        int k=8;
        i=3;
        /*在复合语句中定义的变量,作用域只在复合语句范围内,所以输出的 k 值为 8*/
        printf("%d\n",k);
    }
    printf("%d,%d\n",i,k);
}
```

程序运行结果:

```
8
3,5
```

本程序在 main 中定义了 i,j,k 三个变量,其中 k 未赋初值。而在复合语句内又定义了一个变量 k,并赋初值为 8。应该注意这两个 k 不是同一个变量。在复合语句外由 main() 定义的 k 起作用,而在复合语句内则由在复合语句内定义的 k 起作用。因此程序第 4 行的

k 为 main() 所定义,其值应为 5。第 8 行输出 k 值,该行在复合语句内,由复合语句内定义的 k 起作用,其初值为 8,故输出值为 8,第 10 行输出 i,k 值。i 是在整个程序中有效的,第 7 行对 i 赋值为 3,故以输出也为 3。而第 10 行已在复合语句之外,输出的 k 应为 main() 所定义的 k,此 k 值由第 4 行已获得为 5,故输出也为 5。

2. 全局变量

全局变量也称为外部变量,它是在函数外部定义的变量。它不属于任何一个函数,它属于一个源程序文件。其作用域是整个源程序。在函数中使用全局变量,一般应作全局变量说明。只有在函数内经过说明的全局变量才能使用。全局变量的说明符为 extern。但在一个函数之前定义的全局变量,在该函数内使用可不再加以说明。

例如:

```
int a,b;          /* 外部变量 */
void f1()         /* 函数 f1 */
{
    …
}
float x,y;        /* 外部变量 */
int fz()          /* 函数 fz */
{
    …
}
main()            /* 主函数 */
{
    …
}
```

从上例可以看出 a,b,x,y 都是在函数外部定义的外部变量,都是全局变量。但 x,y 定义在函数 f1 之后,而在 f1 内又无对 x,y 的说明,所以它们在 f1 内无效。a,b 定义在源程序最前面,因此在 f1,f2 及 main() 内不加说明也可使用。

【例 6-21】 输入正方体的长宽高 l,w,h。求体积及三个面 x * y,x * z,y * z 的面积。

```
#include<stdio.h>
int s1,s2,s3;
int vs(int a,int b,int c)
{
    int v;
    v=a * b * c;
    s1=a * b;
    s2=b * c;
    s3=a * c;
    return v;
}
void main()
{
```

```
    int v,l,w,h;
    printf("\ninput length,width and height\n");
    scanf("%d%d%d",&l,&w,&h);
    v=vs(l,w,h);
    printf("\nv=%d,s1=%d,s2=%d,s3=%d\n",v,s1,s2,s3);
}
```

程序运行结果:

```
input length,width and height
3 4 5↙
v=60,s1=12,s2=20,s3=15
```

【例 6-22】 外部变量与局部变量同名。

```
#include "stdio.h"
int a=3,b=5;                /* a,b 为外部变量 */
void max(int a,int b)       /* a,b 为外部变量 */
{
    int c;
    c=a>b?a:b;
    return (c);
}
void main()
{   int a=8;
    printf("%d\n",max(a,b));
}
```

程序运行结果:

```
8
```

如果同一个源文件中,外部变量与局部变量同名,则在局部变量的作用范围内,外部变量被"屏蔽",即它不起作用。

【同步练习】

1. 输出 1 到 5 的阶乘。
2. 总结使用局部变量与全局变量时应注意的问题。

6.6 外部、内部函数

函数一旦定义后就可被其他函数调用。但当一个源程序由多个源文件组成时,在一个源文件中定义的函数能否被其他源文件中的函数调用呢? 为此 C 语言又把函数分为两类: 内部函数和外部函数。

1. 内部函数

如果在一个源文件中定义的函数只能被本文件中的函数调用,而不能被同一源程序其他文件中的函数调用,这种函数称为内部函数。

定义内部函数的一般形式：

static 类型说明符 函数名(形参表)

例如：

static int f(int a,int b)内部函数也称为静态函数。但此处静态 static 的含义已不是指存储方式，而是指对函数的调用范围只局限于本文件。

因此在不同的源文件中定义同名的静态函数不会引起混淆。

2. 外部函数

外部函数在整个源程序中都有效，其定义的一般形式：

extern 类型说明符 函数名(形参表)

例如：

extern int f(int a,int b)如在函数定义中没有说明 extern 或 static 则隐含为 extern。在一个源文件的函数中调用其他源文件中定义的外部函数时，应用 extern 说明被调函数为外部函数。

例如：

```
F1.C (源文件一)
void main()
{
    extern int f1(int i);           /*外部函数说明,表示 f1 函数在其他源文件中*/
    ...
}
F2.C (源文件二)
extern int f1(int i);               /*外部函数定义*/
{
    ...
}
```

【**同步训练**】 思考内部函数和外部函数定义的一般格式。

6.7 预处理命令

前面章节已讲解♯include 和♯define 命令行，在 C 语言中以"♯"开头的行都是预处理命令，这些命令由 C 语言编译系统在对 C 源程序进行编译之前处理，因此叫"预处理命令"，预处理命令不是 C 语言的内容，但用它可以扩展 C 语言的编程环境。C 语言的预处理命令主要有 3 大类：宏定义、文件包含和条件编译。本节重点介绍♯define 与♯include 的应用。

1. 宏定义 ♯define

【**例 6-23**】 编写一个不带参数的宏定义♯define 程序。

```
#include "stdio.h"
#define N  100
void main()
```

```
{
    int i,s=0;
    for(i=1;i<N;i++, i++)
        s=s+i;
    printf("sum=%d\n",s);
}
```

程序运行结果:

```
sum=5050
```

说明:上述程序中的 N 在编译时被替换成 100,这种替换的优点在于,用一个有意义的标识符代替一个字符串,便于记忆,易于修改,提高程序的可移植性。

不带参数的宏定义,它用来指定一个标识符代表一个字符串常数。它的一般格式:

```
#define  标识符  字符串
```

其中标识符就是宏的名字,简称为宏,字符串是宏的替换正文,通过宏定义,使得标识符等同于字符串。如:

```
#define PI  3.1415926
```

PI 是宏名,字符串 3.1415926 是替换正文。预处理程序将程序中凡以 PI 作为标识符出现的地方都用 3.1415926 替换,这种替换称为宏替换,或者宏扩展。

【例 6-24】 编写一个带参数的 ♯define 宏定义程序。

```
#include<stdio.h>
#define MAX(x,y) (x>y)?x:y
void main()
{
    int a=2,b=3,c=0;
    c=MAX(a,b);
    printf("c=%d\n",c);
}
```

程序运行结果:

```
c=3
```

2. 文件包含 ♯include

【例 6-25】 编写一个含有 ♯include 的程序。

假设有个文件 C:\twosum.c,内容是求两个整数和的函数,内容如下:

```
int sum(int x,int y)
{
    return  (x+y);
}
```

程序如下:

```
#include<stdio.h>
#include "c:\twosum.c"
void main()
{
    int twosum(int,int);
    int a=3,b=8,z;
    z=twosum(a,b);
    printf("z=%d",z);
}
```

程序运行结果：

c=11

包含文件的命令格式有如下两种：

格式 1：

```
#include<filename>
```

格式 2：

```
#include  "filename"
```

格式 1 中使用尖括号<>是通知预处理程序，按系统规定的标准方式检索文件目录。例如，使用系统的 PACH 命令定义了路径，编译程序按此路径查找 filename，一旦找到与该文件名相同的文件，便停止搜索。如果路径中没有定义该文件所在的目录，即使文件存在，系统也将给出文件不存在的信息，并停止编译。

格式 2 中使用双引号" "是通知预处理程序首先在原来的源文件目录中检索指定的文件 filename；如果查找不到，则按系统指定的标准方式继续查找。

预处理程序在对 C 源程序文件扫描时，如遇到 ♯ include 命令，则将指定的 filename 文件内容替换到源文件中的 ♯ include 命令行中。

包含文件也是一种模块化程序设计的手段。在程序设计中，可以把一些具有公用性的变量和函数的定义或说明以及宏定义等连接在一起，单独构成一个文件。使用时用 ♯ include 命令把它们包含在所需的程序中。这样也为程序的可移植性和可修改性提供了良好的条件。

【同步练习】

1. 编写一个求两个数和的程序，要求用带参数的 ♯ define 宏定义程序实现。

2. 编写一个求前 n 个自然数和的函数并保存在 nsum.c 文件，然后另编写一个程序调用它。

6.8　应 用 举 例

【例 6-26】 计算 $1^k+2^k+3^k+\cdots+n^k$ 的和。

分析：流程图如图 6-3 所示。

```
#include<stdio.h>
```

```
/*计算 n 的 k 次方*/
long f1(int n,int k)
{
    long power=n;
    int i;
    for(i=1;i<k;i++) power*=n;
    return power;
}
/*计算 1 到 n 的 k 次方之累加和*/
long  f2(int n,int k)
{   long sum=0;
    int i;
    for(i=1;i<=n;i++) sum+=f1(i, k);
    return sum;
}
void main()
{
    int n,k;
    printf("\n input n and k:");
    scanf("%d%d",&n,&k);
    printf("Sum of %d powers of integers from 1 to %d=",k,n);
    printf("%d\n",f2(n,k));
}
```

程序运行结果：

```
input n and k:
3 4↙
sum of 4 powers of integers from 1 to 3=98
```

【例 6-27】 统计任意字符串中字母的个数。

分析：流程图如图 6-4 所示。

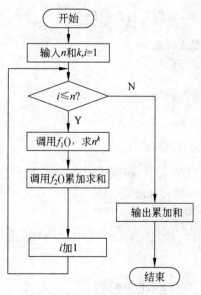

图 6-3 程序流程图

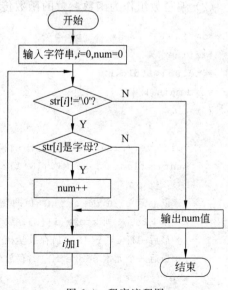

图 6-4 程序流程图

```
#include<stdio.h>
int isalp(char c)
{
    if(c>='a'&&c<='z'||c>='A'&&c<='Z') return (1);
    else   return (0);
}
void main()
{
    int i,num=0;
    char str[255];
    printf("Input  a  string: ");
    gets(str);
    for(i=0;str[i]!='\0';i++)
        if(isalp(str[i]))               /*调用函数,数组元素作为实参*/
            num++;
    puts(str);
    printf("num=%d\n",num);
}
```

程序运行结果：

```
Input  a  string: 1234abcd456efg✓
num=7
```

【例 6-28】 计算学生的个人平均成绩与各科平均成绩及全班平均成绩,并在屏幕上显示出来。

分析：

（1）利用数组存储学生的各科成绩。

（2）编写数组作为函数参数的函数传递学生各科成绩,实现题目的功能。

```
#define M 5                          /*定义符号常量人数为 5*/
#define N 4                          /*定义符号常量课程为 4*/
#include<stdio.h>
void main()
{
    int i,j;
    void aver(float sco[M+1][N+1]);
    static float score[M+1][N+1]={{78,85,83,65}, {88,91,89,93}, {72,65,54,75},
                               {86,88,75,60},{69,60,50,72}};
    /*以上定义一个(M+1)*(N+1)的二维数组,并进行初始化,*/
    /*留下最后一列 score[i][N]存放个人平均成绩,*/
    /*最后一行 score[M][i]存放学科平均成绩,*/
    /*最后一个元素 score[M][N]存放全班总平均*/
    aver(score);                         /*调用函数,二维数组名作为实参*/
    printf("学生编号  课程 1  课程 2  课程 3  课程 4   个人平均\n");
    for(i=0;i<M;i++)
```

```c
    {
        printf("学生%d\t",i+1);
        for(j=0;j<N+1;j++)
            printf("%6.1f\t",score[i][j]);
        printf("\n");
    }
    for(j=0;j<8*(N+2);j++)
        printf("-");                    /*画一条短划线*/
    printf("\n课程平均");
    for(j=0;j<N+1;j++)
        printf("%6.1f\t",score[i][j]);
    printf("\n");
}
void aver(float sco[][N+1])             /*定义函数,二维数组名作为形参*/
{
    int i,j;
    for(i=0;i<M;i++)
    {
        for(j=0;j<N;j++)
        {   sco[i][N]+=sco[i][j];       /*求第i个人的总成绩*/
            sco[M][N]+=sco[i][j];       /*求全班总成绩*/
        }
        sco[i][N] /=N;                  /*求第i个人的平均成绩*/
    }
    for(i=0;i<N;i++)
    {
        for(j=0;j<M;j++)
        sco[M][i]+=sco[j][i];
        sco[M][i]=sco[M][i]/M;
    }
    sco[M][N]=sco[M][N]/M/N;            /*求全班总平均成绩*/
}
```

程序运行结果:

学生编号	课程 1	课程 2	课程 3	课程 4	个人平均
学生 1	78.0	85.0	83.0	65.0	77.8
学生 2	88.0	91.0	89.0	93.0	90.3
学生 3	72.0	65.0	54.0	75.0	66.5
学生 4	86.0	88.0	75.0	60.0	77.3
学生 5	69.0	60.0	50.0	72.0	62.8
课程平均	78.0	77.8	70.2	73.0	74.9

【例 6-29】 用二分法求解 $e^x - \sin x - x1/2 - 2 = 0$ 在区间[1,3]上的实数解。

分析：二分法,是一种方程式根的近似值求法。对于区间[a,b]上连续不断且 $f(a) \times$

$f(b)<0$ 的函数 $y=f(x)$，通过不断地把函数 $f(x)$ 的零点所在的区间一分为二，使区间的两个端点逐步逼近零点，进而得到零点近似值的方法叫做二分法。

二分法求方程解的步骤：

(1) 如果要求已知函数 $f(x)=0$ 的根（x 的解）。

(2) 先要找出一个区间 $[x_1,x_2]$，使得 $f(x_1)$ 与 $f(x_2)$ 异号，根据介值定理，这个区间内一定包含着方程式的根。

(3) 求该区间的中点 $x_{12}=(x_1+x_2)/2$，并找出 $f(x_{12})$ 的值。

(4) 若 $f(x_{12})$ 与 $f(x_1)$ 正负号相同，则取 $[x_{12},x_2]$ 为新的区间，否则取 $[x_1,x_{12}]$。

(5) 重复第 3 步和第 4 步，直到得到理想的精确度为止。

```c
#include<math.h>
#include<stdio.h>
double f(double x)
{
    double y;
    y=exp(x)-sin(x)-sqrt(x)-2;
    return y;
}
void main()
{
    double x1,x2,x12,y1,y12;
    x1=1;
    x2=3;
    do
    {
        x12=(x1+x2)/2;
        y1=f(x1);
        y12=f(x12);
        if(y1*y12<0)x2=x12;
        else x1=x12;
    } whilc(fabs(y12)>1e-12);
    printf("x=%lf\ny=%lf\n",x12,y12);
}
```

程序运行结果：

```
x=1.431995
y=0.000000
```

【同步练习】

1. 计算 $1\times k+2\times k+3\times k+\cdots+n\times k$。

2. 统计任意字符串中数字的个数。

6.9 本章常见错误总结

1. 在函数定义后加分号

例如：

```
int func(int x,inty);
{
    ...
}
```

这时编译时，系统会提示错误。函数定义的后面不能加分号，因为这不是一个函数的调用。由于语句后面要加分号，一不注意就把所有的行末尾都加上了分号，这是 C 语言初学者最易犯的错误。

2. 调用了未声明的非整型函数

```
void main()
{
    float a,b,c;
    a=2.5;
    b=3.4;
    c=fadd(a,b);
    ...
}
float fadd(float x,float y)
{
    return (x+y);
}
```

编译时系统会指出错误，fadd()是非整型函数，如调用在先，定义在后，则应在调用之前说明它的类型，如可以在 main()函数之前或在 main()函数中 c＝fadd(a,b);之前加上 fadd()函数的声明部分：float fadd(float,float)。

3. 所调用的函数在调用语句之后才定义，而又在调用前未加说明

```
void main()
{
    float x,y,z;
    x=3.5;y=-7.6;
    z=max(x,y);
    printf("%f\n",z);
}
float max(float x,float y)
{
    return (z=x>y?x:y);
}
```

这个程序乍看起来没有什么问题,但在编译时有出错信息。原因是 max()函数是实型的,而且在 main()函数之后才定义,也就是 max()函数的定义位置在 main()函数中的调用 max()函数之后。改错的方法可以用以下二者之一:

(1) 在 main()函数中增加一个对 max()函数的声明,即函数的原型:

```
void main()
{
    float max(float,float);          /*声明将要用到的 max()函数为实型*/
    float x,y,z;
    x=3.5;y=-7.6;
    z=max(x,y);
    printf("%f\n",z);
}
```

(2) 将 max()函数的定义位置调到 main()函数之前。即

```
float max(float x,float y)
{return (z=x>y?x:y);}
void main()
{   float x,y,z;
    x=3.5;y=-7.6;
    z=max(x,y);
    printf("%f\n",z);
}
```

这样,编译时不会出错,程序运行结果是正确的。

4. 误认为形参值的改变会影响实参的值

```
void main()
{
    int a,b;
    a=3;b=4;
    swap(a,b);
    printf("%d,%d\n",a,b);
]
swap(int x,int y)
{
    int t;
    t=x;x=y;y=t;
}
```

原意是通过调用 swap()函数使 a 和 b 的值对换,然后在 main()函数中输出已对换了值的 a 和 b。但是这样的程序是达不到目的的,因为 x 和 y 的值的变化是不传送回实参 a 和 b 的,main()函数中的 a 和 b 的值并未改变。

如果想从函数得到一个以上的变化了的值,应该用指针变量。用指针变量作函数参数,使指针变量所指向的变量的值发生变化。此时变量的值改变了,主调函数中可以利用这些

已改变的值。如:

```
void main()
{
    int a,b,* p1,* p2;
    a=3;b=4;
    p1=&a;p2=&b;
    swap(p1,p2);
    printf("%d,%d\n",a,b);    /a 和 b 的值已对换/
}
swap(int * pt1, int * pt2)
{
    int t;
    t=* pt1;
    * pt1=* pt2;
    * pt2=t;
}
```

5. 函数的实参和形参类型不一致

```
void main()
{
    int a=3,b=4;
    c=fun(a,b);
    …
}
fun(float x,float y)
{
    …
}
```

实参 a 和 b 为整型,形参 x 和 y 为实型。a 和 b 的值传递给 x 和 y 时,x 和 y 的值并非 3 和 4。C 要求实参与形参的类型一致。如果在 main()函数中对 fun()函数作原型。

声明:

```
fun(float,float);
```

程序可以正常运行,此时,按不同类型间的赋值的规则处理,在虚实结合后 x=3.0,y=4.0。也可以将 fun()函数的位置调到 main()函数之前,也可获正确结果。

本 章 小 结

本章介绍了函数的定义与调用、函数的嵌套与递归、数组作为函数参数和变量的作用域及存储类型、外部与内部函数和预处理命令。

C 语言程序是由函数组成的,除了系统提供的函数外,用户还可以自定义函数。自定义函数是模块化程序设计的基础。函数定义包括类型名、函数名函数参数及函数实现(函数体)。函数调用时主调函数将实参传递给形参实现参数传递,函数经过计算后,将计算结果返回主调函数。函数不能嵌套定义但可以嵌套调用,函数可以直接或间接地调用自身,构成递归调用。

  C语言中的变量从不同的角度可以分为不同的类型,从变量值存在的作用时间(即生存期)角度来分,可以分为静态存储方式和动态存储方式;从变量的作用域划分,变量可分为局部变量和全局变量。

  C语言的预处理命令主要有3大类:宏定义、文件包含和条件编译。

习 题 六

一、选择题

1. 以下所列的各函数首部中,正确的是( )。
  A. void play(var a: Integer,var b: Integer)
  B. void play(int a,b)
  C. void play(int a,int b)
  D. Sub play(a as integer,b as integer)

2. 有以下程序

```
#include<stdio.h>
void fun(int a[],int i,int j)
{   int t;
    if(i<j)
    {   t=a[i];a[i]=a[j];a[j]=t;
        i++; j--;
        fun(a,i,j);
    }
}
void main()
{   int x[]={2,6,1,8},i;
    fun(x,0,3);
    for(i=0;i<4;i++) printf("%d ",x[i]);
    printf("\n");
}
```

程序运行后的输出结果是( )。
  A. 1 2 6 8   B. 8 1 6 2   C. 2 6 1 8   D. 8 6 2 1

3. 执行下述程序后的输出结果是( )。

```
#include<stdio.h>
func(int a)
{
    int b=0;
    static int c=3;
    a=c++,b++;
```

```
        return (a);
    }
    void main()
    {
        int a=2,i,k;
        for(i=0;i<2;i++)
            k=func(a++);
        printf("%d\n",k);
    }
```

A. 3   B. 0   C. 5   D. 4

4. 读下面的程序,正确的输出结果是(   )。

```
#include<stdio.h>
static int a=50;
void  f1(int a)
{
    printf("%d,",a+=10);
}
void f2(void)
{
    printf("%d,",a+=3);
}
void main()
{
    int a=10;
    f1(a);
    f2();
    printf("%d\n",a);
}
```

A. 60,63,60   B. 20,23,23   C. 20,13,10   D. 20,53,10

5. 若已定义的函数有返回值,则以下关于该函数调用的叙述中错误的是(   )。
   A. 函数调用可以作为独立的语句存在
   B. 函数调用可以作为一个函数的实参
   C. 函数调用可以出现在表达式中
   D. 函数调用可以作为一个函数的形参

6. 有以下函数定义:

```
void fun(int n, double x) { … }
```

若以下选项中的变量都已正确定义并赋值,则对函数 fun 的正确调用语句是(   )。
   A. fun(int y,double m);   B. k=fun(10,12.5);
   C. fun(x,n);   D. void fun(n,x);

7. 有以下程序:

```
int fun(int a, int b)
```

```
{   if(a>b) return (a);
    else return (b);
}
void main()
{   int x=3, y=8, z=6, r;
    r=fun(fun(x,y), 2*z);
    printf("%d\n", r);
}
```

程序运行后的输出结果是(   )。

A. 3   B. 6   C. 8   D. 12

8. 有以下程序：

```
int f1(int x,int y)
{ return x>y?x:y; }
int f2(int x,int y)
{ return x>y?y:x; }
void main()
{
    int a=4,b=3,c=5,d,e,f;
    d=f1(a,b); d=f1(d,c);
    e=f2(a,b); e=f2(e,c);
    f=a+b+c-d-e;
    printf("%d,%d,%d\n",d,f,e);
}
```

执行后输出结果是(   )。

A. 3,4,5   B. 5,3,4   C. 5,4,3   D. 3,5,4

9. 有如下程序：

```
void fun(int * a,int i,int j)
{   int t;
    if(i<j)
    {   t=a[i];a[i]=a[j];a[j]=t;
        fun(a,++i,--j);
    }
}
void main()
{   int a[]={1,2,3,4,5,6},i;
    fun(a,0,5)
    for(i=0;i<6;i++)
    printf("%d ",a[i]);
}
```

执行后的输出结果是(   )。

A. 6 5 4 3 2 1   B. 4 3 2 1 5 6   C. 4 5 6 1 2 3   D. 1 2 3 4 5 6

二、编程题

1. 编写一个求任意三角形面积的函数,并在主函数中调用它,计算任意三角形的面积。

2. 设计函数,使输入的一字符串按反序存放。

3. 把猴子吃桃问题写成一个函数,使它能够求得指定一天开始时的桃子数。

4. 用递归函数求解 Fibonacci 数列问题。在主函数中调用求 Fibonacci 数的函数,输出 Fibonacci 数列中任意项的数值。

5. 写一个函数,使给定的一个 3 行 3 列的二维数组转置,即行列互换。

6. 编写一个用选择法对一维数组升序排序的函数,并在主函数中调用该排序函数,实现对任意 20 个整数的排序。

7. 用递归法将一个整数 n 转换成字符串。

实 验 六

一、实验目的

1. 掌握自定义函数的一般结构及定义函数的方法。

2. 掌握形参、实参和函数原型等重要概念。

3. 掌握函数声明和函数调用的一般方法。

二、实验内容

1. 求三角形面积函数。编写一个求任意三角形面积的函数,并在主函数中调用它,计算任意三角形的面积。

(1)编程分析

① 设三角形边长为 a、b、c,面积 area 的算法是:

$$area = \sqrt{s(s-a)(s-b)(s-c)} \quad \text{其中 } s = \frac{a+b+c}{2}$$

显然,要计算三角形面积,需要用到 3 个参数,面积函数的返回值的数据类型应为实型。

② 尽管 main() 函数可以出现在程序的任何位置,但为了方便程序阅读,一般将主函数放在程序的开始位置,并在它之前集中进行自定义函数的原型声明。

(2)参考程序

```
#include<math.h>
#include<stdio.h>
float area(float,float,float); /*计算三角形面积的函数原型声明*/
void main()
{
    float a,b,c;
    printf("请输入三角形的 3 个边长值:\n");
    scanf("%f,%f,%f",&a,&b,&c);
    if(a+b>c&&a+c>b&&b+c>a&&a>0.0&&b>0.0&&c>0.0)
        printf("Area=%-7.2f\n",area(a,b,c));
    else
    printf("输入的三边不能构成三角形");
```

```
        }
/ * 计算任意三角形面积的函数 * /
float area(float a,float b,float c)
{
  float s,area_s;
  s=(a+b+c)/2.0;
  area_s=sqrt(s * (s-a) * (s-b) * (s-c));
  return (area_s);
}
```

2. 把猴子吃桃问题写成一个函数,使它能够求得指定一天开始时的桃子数。

(1) 编程分析

猴子吃桃问题的函数只需一个 int 型形参,用指定的那一个天数作实参进行调用,函数的返回值为所求的桃子数。

(2) 参考程序

```
#include<stdio.h>
int monkey(int);             / * 函数原型声明 * /
void main()
{
  int day;
  printf("求第几天开始时的桃子数?\n");

  do
  {
      scanf("%d",&day);
      if(day<1 || day>10)
          continue;
      else
          break;
  }while(1);
  printf("total: %d\n",monkey(day));
}
/ * 以下是求桃子数的函数 * /
int monkey(int k)
{
  int i,m,n;
  for(n=1,i=1;i<=10-k;i++)
  {
    m=2 * n+2;
    n=m;
  }
  return (n);
}
```

3. 用递归函数求解 Fibonacci 数列问题。在主函数中调用求 Fibonacci 数的函数,输出

Fibonacci 数列中任意项的数值。

编程分析：

Fibonacci 数列第 $n(n \geqslant 1)$ 个数的递归表示如下：

$$f(n) = \begin{cases} 1, & n = 1 \\ 1, & n = 2 \\ f(n-1) + f(n+2), & n > 2 \end{cases}$$

由此可得到求 Fibonacci 数列第 n 个数的递归函数。

4. 编写一个用选择法对一维数组升序排序的函数，并在主函数中调用该排序函数，实现对任意 20 个整数的排序。

编程分析：

这是一维数组作函数参数的问题。

(1) 设计一个对一维数组的前 n 个数用选择法进行排序的函数 select()。select() 函数有两个形参，一个是一维数组形参，一是排序元素数形参。select() 函数不需要返回值，函数类型说明为 void 型。

(2) 在进行函数调用时。实参和形参要按照参数的意义在位置上对应一致。

三、实验总结

1. 总结在本次实验遇到那些问题及其解决方法？

2. 总结数组作为函数参数用法。

第7章 指　针

C语言最初是为编写 UNIX 操作系统而设计的,因此必须能够方便地与系统底层的硬件接口进行交互,尤其是能够快速、方便地访问内存。实现这一强大功能的载体便是指针。指针是 C 语言的一个重要特色。通过利用指针,可直接对内存中的数据进行快速处理并实现函数间的通信等。有了指针技术,我们可以描述复杂的数据结构,对字符串的处理可以更灵活,对数组的处理更方便,使程序的书写简洁、高效和紧凑。

7.1　指针引例

计算机的存储器由一组存储单元组成,这些存储单元是以字节为单位的一个连续存储空间。为了能正确地访问这些内存单元,必须为每个内存单元编上号。内存单元的编号称为内存单元地址。这就如同宾馆的房间号一样,如果没有房间号,就不便于管理。在程序中定义的变量是存放数据的一个抽象,在执行存取操作时需要按其在内存中的位置来进行。能否知道一个变量具体存放在内容中的什么位置呢?

【例 7-1】　显示变量 i,j 在内存中存放的地址。

分析:变量在内存中要有存放位置,用输出语句可以完成对数据的输出。但是要正确表示地址的含义。

```
#include<stdio.h>
void main()
{
    int i,j;
    printf("%d,%d",&i,&j);
}
```

运行结果:

```
1245052,1245048
```

在前面的学习中 & 只出现在输入函数 scanf()中,在输出函数中表示什么含义? 为什么得到的是变量 i 和 j 在内存中存放的地址呢? 其实,变量在内存的地址就称为指针,它是一个常量数据。本章将学习指针、指针与各种变量之间的关系,利用这种关系来解决实际问题。

7.2　指针变量的定义和引用

通过学习前面的章节已经知道,函数是 C 语言源程序的最基本组成单位。如果说函数是 C 语言的细胞,那么指针则是 C 语言的灵魂和主题。指针是 C 语言中一个重要的概念,只有掌握了它才算掌握了 C 语言的精华。

7.2.1 指针变量的定义

任意一个变量的值都存放在内存单元中，因而对变量值的读取与存储就是对其所对应的内存单元的读与写。人们将变量对应的内存单元的地址简称为变量的地址，它与变量名之间存在一一对应的关系，该变量的值就是其所对应内存单元的内容（即内存单元的值）。

指针：一个变量的地址。

指针变量：专门存放变量地址的变量叫指针变量。

定义指针变量的一般形式为：

```
数据类型   *指针变量名；
```

例如：

```
int  *ptr1;
float  *ptr2;
char  *ptr3;
```

表示定义了 3 个指针变量 ptr1、ptr2 和 ptr3。ptr1 可以指向一个整型变量，ptr2 可以指向一个实型变量，ptr3 可以指向一个字符型变量，换句话说，ptr1、ptr2 和 ptr3 可以分别存放整型变量的地址、实型变量的地址和字符型变量的地址。

定义了指针变量，我们才可以写入指向某种数据类型的变量的地址，或者说是为指针变量赋初值。

```
int *ptr1,m=3;
float *ptr2, f=4.5;
char *ptr3, ch='a';
ptr1=&m;
ptr2=&f;
ptr3=&ch;
```

上述赋值语句 ptr1＝&m 表示将变量 m 的地址赋给指针变量 ptr1，此时 ptr1 就指向 m。3 条赋值语句产生的效果是 ptr1 指向 m；ptr2 指向 f；ptr3 指向 ch，如图 7-1 所示。

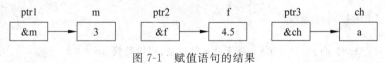

图 7-1　赋值语句的结果

注意：

（1）指针变量前面的"＊"，表示该变量的类型为指针型变量。例：

```
float   *ptr1;
```

指针变量名是 ptr1，而不是 ＊ptr1。

（2）在定义指针变量时必须指定数据类型。

需要特别注意的是，只有整型变量的地址才能放到指向整型变量的指针变量中。下面的赋值是错误的。

```
float  a;
int  * pointer_1;
pointer_1=&a;        /*将 float 型变量的地址放到指向整型变量的指针变量中,错误 */
```

(3) 指针变量可以指向任何类型的变量,当定义指针变量时,指针变量的值是随机的,不能确定它具体的指向,必须为其赋值,才有意义。

7.2.2　指针变量的引用

对指针变量的引用形式为:

* 指针变量

其含义是指针变量所指向的变量。

【例 7-2】　用指针变量进行输入和输出。

分析:用指针变量的引用来实现。

```
#include<stdio.h>
void main()
{
    int * p,m;
    scanf("%d", &m);
    p=&m;                   /*指针 p 指向变量 m */
    printf("%d",*p);        /*p 是对指针所指的变量的引用形式,与此 m 意义相同 */
}
```

运行结果:

5↙
5

上述程序可修改为:

```
void main()
{
    int * p,m;
    p=&m;
    scanf("%d", p);         /*p 是变量 m 的地址,可以替换 &m */
    printf("%d", m);
}
```

运行效果完全相同。

若将程序修改为如下形式,会产生什么样的结果呢?

```
void main()
{
    int * p,m;
    scanf("%d",p);
```

```
    p=&m;
    printf("%d",m);
}
```

事实上,若定义了变量以及指向该变量的指针为:

int a,*p;

若 p＝&a；则称 p 指向变量 a,或者说 p 具有了变量 a 的地址。在以后的程序处理中,凡是可以写 &a 的地方,就可以替换成指针的表示 p,a 就可以替换成为 ＊p。

【例 7-3】 从键盘输入两个整数,按由大到小的顺序输出。

分析：用指针变量指向整型变量来实现。

```
#include<stdio.h>
void main()
{
    int *p1,*p2,a,b,t;        /*定义指针变量与整型变量*/
    scanf("%d,%d",&a,&b);
    p1=&a;                    /*使指针变量指向整型变量*/
    p2=&b;
    if(*p1<*p2)
    {   t=*p1;                /*交换指针变量指向的整型变量*/
        *p1=*p2;
        *p2=t;
    }
    printf("%d,%d\n",a,b);
}
```

在程序中,当执行赋值操作 p1＝&a 和 p2＝&b 后,指针实实在在地指向了变量 a 与 b,这时引用指针 ＊p1 与 ＊p2,就代表了变量 a 与 b。

程序运行结果：

3,4↙
4,3

在程序运行过程中,指针与所指的变量之间的关系如图 7-2 所示。

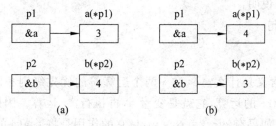

图 7-2 程序运行中指针与变量之间的关系

当指针被赋值后,其在内存的安放如图 7-2(a)所示,当数据比较后进行交换,这时,指针变量与所指向的变量的关系如图 7-2(b)所示,在程序的运行过程中,指针变量与所指向的变量其指向始终没变。

修改上面程序如下,结果如何?

```
#include<stdio.h>
void main()
{
    int *p1,*p2,a,b,*t;
    scanf("%d,%d",&a,&b);
    p1=&a;
    p2=&b;
    if(*p1<*p2)
    {
        t=p1;                       /*指针交换指向*/
        p1=p2;
        p2=t;
    }
    printf("%d,%d\n",*p1,*p2);
}
```

程序在运行过程中,实际存放在内存中的数据没有移动,而是将指向该变量的指针交换了指向,其示意如图 7-3 所示。

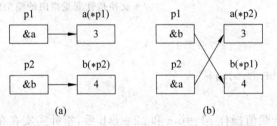

图 7-3 修改后的程序在运行中指针与变量之间的关系

当指针交换指向后,p1 和 p2 由原来指向的变量 a 和 b 改变为指向变量 b 和 a,这样一来,*p1 就表示变量 b,而 *p2 就表示变量 a。在上述程序中,无论在何时,只要指针与所指向的变量满足 p=&a;就可以对变量 a 以指针的形式来表示。此时 p 等效于 &a,*p 等效于变量 a。

对 & 和 * 运算符说明:

如果已执行了语句

ptr1=&a;

(1) & *ptr1 的含义是什么? & 和 * 两个运算符的优先级别相同,但按自右而左方向结合,因此先进行 *ptr1 的运算,它就是变量 a,再执行 & 运算。因此,& *ptr1 与 &a 相同,即变量 a 的地址。如果有 ptr_2=& *ptr1;它的作用是将 &a(a 的地址)赋给 ptr2,如果 ptr2 原来指向 b,经过重新赋值后它不再指向 b 了,而指向了 a。

(2) *&a 的含义是什么? 先进行 &a 运算,得 a 的地址,再进行 * 运算。即 &a 所指向的变量,也就是变量 a。*&a 和 *ptr1 的作用是一样的,它们都等价于变量 a。即 *&a 与 a 等价。

（3）（＊ptr1）＋＋相当于 a＋＋。注意括号是必要的，如果没有括号，就成为了＊ptr1＋＋，从附录可知：＋＋和＊为同一优先级别，而结合方向为自右而左，因此它相当于＊（ptr1＋＋）。由于＋＋在 ptr1 的右侧，是"后加"，因此先对 ptr1 的原值进行＊运算，得到 a 的值，然后使 ptr1 的值改变，这样 ptr1 不再指向 a 了。

7.2.3　指针变量作函数的参数

函数的参数可以是前面已经学过的简单数据类型，也可以是指针类型。使用指针类型做函数的参数，实际向函数传递的是变量的地址。由于子程序中获得了所传递变量的地址，在该地址空间的数据当子程序调用结束后被物理地保留下来。

【例 7-4】　利用指针变量作为函数的参数，用子程序的方法再次实现上例功能。

分析：由于在调用子程序时，实际参数是指针变量，形式参数也是指针变量，实参与形参相结合，传值调用将指针变量传递给形式参数 pt1 和 pt2。但此时传值传递的是变量地址，使得在子程序中 pt1 和 pt2 具有了 p1 和 p2 的值，指向了与调用程序相同的内存变量，并对其在内存存放的数据进行了交换，其效果与例 7-3 相同。

```c
#include<stdio.h>
void main()
{
    void exchange(int * ,int * );        /* 函数声明 */
    int * p1, * p2,a,b, * t;
    scanf("%d,%d", &a, &b);
    p1=&a;
    p2=&b;
    exchange(p1,p2);                      /* 子程序调用 */
    printf("%d,%d\n", * p1, * p2);
    return 0;
}
void exchange(int * pt1,int * pt2)       /* 实现将两数值调整为由大到小 */
{
    int t;
    if( * pt1< * pt2)                     /* 交换内存变量的值 */
    {
        t= * pt1; * pt1= * pt2; * pt2=t;
    }
    return;
}
```

运行结果：

3,6↙
6,3

【同步练习】

1. 思考下面的程序，是否也能达到与上面程序相同的效果呢？

```
#include<stdio.h>
void main()
{
    void change(int * ,int * );
    int * p1, * p2,a,b, * t;
    scanf(" %d,%d",&a,&b);
    p1=& a;
    p2=& b;
    change (p1,p2);
    printf("%d,%d\n", * p1, * p2);
}
void change(int * pt1,int * pt2)
    {
        int * t;
        if( * pt1< * pt2)
        {
            t=pt1; pt1=pt2; pt2=t;
        }
    return;
    }
```

2. 输入 3 个数,按从小到大顺序输出。用指针变量完成。

7.3　指针与数组

变量在内存存放是有地址的,数组在内存存放也同样具有地址。对数组来说,数组名就是数组在内存安放的首地址。指针变量是用于存放变量的地址,可以指向变量,当然也可存放数组的首地址或数组元素的地址,这就是说,指针变量可以指向数组或数组元素,对数组而言,数组和数组元素的引用,也同样可以使用指针变量。下面将分别介绍指针与不同类型的数组。

7.3.1　指针与一维数组

假设我们定义一个 维数组,该数组在内存会有系统分配的一个存储空间,其数组的名字就是数组在内存的首地址。若再定义一个指针变量,并将数组的首址传给指针变量,则该指针就指向了这个一维数组。我们说数组名是数组的首地址,也就是数组的指针。而定义的指针变量就是指向该数组的指针变量。对一维数组的引用,既可以用传统的数组元素的下标法,也可使用指针的表示方法。如:

    int a[10], * ptr;   /* 定义数组与指针变量 * /

做赋值操作:

    ptr=a;

或

```
ptr=&a[0];
```

则 ptr 就得到了数组的首址。其中,a 是数组的首地址,&a[0]是数组元素 a[0]的地址,由于 a[0]的地址就是数组的首地址,所以,两条赋值操作效果完全相同。指针变量 ptr 就是指向数组 a 的指针变量。

若 ptr 指向了一维数组,现在看一下 C 规定指针对数组的表示方法。

(1) ptr+n 与 a+n 表示数组元素 a[n]的地址,即 &a[n]。对整个 a 数组来说,共有 10 个元素,n 的取值为 0~9,则数组元素的地址就可以表示为 ptr+0~ptr+9 或 a+0~a+9,与 &a[0]~&a[9]保持一致。

(2) 知道了数组元素的地址表示方法,*(ptr+n)和 *(a+n)就表示为数组的各元素即等效于 a[n]。

(3) 指向数组的指针变量也可用数组的下标形式表示为 ptr[n],其效果相当于 *(ptr+n)。

【例 7-5】 用下标表示法输入输出数组各元素。

分析:从键盘输入 10 个数,以数组的不同引用形式输出数组各元素的值。

```
#include<stdio.h>
void main()
{
    int n,a[10], * ptr=a;
    for(n=0; n<=9; n++)
    scanf("%d", &a[n]);
    printf("1------output! \n");
    for(n=0; n<=9; n++)
    printf("%4d ", a[n]);
    printf("\n");
}
```

程序运行结果:

```
1 2 3 4 5 6 7 8 9 0  ↙
1------output!
1 2 3 4 5 6 7 8 9 0
```

【例 7-6】 采用指针变量表示的地址法输入输出数组各元素。

```
#include<stdio.h>
void main()
{
    int n,a[10], * ptr=a;          /* 定义时对指针变量初始化 */
    for(n=0; n<=9; n++)
    scanf("%d", ptr+n);
    printf("2------output! \n");
    for(n=0; n<=9; n++)
    printf("%4d ", * (ptr+n));
    printf("\n ");
}
```

运行程序：

```
1 2 3 4 5 6 7 8 9 0  ↙
2------output!
1 2 3 4 5 6 7 8 9 0
```

【例 7-7】 采用数组名表示的地址法输入输出数组各元素。

```
#include<stdio.h>
void main()
{
    int n,a[10], * ptr=a;
    for(n=0; n<=9; n++)
    scanf("%d", a+n);
    printf("3------output! \n");
    for(n=0; n<=9; n++)
    printf("%4d ", * (a+n));
    printf("\n");
}
```

运行结果：

```
1 2 3 4 5 6 7 8 9 0  ↙
3------output!
1 2 3 4 5 6 7 8 9 0
```

【例 7-8】 用指针表示的下标法输入输出数组各元素。

```
#include<stdio.h>
void main()
{
    int n,a[10], * ptr=a;
    for(n=0; n<=9; n++)
    scanf("%d", &ptr[n]);
    printf("4------output! \n");
    for(n=0; n<=9; n++)
    printf("%4d ", ptr[n]);
    printf("\n ");
}
```

运行结果：

```
1 2 3 4 5 6 7 8 9 0↙
4------output!
1 2 3 4 5 6 7 8 9 0
```

【例 7-9】 利用指针法输入输出数组各元素。

```
#include<stdio.h>
void main()
```

```
{
    int n,a[10], * ptr=a;
    for(n=0; n<=9; n++)
    scanf("%d", ptr++);
    printf("5------output! \n");
    ptr=a;                              /* 指针变量重新指向数组首址 */
    for(n=0; n<=9; n++)
    printf("%4d ", * ptr++);
    printf("\n");
}
```

运行程序：

```
1 2 3 4 5 6 7 8 9 0  ↙
5------output!
1 2 3 4 5 6 7 8 9 0
```

在程序中要注意 * ptr++ 所表示的含义。* ptr 表示指针所指向的变量；ptr++ 表示指针所指向的变量地址加 1 个变量所占字节数，具体地说，若指向整型变量，则指针值加 2，若指向实型，则加 4，以此类推。而 printf("%4d", * ptr++) 中，* ptr++ 所起作用为先输出指针指向的变量的值，然后指针变量加 1。循环结束后，指针变量指向如图 7-4 所示。

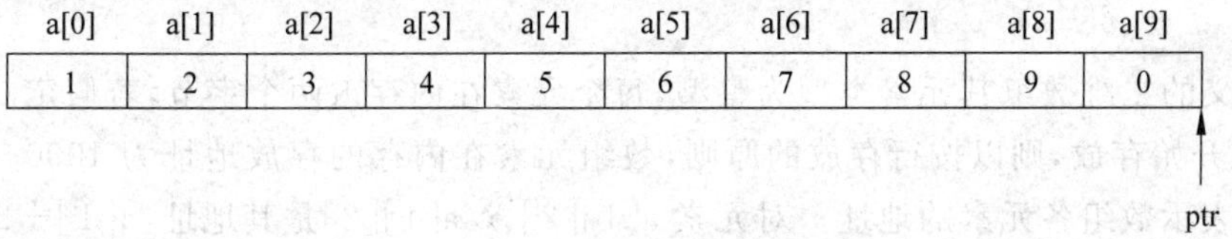

a[0]	a[1]	a[2]	a[3]	a[4]	a[5]	a[6]	a[7]	a[8]	a[9]
1	2	3	4	5	6	7	8	9	0

ptr

图 7-4 例 7-9 中循环结束后的指针变量

指针变量的值在循环结束后，指向数组的尾部的后面。假设元素 a[9] 的地址为 1000，整型占 2 字节，则 ptr 的值就为 1002。

请思考下面的程序段：

```
#include<stdio.h>
void main()
{
    int n,a[10], * ptr=a;
    for(n=0; n<=9; n++)
    scanf("%d", ptr++);
    printf("4------output! \n");
    for(n=0; n<=9; n++)
    printf("%4d ", * ptr++);
    printf("\n");
}
```

程序与例 7-9 相比，只少了赋值语句 ptr＝a；程序的运行结果还相同吗？

7.3.2 指针与二维数组

1. 二维数组元素的地址

定义一个二维数组：

```
int a[3][4];
```

表示二维数组有 3 行 4 列共 12 个元素，在内存中按行存放，存放形式如图 7-5 所示。

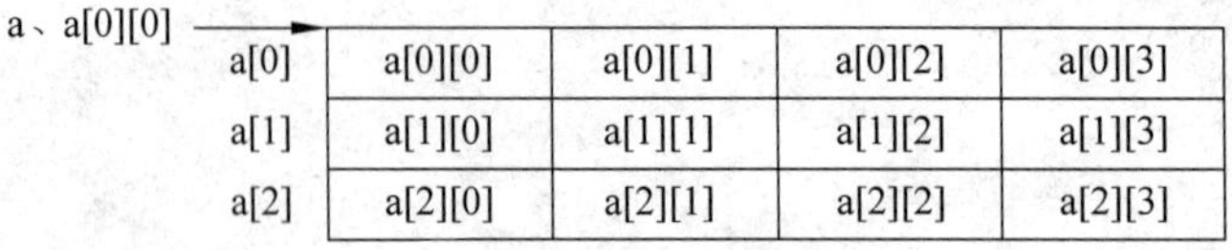

a、a[0][0]
a[0]
a[1]
a[2]
a[0][0]
a[0][1]
a[0][2]
a[0][3]
a[1][0]
a[1][1]
a[1][2]
a[1][3]
a[2][0]
a[2][1]
a[2][2]
a[2][3]

图 7-5 二维数组在内存中的存放

其中 a 是二维数组的首地址，&a[0][0]既可以看作数组 0 行 0 列的首地址，同样还可以看作是二维数组的首地址，a[0]是第 0 行的首地址，当然也是数组的首地址。同理 a[*n*]就是第 *n* 行的首地址；&a[*n*][*m*]就是数组元素 a[*n*][*m*]的地址。

既然二维数组每行的首地址都可以用 a[*n*]来表示，则可以把二维数组看成是由 *n* 行一维数组构成，将每行的首地址传递给指针变量，行中的其余元素均可以由指针来表示。下面的图 7-6 给出了指针与二维数组的关系（图中给出了一行数据，其余两行读者可以自己动手写出来）。

已定义的二维数组其元素类型为整型，每个元素在内存占两个字节，若假定二维数组从 1000 单元开始存放，则以按行存放的原则，数组元素在内存的存放地址为 1000～1022。用地址法来表示数组各元素的地址。对元素 a[1][2]，&a[1][2]是其地址，a[1]＋2 也是其地址。分析 a[1]＋1 与 a[1]＋2 的地址关系，它们地址的差并非整数 1，而是一个数组元素的所占位置 2，原因是每个数组元素占 2 字节。

&a[0][0]
a[0]+0
&a[0][1]
a[0]+1
&a[0][2]
a[0]+2
&a[0][3]
a[0]+3
a、a[0]
a[0][0]
a[0][1]
a[0][2]
a[0][3]
1000
1002
1004
1006

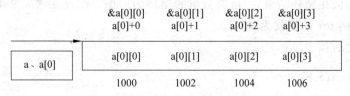

图 7-6 指针与二维数组的关系

对 0 行首地址与 1 行首地址 a 与 a＋1 来说，地址的差同样也并非整数 1，而是 1 行，4 个元素占的字节数 8。

2. 指向二维数组的指针变量

由于数组元素在内存的连续存放，给指向整型变量的指针传递数组的首地址，则该指针指向二维数组。

```
int *ptr, a[3][4];
```

若赋值：ptr＝a;则用 ptr＋＋就能访问数组的各元素。

【例 7-10】 用地址法输入输出二维数组各元素。

分析：用 a[i]+j 表示 a[i][j]数组元素的地址。

```c
#include<stdio.h>
void main()
{
    int a[3][4];
    int i,j;
    for(i=0;i<3;i++)
    for(j=0;j<4;j++)
    scanf("%d",a[i]+j);                 /*地址法*/
    for(i=0;i<3;i++)
    {
        for(j=0;j<4;j++)
        printf("%4d",*(a[i]+j));        /* *(a[i]+j)是地址法所表示的数组元素*/
        printf("\n");
    }
}
```

程序运行结果：

```
1 2 3 4 5 6 7 8 9 10 11 12 ↙
1   2   3   4
5   6   7   8
9  10  11  12
```

【例 7-11】 用指针法输入输出二维数组各元素。
分析：用指向数组的指针表示数组元素。

```c
#include<stdio.h>
void main()
{
    int a[3][4],*ptr;
    int i,j;
    ptr=a[0];
    for(i=0;i<3;i++)
    for(j=0;j<4;j++)
    scanf("%d",ptr++);                  /*指针的表示方法*/
    ptr=a[0];
    for(i=0;i<3;i++)
    {
        for(j=0;j<4;j++)
        printf("%4d ",*ptr++);
        printf("\n");
    }
}
```

运行程序：

```
1 2 3 4 5 6 7 8 9 10 11 12  ↙
1   2   3   4
5   6   7   8
9  10  11  12
```

对指针法而言,程序可以把二维数组看作展开的一维数组:

```
void main()
{
    int a[3][4], * ptr;
    int i,j;
    ptr=a[0];
    for(i=0; i<3; i++)
    for(j=0; j<4; j++)
    scanf("%d", ptr++);              /*指针的表示方法*/
    ptr=a[0];
    for(i=0; i<12;i++)
    printf("%4d ", * ptr++);
    printf("\n");
}
```

程序运行结果:

```
1 2 3 4 5 6 7 8 9 10 11 12  ↙
1 2 3 4 5 6 7 8 9 10 11 12
```

3. 指向由 *m* 个元素组成的一维数组的指针变量

如下例:

```
#include<stdio.h>
void main()
{
    int a[3][4]={1,3,5,7,9,11,13,15,17,19,21,23};
    int (*p)[4],i,j;
    p=a;
    scanf("i=%d,j=%d",&i,&j);
    printf("a[%d,%d]=%d\n",i,j, * (* (p+i)+j));
}
```

运行结果为:

```
i=1,j=2 ↙
a[1,2]=13
```

程序第 4 行的"int (*p)[4]"表示 p 是一个指针变量,它指向包含 4 个整型元素的一维数组。注意 *p 两侧的括号不能少,如果写成 *p[4],就成了后面介绍的指针数组了。

7.3.3 数组指针作函数的参数

【例 7-12】 调用子程序,实现求解一维数组中的最大元素。

分析:我们首先假设一维数组中下标为 0 的元素是最大的,用指针变量指向该元素。后续元素与该元素一一比较,若找到更大的元素,就替换。子程序的形式参数为一维数组,实际参数是指向一维数组的指针。

```c
#include<stdio.h>
void main()
{
    int sub_max();                      /* 函数声明 */
    int n,a[10], * ptr=a;               /* 定义变量,并使指针指向数组 */
    int max;
    for(n=0; n<10; n++)                 /* 输入数据 */
    scanf("%d", &a[n]);
    max=sub_max(ptr,10);                /* 函数调用,其实参是指针 */
    printf("max=%d\n ", max);
}
int sub_max(int b[],int i)              /* 函数定义,其形参为数组 */
{
    int m,j;
    m=b[0];
    for(j=1; j<=9; j++)
    if(m<b[j])m=b[j];
    return m;
}
```

程序运行结果:

```
2 4 6 8 10 1 3 5 7 9   ↙
max=10
```

程序的 main()函数部分,定义数组 a 共有 10 个元素,由于将其首地址传给了 ptr,则指针变量 ptr 就指向了数组,调用子程序,再将此地址传递给子程序的形式参数 b,这样一来,b数组在内存与 a 数组具有相同地址,即在内存完全重合。在子程序中对数组 b 的操作,与操作数组 a 意义相同。其内存中虚实结合的示意如图 7-7 所示。

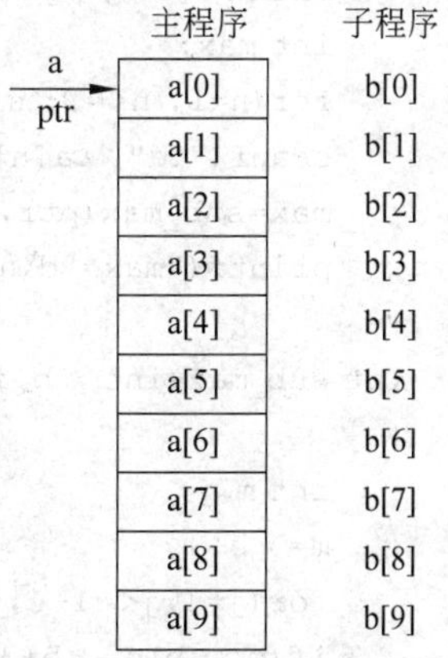

main()函数完成数据的输入,调用子程序并输出运行结果。sub_max()函数完成对数组元素找最大的过程。在子程序内数组元素的表示采用下标法。

【例 7-13】 上述程序也可采用指针变量作子程序的形式参数。

分析:在子程序中,形式参数是指针,调用程序的实际参数 ptr 为指向一维数组 a 的指针,虚实结合,子程序的形式参数 b 得到 ptr 的值,指向了内存的一维数组。数组元素采用下标法表示,即一维数组的头指针为 b,数组元素可以用 b[j] 表示。

主程序	子程序
a[0]	b[0]
a[1]	b[1]
a[2]	b[2]
a[3]	b[3]
a[4]	b[4]
a[5]	b[5]
a[6]	b[6]
a[7]	b[7]
a[8]	b[8]
a[9]	b[9]

图 7-7 例 7-12 程序在内存中虚实结合示意图

```
#include<stdio.h>
void main()
{
    int sub_max();
    int n,a[10],* ptr=a;
    int max;
    for(n=0; n<=9; n++)
    scanf("%d",&a[n]);
    max=sub_max(ptr,10);
    printf("max=%d\n", max);
}
int sub_max(int * b,int i)          /* 形式参数为指针变量 */
{
    int mtemp,j;
    mtemp=b[0];                     /* 数组元素指针的下标法表示 */
    for(j=1;j<=i-1; j++)
    if(mtemp<b[j])mtemp=b[j];
    return mtemp;
}
```

程序运行结果：

```
2 4 6 8 10 1 3 5 7 9  ↙
max=10
```

【例 7-14】 上述程序的子程序中,数组元素还可以用指针表示。

分析：在程序中,赋值语句 m=*b++;可以分解为：m=*b;b++;两句,先作 m=
*b;后作 b++;程序的运行结果与上述完全相同。

```
#include<stdio.h>
void main()
{
    int sub_max();
    int n,a[10],* ptr=a;
    int max;
    for(n=0; n<=9; n++)
    scanf("%d", &a[n]);
    max=sub_max(ptr,10);
    printf("max=%d\n",max);
}
int sub_max(int * b,int i)                /* 子程序定义 */
{
    int m,j;
    m=*b++;
    for(j=1;j<=i-1;j++)
    if(m<*b)m=*b++;
    return m;
}
```

对上面的程序作修改,在子程序中不仅找最大元素,同时还要将元素的下标记录下来。

```c
#include<stdio.h>
void main()
{
    int * max();                /* 函数声明 */
    int n,a[10],* s,i;
    for(i=0; i<10;i++)          /* 输入数据 */
    scanf("%d",a+i);
    s=max(a,10);                /* 函数调用 */
    printf("max=%d,index=%d\n", * s,s-a);
}
int * max(int * a,int n)    /* 定义返回指针的函数 */
{
    int * p,* t;                /* p用于跟踪数组,t用于记录最大值元素的地址 */
    for(p=a,t=a;p-a<n; p++)
    if(* p> * t)t=p;
    return t;
}
```

运行程序结果:

```
2 4 6 8 10 1 3 5 7 9  ↙
max=10, index=4
```

在 max()函数中,用 p−a<n 来控制循环结束,a 是数组首地址,p 用于跟踪数组元素的地址,p−a 正好是所跟踪元素相对数组头的距离,或者说是所跟踪元素相对数组头的元素个数,所以在 main()中,最大元素的下标就是该元素的地址与数组头的差,即 s−a。

【例 7-15】 用指向数组的指针变量实现一维数组的由小到大地冒泡排序。

分析:编写 3 个函数用于输入数据、数据排序和数据输出。

```c
#include<stdio.h>
#define N 10
void main()
{
    void input();               /* 函数声明 */
    void sort();
    void output();
    int a[N],* p;               /* 定义一维数组和指针变量 */
    input(a, N);                /* 数据输入函数调用,实参 a 是数组名 */
    p=a;                        /* 指针变量指向数组的首地址 */
    sort(p,N);                  /* 排序,实参 p 是指针变量 */
    output(p,N);                /* 输出,实参 p 是指针变量 */
}

void input(int arr[],int n)    /* 无须返回值的输入数据函数定义,形参 arr 是数组 */
```

```
    {
        int i;
        printf("input data:\n");
        for(i=0;i<n; i++)                    /* 采用传统的下标法 */
        scanf("%d",&arr[i]);
    }
    void sort(int * ptr,int n)               /* 冒泡排序,形参 ptr 是指针变量 */
    {
        int i,j,t;
        for(i=0;i<n-1; i++)
        for(j=0;j<n-1-i; j++)
        if(* (ptr+j)> * (ptr+j+1))           /* 相邻两个元素进行比较 */
            {
                t= * (ptr+j);                /* 两个元素进行交换 */
                * (ptr+j)= * (ptr+j+1);
                * (ptr+j+1)=t;
            }
    }
    void output(int arr[],int n)             /* 数据输出 */
    {
        int i,* ptr=arr;                     /* 利用指针指向数组的首地址 */
        printf("output data:\n");
        for(;ptr-arr<n;ptr++)                /* 输出数组的 n 个元素 */
        printf("%4d",* ptr);
        printf("\n");
    }
```

运行程序结果:

1 3 5 7 9 2 4 6 8 10 ↙
1 2 3 4 5 6 7 8 9 10

　　由于 C 程序的函数调用是采用传值调用,即实际参数与形式参数相结合时,实参将值传给形式参数,所以当利用函数来处理数组时,如果需要对数组在子程序中修改,只能传递数组的地址,进行传地址的调用,在内存相同的地址区间进行数据的修改。在实际的应用中,如果需要利用子程序对数组进行处理,函数的调用利用指向数组(一维或多维)的指针作参数,无论是实参还是形参共有表 7-1 所示 4 种情况。

表 7-1　4 种情况

序　号	实　参	形　参	序　号	实　参	形　参
1	数组名	数组名	3	指针变量	数组名
2	数组名	指针变量	4	指针变量	指针变量

　　在函数的调用时,实参与形参的结合要注意所传递的地址具体指向什么对象,是数组的首址,还是数组元素的地址,这一点很重要。

【例 7-16】 用指向二维数组的指针作函数的参数。有一个班,3 个学生,各学 4 门课,计算总平均分数以及第 n 个学生的成绩。

分析:这个题目是很简单的。只是为了说明用指向数组的指针作函数参数而举的例子。用函数 average 求总平均成绩,用函数 search 输出第 i 个学生的成绩。

```c
#include<stdio.h>
void main()
{
    void average(float * p,int n);
    void search(float (* p) [4],int n);
    float score[3][4]={{65,67,70,60},{80,87,90,81},{90,99,100,98}};
    average(* score,12);
    search(score,2);
}
void average(float * p,int n)
{
    float * p_end;
    float sum=0,aver;
    p_end=p+n-1;
    for(;p<=p_end;p++)
        sum=sum+(* p);
    aver=sum/n;
    printf("average=%5.2f\n",aver);
}
void search(float (* p) [4],int n)
{
    int i;
    printf("the score of No.%d are:\n",n);
    for(i=0;i<4;i++)
    printf("%5.2f ",* (* (p+n)+i));
}
```

程序运行结果如下:

```
average=82.25
the score of NO.2 are:
90.00   99.00   100.00 98.00
```

7.3.4 指针与字符数组

通过学习前面的章节,我们已熟悉字符数组,即通过数组名来表示字符串,数组名就是数组的首地址,是字符串的起始地址。下面的例子用于简单字符串的输入和输出。

```c
#include<stdio.h>
void main()
{
```

```
    char str[20];
    gets(str);
    printf("%s\n",str);
}
```

运行结果：

I am happy! ✓

I am happy!

现在,将字符数组名赋予一个指向字符类型的指针变量,让字符类型指针指向字符串在内存的首地址,对字符串的表示就可以用指针实现。其定义的方法为：char str[20], * p= str;这样一来,字符串 str 就可以用指针变量 p 表示了。

```
#include<stdio.h>
void main()
{
    char str[20], * p=str;
    /* p=str 则表示将字符数组的首地址传递给指针变量 p */
    gets(str);
    printf("%s\n",p);
}
```

运行结果：

I am happy! ✓

I am happy!

【例 7-17】 用指向字符串的指针变量处理两个字符串的复制。

分析：在程序的说明部分,定义的字符指针指向字符串。语句：while(* ptr2) * ptr1++ = * ptr2++;先测试表达式的值,若指针指向的字符是"\0",该字符的 ASCII 码值为 0,表达式的值为假,循环结束,表达式的值非零,则执行循环 * ptr1++ = * ptr2++。语句 * ptr1++ 按照运算优先级别,先算 * ptr1,再算 ptr1++。

```
#include<stdio.h>
void main()
{
    char str1[30],str2[20], * ptr1=str1, * ptr2=str2;
    printf("input str1:");
    gets(str1);                          /* 输入 str1 */
    printf("input str2:");
    gets(str2);                          /* 输入 str2 */
    printf("str1------------str2\n ");
    printf("%s...... %s\n",ptr1,ptr2);
    while( * ptr2)
     * ptr1++= * ptr2++;                 /* 字符串复制 */
     * ptr1='\0';                        /* 写入串的结束标志 */
    printf("str1------------str2\n");
```

```
        printf("%s.......%s\n",str1,str2);
}
```

程序运行结果：

```
input str1: aaaaaa ✓
input str2: bbbbbb ✓
str1------------str2
aaaaaa......bbbbbb
str1------------str2
bbbbbb......bbbbbb
```

修改程序中语句：

```
printf("%s.......%s\n", str1,str2)
```

为

```
printf("%s.......%s\n",ptr1, ptr2);
```

会出现什么结果呢？请思考。

【例 7-18】 用指向字符串的指针变量处理两个字符串的合并。

分析：把串 2 合并到串 1 的末尾，串 1 的长度应大于等于串 1 与串 2 的长度之和。

```
#include<stdio.h>
void main()
{
    char str1[50],str2[20],*ptr1=str1,*ptr2=str2;
    printf("input str1:");
    gets(str1);
    printf("input str2:");
    gets(str2);
    printf("str1-------str2\n");
    printf("%s . . . . . . %s\n", ptr1, ptr2);
    while(*ptr1)
    ptr1++;                      /*移动指针到串尾*/
    while(*ptr2)
    *ptr1++=*ptr2++;             /*串连接*/
    *ptr1='\0';                  /*写入串的结束标志*/
    ptr1=str1; ptr2=str2;
    printf("str1-------str2\n");
    printf("%s . . . . . . %s\n", ptr1,ptr2);
}
```

程序运行结果：

```
input str1: aaaaaa ✓
input str2: bbbbbb ✓
str1-------str2
```

```
aaaaaa.......bbbbbb
str1-------str2
aaaaaabbbbbb.......bbbbbb
```

7.3.5 指针数组

数组是用于存放同类型数据的。很显然,同类型指针便可构成一个特殊数组,我们称之为指针数组。

指针数组的定义形式为:

类型标识符 * 数组名[数组长度];

例如:

int * p[4];

由于"[ ]"比"＊"的优先级高,因此 p 先与[4]结合构成 p[4]的形式,这显然是数组形式,它有 4 个元素。而后再与前边的 ＊ 结合,表示此数组中每一个元素都是指针类型的变量,这些指针都指向 int 型数据。

注意:请区别指向二维数组的指针变量的定义形式与指针数组的定义形式。即 int(＊ p)［4］与 int ＊ p[4]。

为什么要引入指针数组这一数据结构呢?因为当处理多个字符串时,一般会想到要用二维数组存放这些字符串。由于每个字符串的长度不同,因而该数组的列下标应为最长的字符串的长度。这很显然会造成空间的浪费,用指针数组就可很好地解决:每个字符串用与其长度相同大小的空间存放(可不连续),把它们的地址放在一起构成指针数组,之后就可通过该指针数组对相应字符串进行处理。

【例 7-19】 将若干字符串按字母顺序(由小到大)排序输出。

分析:在主函数中定义了指针数组 string,它有 5 个元素,每个元素的值分别为 5 个字符串的首地址如图 7-8 所示;sort()函数的形参 string 是一个指针数组名,它用来接收实参数组 string 的地址。在 sort()函数中用的是选择排序法,排序的结果如图 7-9 所示。

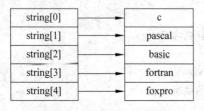

图 7-8　指针数组与指向

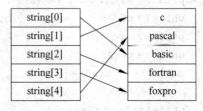

图 7-9　排序后指针数组的指向

```
#include<string.h>
void main()
{
    void sort();
    void print();
    static char * string[]={"c","pascal","basic","fortran","foxpro"};
    int n=5;
```

```
    sort(string,n);
    print(string,n);
}
void sort(char  * string[],int  n)
{
    char  * temp;
    int  i,j,k;
    for(i=0;i<n-1;i++)
    {
    k=i;
    for(j=i+1;j<n;j++)
        if(strcmp(string[k],string[j])>0) k=j;
        if(k!=i)
        {
            temp=string[i];string[i]=string[k];string[k]=temp;
        }
    }
}
void print(char  * string[],int n)
{
    int i;
    for(i=0;i<n;i++)
    printf("%s\n",string[i]);
}
```

程序运行结果：

```
basic
c
fortran
foxpro
pascal
```

【同步练习】

1. 用指向数组的指针变量实现一维数组的由小到大的选择排序。
2. 处理多个字符串的方法有哪些？

7.4 指针与函数

指针与函数的关系集中体现在两个方面：其一，用指针类型数据作为函数的参数和返回值；其二，像变量与数组一样，函数也有地址，即函数的指针。可以定义一个指针变量存放函数的指针。

7.4.1 指向函数的指针变量的定义及使用

一个函数在编译时被分配给一个入口地址，这个入口地址便是该函数存放空间的首地址。我们可以定义一个指针变量使它保存这一地址,此时该指针变量就指向该函数。而后通过这个指针变量访问之。

（1）定义指向函数的指针变量的一般格式为

类型标识符 (* 指针变量名)();

这里的"类型标识符"是它所指向的函数的返回值类型。

同时请注意,它与指向二维数组的指针变量在形式上很相似,不要搞混了。

（2）通过指针变量使用函数

和数组名代表数组的起始地址一样,函数名代表着函数的入口地址。

当将函数名赋予指针变量后,指针变量就指向此函数,而后可以通过如下格式来使用此函数:

(* 指针变量名) (实参表) ;

该格式等价于"函数名(实参表)"这种格式。

【例 7-20】 求 a,b 中的较大者。

分析:在主函数中,第一行对 max() 函数进行了声明,因为主函数的第 4 行要将函数名 max 赋予指针变量 p。如果省略了此行,系统将不知道 max 是变量名还是函数名。遇到此问题,通常情况下系统是把它看作变量,这时编译就会出错,它认为使用的变量未定义。因而在使用指向函数的指针时,不能省略对函数的声明。在主函数中,第 2 行定义 p 为指针变量,它可以指向所有返回值为 int 型的函数,但此时它无确定指向。只有在执行到第 4 行它才有确定指向,即指向函数 max(),第 6 行通过指针 p 来使用函数 max(),即"(*p) (a,b);"。它等价于"max(a,b);"。

```
#include<stdio.h>
void main()
{
    int max(int,int);
    int(*p)();
    int a,b,c;
    p=max;
    scanf("%d%d",&a,&b);
    c=(*p)(a,b);                      /* 等价于 c=max(a,b) */
    printf("a=%d,b=%d,max=%d",a,b,c);
}
int max(int x,int y)
{
    int z;
    if(x>y) z=x;
    else z=y;
    return z;
}
```

运行结果:

```
3,5 ↙
a=3,b=5,max=5
```

说明：对指向函数的指针变量 p 进行下列操作无意义：

```
p+n,  p++,  p--
```

7.4.2　用指针类型数据作函数参数

我们现在对用数组名作函数参数已不陌生了。知道这种方式是一种传地址操作，形参接受实参地址，从而获得与实参相同的空间。

数组名是一种地址，即指针，因而它是属于指针类型的数据。属于指针类型的数据还有很多，如，函数名和用指针定义符 * 定义的各种指针变量。它们用作函数参数时，同样也是传地址操作。

下面通过几个例子加以说明。

【例 7-21】　输入两个整数，按先大后小顺序输出。

分析：用指针变量作函数参数。

```
void swap(int * p1,int * p2)
{
    int p;
    p= * p1;
    * p1= * p2;
    * p2=p;
}
void main()
{
    int a,b;
    int * pointer_1, * pointer_2;
    scanf(" %d,%d",&a,&b);
    pointer_1=&a;
    pointer_2=&b;
    if(a<b) swap(pointer_1,pointer_2);
    printf("%d,%d\n",a,b);
}
```

关于此例中指针变化及参数传递如图 7-10 和图 7-11 所示。

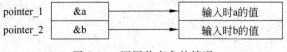

图 7-10　调用前实参的情况

运行结果：

```
3, 5 ↙
5, 3
```

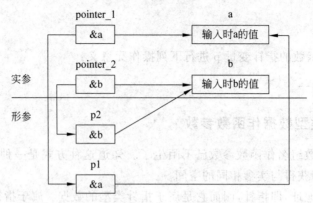

图 7-11　调用开始时实参与形参的传递

【例 7-22】　有一名为 process() 的函数，主函数每次调用它都可以实现不同的功能。第一次调用它时，能求出输入的两参数中的较大者，第二次调用求较小者，第三次调用求和。

分析：用函数名和指向函数的指针变量作函数参数。

```
#include<stdio.h>
void main()
{
    int max(int,int);
    int min(int,int);
    int add(int,int);
    void process(int,int,int(*fun)());
    int a,b;
    scanf("%d,%d",&a,&b);
    printf("max=");
    process(a,b,max);
    printf("min=");
    process(a,b,min);
    printf("sum=");
    process(a,b,add);
}
int max(int x,int y)
{
    int z;
    if(x>y) z=x;
    else z=y;
    return z;
}
int min(int x,int y)
{
    int z;
    if(x<y) z=x;
    else z=y;
```

```
    return z;
}
int add(int x,int y)
{
    int z;
    z=x+y;
    return z;
}
void process(int x,int y,int(* fun) ())
{
    int result;
    result=(* fun) (x,y);
    printf("%d\n",result);
}
```

程序运行结果：

```
3,5
max=5
min=3
sum=8
```

7.4.3 带参的主函数

在前面章节中,我们用到的主函数都是无参的,实际上它也可以有参数,形式如下:

```
main(argc,argv)
```

argc 和 argv 就是主函数的形参。其中 argc 是一个整型数据,argv 是一个指针数组。由于主函数是程序的最顶层,所以它的形参值不可能由程序获得,主函数是由操作系统调用的,因而它的参数值由命令行给出。

一个命令行由命令名和传给主函数的参数两部分构成。主函数中的形参 argc 代表命令行中参数个数(注意,命令名也是一个参数),命令行中字符串数组的地址构成了一个指针数组 argv。

例如:

```
c:\>file1  China  Beijing
```

则 argc=3. argv 的值如图 7-12 所示。

图 7-12　主函数的参数

下面通过例子加深对它的理解。

【例 7-23】　设 main()函数所在的文件为 file1.exe。

```
/ * program name file1.c * /
#include<stdio.h>
void main(int argc,char * argv[])
{
    int i;
    printf("The output is as following: \n");
    for(i=1; i<argc; i++)
    printf("%s\n",argv[i]);
}
```

执行结果：

```
c:\>file1 Health is happiness           / * 这是命令行 * /
The output is as following:
Health
is
happiness
```

7.4.4 返回指针的函数

一个函数可以返回除数组以外的任意类型的数据，因而它也可以返回一个地址，即指针。这种返回指针的函数的一般形式为

类型标识符 * 函数名 (形参表)

例如：

```
int    * a(int   x,int   y)
```

它表示：a 是一个函数，它有两个参数 x,y。调用函数 a 之后可得到一个指向 int 型数据的指针。请注意区别：

"int * a(x,y);" 与 "int(* a) (x,y);"

【例 7-24】 有 3 个学生，每个学生学习 4 门课程，要求输入学生序号后，能输出该生的全部成绩。

分析：用返回指针的函数得到所给序号学生的 4 门课程成绩的首地址，然后一一输出。

```
#include<stdio.h>
void main()
{
    static float score[][4]={{78,56,80,90},{66,89,67,88},
    {86,78,90,66}};
    float * search();
    float *p;
    int i,n;
    printf("enter the number of student:");
    scanf("%d",&n);
    printf("the score of NO.%d are:\n",n);
```

```
        p=search(score,n);
        for(i=0;i<4;i++)
            printf("%f\t", * (p+i));
    }
float * search(float ( * pointer) [4],int m)
{
    float * pt;
    pt= * (pointer+m);
        / * * (pointer+m) 是二维数组的第 n 行首地址,等价于 score[m] * /
    return  pt;
}
```

执行结果:

```
enter  the  number  of  student:1 ✓
the score of NO.1 are:
66.000000        89.000000        67.000000        88.000000
```

请注意指针变量 p,pt 和 pointer 的区别。

【例 7-25】 对上例中的学生,找出其中不及格课程的学生及学号。

```
#include<stdio.h>
void main()
{
    static float score[][4]={{78,56,80,90},{66,89,67,88},
    {86,78,90,66}};
    float   * p;
    float   * search();
    int   i,j;
    for(i=0;i<3;i++)
        {
            p=search(score+i);
            if(p== * (score+i))
                {
                printf("NO.%d  score:",i);
                for(j=0;j<4;j++)
                    printf("%f ", * (p+j));
                    printf("\n");
                }
        }
}
float  * search(float( * pointer) [4])
{
    int i;
    float   * pt;
    for(i=0;i<4;i++)
    if( * ( * pointer+i)<60)
```

```
        pt= * pointer;
    return pt;
}
```

程序运行结果：

NO.0 score: 78.000000 56.000000 80.000000 90.000000

请读者仔细体会本例中指针变量的含义和用法。

【同步练习】

1. 对上例中的学生，找出其中大于等于90分的课程的学生及学号。

2. 用函数名和指向函数的指针变量作函数参数，求两个数的最大公约数和最小公倍数。

7.5　指向指针的指针

下面将介绍指向指针数据的指针变量，简称指向指针的指针。从图 7-13 可以看出，name 是一个指针数组，它的每一个元素是一个指针类型数据，其值为地址。既然 name 是一个数组，那么它的名字就代表该数组的首地址。name＋i 是 name[i]的地址。name＋i 就是指向指针数据的指针。我们可以给 name＋i 另起一个名字 p，这个 p 就是一个指针变量名，它指向指针数组的元素，如图 7-13 所示。

图 7-13　多级指针与指针数组

那么，如何来定义一个指向指针的指针变量呢？

定义方法如下：

类型标识符　＊＊指针变量名；

例如：

char　＊＊ p;

指针变量名 p 前有两个＊号。＊运算符的结合性是从右到左，因此，＊＊p 相当于 ＊（＊p），显然 ＊p 是指针变量的定义形式。现在它的前边又有一个＊号，表示指针变量 p 是指向一个字符指针变量的。＊p 是 p 所指向的另一个指针变量。就图 7-13 而言有如下语句：

```
p=name+3;
printf("%d\n", * p);
printf("%s\n", **p);
```

第一个输出语句输出 name[3]的地址，第二个输出语句输出字符串 4。

【例 7-26】 指向指针的指针应用。

分析：用指向指针的指针输出数组元素。

```
#include<stdio.h>
void main()
{
    static a[4]={11,22,33,44};          /* 此处数组必须是静态数组 */
    static int * num[4]={&a[0],&a[1],&a[2],&a[3]};
    int **p,i;
    p=num;
    for(i=0;i<4;i++)
      {
        printf("%d  ",**p);
        p++;
      }
}
```

运行结果：

11 22 33 44

如果一个指针变量中存放的是一个目标变量的地址，这就是单级间址；指向指针的指针用的是二级间址，如图 7-14 和图 7-15 所示。

图 7-14　单级间址

图 7-15　二级间址

【同步练习】

1. 把例 7-26 程序的第 1,2 两行合并为如下语句：

static int   * num[4]={11,22,33,44};

会出现什么结果？

2. 用指向指针的指针完成字符串的比较操作。

7.6　指针应用举例

【例 7-27】 利用指针实现把数组中的偶数存入另一个数组中。

分析：分别用两个指针指向两个数组，利用指针移动逐个取出第一个数组中的每个元素，进行判断，符合条件的存入另一个数组中。

```c
#include<stdio.h>
void main()
{
    int a[10],b[10],*p,*q,i;
    for(i=0;i<10;i++)
    scanf("%d",&a[i]);
    q=b;
    for(p=a;p<a+10;p++)
    if(*p%2==0)
        { *q=*p;
            q++;
        }
    for(i=0;i<q-b;i++)
    printf("%d\t",b[i]);
    printf("\n");
}
```

运行结果：

```
5 13 28 35 46 78 85 88 76 31 ↙
28 46 78 88 76
```

【例 7-28】 输入年、月、日，输出它是该年的第几天。

分析：方法一，使用数组下标检索处理数据。

```c
#include<stdio.h>
int dtab[2][13]={{0,31,28,31,30,31,30,31,31,30,31,30,31},
                 {0,31,28,31,30,31,30,31,31,30,31,30,31}};
void main()
{
    int y,m,d,yd;
    scanf("%d,%d,%d",&y,&m,&d);
    yd=dofy(y,m,d);
    printf("%d\n",yd);
}
dofy(int py,int pm,int pd)
{
    int i,leap;
    leap=(py%4==0&&py%100!=0||py%400==0);
    for(i=1;i<pm;i++)
    pd=pd+dtab[leap][i];
    return pd;
}
```

运行结果：

```
2008,08,08 ↙
220
```

方法二，使用指针运算处理数据。

```
#include<stdio.h>
int dtab[2][13]={{0,31,28,31,30,31,30,31,31,30,31,30,31},
                 {0,31,28,31,30,31,30,31,31,30,31,30,31}};
void main()
{
    int y,m,d,yd;
    int * p, * i,leap;
    p=dtab;
    scanf("%d,%d,%d",&y,&m,&d);
    leap=(y%4==0&&y%100!=0||y%400==0);
    if(leap)
    p=p+13;             /* 指向数组第二行 */
    i=p+m;
    yd=d;
    while(p<i)
        yd=yd+(* p++);
    printf("%d\n",yd);
}
```

运行结果：

```
2008,08,08 ↙
220
```

【例 7-29】 编写程序，利用指向函数的指针分别指向加、减、乘、除 4 个函数，并实现任给两个整数的加、减、乘、除运算。

分析：该程序实现 x＋y、x—y、x＊y、x/y 这 4 个操作的任何一个，每一个操作的实现都是通过调用函数 call()，由它再去执行指向函数的指针数组所指向的函数。oper() 是一个由指向函数的指针构成的指针数组，其中 oper(0) 是指向 add() 的指针。

```
#include<stdio.h>
call(int x,int y,int (* func) (int,int))
{
    return ((* func) (x,y));
}
add(int x,int y)          /* 加函数 */
{
    return (x+y);              /* 返回加的结果 */
}
sub(int x,int y)          /* 减函数 */
{
    return (x-y);              /* 返回减函数 */
}
mul(int x,int y)          /* 乘函数 */
{
    return (x * y);            /* 返回乘函数结果 */
```

```
    }
    div(int x,int y)                    /*除函数*/
    {
        if(y==0)
            return (0);
        else
            return (x/y);               /*返回除函数结果*/
    }
    void main()
    {
        int(*oper[4])(int,int);
        int  x,y,i;
        static  char  c[]={'+','-','*','/'};
        oper[0]=add;
        oper[1]=sub;
        oper[2]=mul;
        oper[3]=div;
        printf("input two number:");
        scanf("%d%d",&x,&y);
        for(i=0; i<4; i++)
            printf("%d%c%d=%d\n",x,c[i],y,call(x,y,oper[i]));
    }
```

运行结果：

```
input two number: 66 2↙
66+2=68
66-2=64
66*2=132
66/2=33
```

【同步练习】

1. 利用指针实现把两个数组合并。

2. 利用指向函数的指针判断一个数是否素数和回文数。

7.7 指针常见错误小结

1. *和□在定义时只是说明作用，不能误解为运算符

&、*和[ ]是 C 语言提供的 3 种运算符，分别是取地址运算符、指针运算符和下标运算符，其中，& 与 * 互为逆运算。在表达式中它们的意义很明确，但是在定义中 * 和[ ]只是起说明作用，不能看作运算符。

例如：

```
int num=8;
int *pt=&num;
```

```
int *pt=a;
```

这里容易被后两个语句迷惑,如果指针的概念理解得不透彻,就不能准确判断哪句赋值正确。之所以迷惑,是因为把 * 当作了运算符,其实在这里 int * 共同来修饰指针变量 pt,定义一个指向整型变量的指针变量,自然会把一个地址 &num 赋值给 pt。因此上述后面两个赋值语句中,第一个是正确的。

2. 指针变量未初始化

指针在使用前必须初始化,给指针变量赋初值必须是地址值。如果使用未初始化的指针,由于指针没有初值,它将得到一个不确定的值,同时它的指向也是不确定的,这样指针就有可能指向操作系统或程序代码等致命地址,改写该地址的数据,破坏系统的正常工作状态。

例如:

```
int a[6], i, *p;
for(i=0; i<6; i++)  scanf("d%", p++);
```

应该在 for 语句前加上语句"p=a",使 p 初始化。

3. 指针类型错误

例如:

```
void main()
{
    static int a[2][3]={3, 4, 5, 6, 7, 8};
    int *p;
    for(p=a; p<a+6; p++)
    printf("d%", *p); }
```

在此例中定义的 a 是一个二维整型指针,而 a[0] 是一个一维整型指针,尽管 a 和 a[0] 的值相同,但二者所指的对象不同,类型也不同,所以这里应该把 p=a 改成 p= *a 或者是 p= *a[0][0]。

4. 用整数值直接给指针赋值

指针值就是指针所指向的地址,在程序运行中指针的值其实就是一个整数值,但是绝不能在程序语句中把一个整数值当作指针的值直接赋给指针。

例如:

```
int num;
int *pt;
num=192635;
p=num;
```

最后一个语句目的是使指针指向地址 192635(十进制),编译时系统会提示这个语句有错误。

5. 指针偏移

例如:

```
void main()
{
```

```
char * p,s[80]; p=s;
do { gets(s);
    while(* p)  printf("%c",* p++);
}while(strcmp(s, "program"); }
```

指针初始化 p＝s,进入 do-while 循环后 p 自加,使 p 的指针移动到字符串的其他部分,甚至移出字符串指向另一个变量或者程序代码,这样很危险。所以应把 p＝s 放在 do-while 循环之中,使 p 自加操作后复位。

6. 指针之间相互赋值

在 C 语言中,如果指针之间相互赋值不当,将会造成内存空间丢失的现象。

例如:

```
#include<stdlib.h>
void main()
{  int * m,* n;
   m=(int *)malloc(sizeof(int));
   n=(int *)malloc(sizeof(int));
   * m=78;
   * n=82;
   m=n;
   printf("d%,%d",* m,* n); }
```

在这个程序中,语句"m＝n;"是将指针 n 的内容赋给了指针 m,使 m 和 n 都指向分配给 m 的内存空间,而原来分配给 m 的内存空间没有释放,不能被其他程序访问,从而使该内存空间成了无效内存块,而且后来指向 m 的内存单元又直接或间接地被反复调用,使内存变得紧张,最终会导致死机状态。要想解决这个问题,在将一个指针赋给另一个指针前,应该先用 free() 函数释放 m 所持有的内存空间,即在 m＝n 之前执行 free(m)。

本 章 小 结

1. 指针的数据类型

指针的数据类型见表 7-2。

表 7-2　指针的数据类型小结

命　令	功　能
int i;	定义整型变量 i
int * p;	p 为指向整型数据的指针变量
int a[n];	定义整型数组 a,它有 n 个元素
int * p[n];	定义指针数组 p,它由 n 个指向整型数据的指针元素组成
int (* p) [n];	p 为指向含 n 个元素的一维数组的指针变量
int f();	f 为带回整型函数值的函数
int * p();	p 为带回一个指针的函数,该指针指向整型数据
int (* p) ();	p 为指向函数的指针,该函数返回一个整型值
int **p;	p 是一个指针变量,它指向一个指向整型数据的指针变量

2. 指针运算小结

（1）指针变量加（减）一个整数。

例如：p++、p−−、p+i、p−i、p+=i、p−=i 等。

（2）指针变量赋值。将一个变量地址赋给一个指针变量。如：

p=&a;　（将变量 a 的地址赋给 p）

p=array;　（将数组 array 首元素地址赋给 p）

p=&array[i];（将数组 array 第 i 个元素的地址赋给 p）

p=max;（max 为已定义的函数，将 max 的入口地址赋给 p）

p1=p2;（p1 和 p2 都是指针变量，将 p2 的值赋给 p1）

（3）指针变量可以有空值，即该指针变量不指向任何变量，可以这样表示：p＝NULL

（4）两个指针变量可以相减。如果两个指针变量都指向同一个数组中的元素，则两个指针变量值之差是两个指针之间的元素个数。

（5）两个指针变量比较。若两个指针指向同一个数组的元素，则可以进行比较。指向前面的元素的指针变量"小于"指向后面元素的指针变量。

习 题 七

一、选择题

1. 已知：char b[5]，＊p=b；则正确的赋值语句是（　　）。

　　A. b="abcd"　　　　B. ＊b＝"abcd"　　　C. p="abcd"　　　　D. ＊p="abcd"

2. 若有语 int ＊point，a＝4；和 point＝&a；下面均代表地址的一组选项是（　　）。

　　A. a，point，＊&a　　　　　　　　B. &＊a，&a，＊point

　　C. ＊&point，＊point，&a　　　　　D. &a，&＊point，point

3. 若有说明语句

```
char a[]="It is mine";
char * p="It is mine";
```

则以下不正确的叙述是（　　）。

　　A. a＋1 表示的是字符 t 的地址

　　B. p 指向另外的字符串时，字符串的长度不受限制

　　C. p 变量中存放的地址值可以改变

　　D. a 中只能存放 10 个字符

4. 说明语句"int（＊p）();"的含义是（　　）。

　　A. p 是一个指向一维数组的指针变量

　　B. p 是指针变量，指向一个整型数据

　　C. p 是一个指向函数的指针，该函数的返回值是一个整型

　　D. 以上都不对

5. 若有定义：int a[2][3]，则对 a 数组的第 i 行 j 列元素地址的正确引用为（　　）。

　　A. ＊(a[i]+j)　　　B. (a+i)　　　　C. ＊(a+j)　　　　D. a[i]+j

6. 变量的指针,其含义是指该变量的(　　)。

A. 值　　　　　　　B. 地址　　　　　　C. 名　　　　　　　D. 一个标志

7. 若有以下定义,则 p+5 表示(　　)。

```
int  a[10],* p=a;
```

A. 元素 a[5]的地址　　　　　　　　　　B. 元素 a[5]的值

C. 元素 a[6]的地址　　　　　　　　　　D. 元素 a[6]的值

8. 若有说明:int * p,m=5,n;以下正确的程序段的是(　　)。

A. p=&n;　　　　　　　　　　　　　　B. p=&n;

　　scanf("%d",&p);　　　　　　　　　　　scanf("%d",* p);

C. scanf("%d",&n);　　　　　　　　　D. p=&n;

　　* p=n;　　　　　　　　　　　　　　　　* p=m;

9. 下面程序段的运行结果是(　　)。

```
char * s="abcde";
s+=2;printf("%d",s);
```

A. cde　　　　　　　　　　　　　　　　B. 字符'c'

C. 字符'c'的地址　　　　　　　　　　　D. 无确定的输出结果

10. 设 p1 和 p2 是指向同一个字符串的指针变量,c 为字符变量,则以下不能正确执行的赋值语句是(　　)。

A. c= * p1+ * p2　　　　　　　　　　B. p2=c

C. p1=p2　　　　　　　　　　　　　　D. c= * p1 * (* p2)

二、编程题(均要求用指针处理)

1. 用指针方法编写一个程序,输入 3 个整数,将它们按由小到大的顺序输出。

2. 输入 3 个字符串,按由小到大的顺序输出。

3. 编程输入一行文字,找出其中的大写字母、小写字母、空格、数字及其他字符的个数。

4. 有 n 个人围成一圈,顺序编号。从第一个人开始报数(从 1 到 3 报数),凡报到 3 的人退出圈子,问最后留下的是原来第几号。

5. 写一函数,将一个 3×3 矩阵转置。

6. 有一字符串,包含 n 个字符,写一函数,将此字符串中从第 m 个字符开始的全部字符复制成为另一个字符串。

7. 编写程序,用指针数组在主函数中输入 10 个等长的字符串。用另一函数对它们排序,然后在主函数中输出 10 个已排好序的字符串。

8. 写一个函数,求一个字符串的长度。在主函数中输入字符串,并输出其长度。

9. 将 n 个数按输入时顺序的逆序排列。

10. 在主函数中输入 10 个等长的字符串。用另一函数对它排序,之后在主函数中输出已排序好的字符串。

11. 编一个程序,打入月份号,输出该月的英文月名。用指针数组处理。

12. 有一个班 4 个学生,5 门课。(1)求第一门课的平均分;(2)找出有两门课不及格的学生,输出他们的学号和全部课程的平均成绩;(3)找出平均成绩在 90 分以上的学生。

13. 有一字符串,包含 n 个字符,写一个函数,将此字符串从第 m 个字符开始的全部字符复制成为另一个字符串并输出。其中,每两个字符之间插入一个空格。

14. 用指向指针的指针对 5 个字符串排序。

实 验 七

一、实验目的

1. 通过实验,进一步掌握指针的概念,会定义和使用指针变量。

2. 学会使用数组的指针和指向数组的指针变量。

3. 学会使用字符串的指针和指向字符的指针变量。

4. 了解指向指针的指针的概念及使用方法。

二、实验内容

1. 上机调试运行下面程序,分析运行结果。

编程分析:该程序考察了指向多维数组的指针变量的作用。

```
#include<stdio.h>
void main()
{
    int a[3][4]={0,1,2,3,4,5,6,7,8,9,10,11};
    int(*p)[4];
    int i,j;
    p=a;
    for(i=0;i<3;i++)
      { for(j=0;j<4;j++) printf("%2d  ",*(*(p+i)+j));
        printf("\n");}
}
```

2. 编程序并上机调试运行:有 n 个人围成一圈,顺序编号。从第一个人开始报数(从 1～3 报数),凡报到 3 的人退出圈子,问最后留下的是原来第几号。

编程分析:本程序用指针实现。循环中有两组数,一组是原来的 1～n 的编号,另一组是 1,2,3 循环并剔除掉编号为 3 的数。还有一个循环计数变量,决定循环在什么时候终止。

参考程序:

```
#include<stdio.h>
void main()
{
    int i,k,m,n,num[50],*p;
    printf("input number of person:n=");
    scanf("%d",&n);
    p=num;
    for(i=0;i<=n;i++)
        *(p+i)=i+1;                      /*从 1 到 n 为每人编号*/
    i=0;                                 /*i 为每次循环时计数变量*/
    k=0;                                 /*k 为按 1.2.3 报数时计数变量*/
```

```
    m=0;                                    /* m 为退出人数 */
    while(m<n-1)                            /* 当退出人数比 n-1 少时执行循环体 */
    {
        if( * (p+i)!=0)
        k++;
        if(k==3)                           /* 对退出的人的编号置 0 */
        {
            * (p+i)=0;
            k=0;
            m++;
        }
        i++;
        if(i==n)i=0;                       /* 报数到尾后,i 恢复为 0 */
    }
    while( * p==0) p++;
    printf("the last one is No.%d\n", * p);
}
```

3. 编程序并上机调试运行：将一个 3×3 矩阵转置。

编程分析：本程序用数组名作为函数实参。

参考程序：

```
void main()
{
    void move(int * pointer);
    int a[3][3], * p,i;
    printf("input matrix:\n");
    for(i=0;i<3;i++)
        scanf("%d %d %d",&a[i][0],&a[i][1],&a[i][2]);
    p=&a[0][0];
    move(p);
    printf("Now,matrix:\n");
    for(i=0;i<3;i++)
        printf("%d %d %d\n",a[i][0],a[i][1],a[i][2]);
}
void move(int * pointer)
{
    int i,j,t;
    for(i=0;i<3;i++)
    for(j=i;j<3;j++)
      {t= * (pointer+3 * i+j);
        * (pointer+3 * i+j)= * (pointer+3 * j+i);
        * (pointer+3 * j+i)=t;
      }
}
```

4. 将字符串 a 的字符按顺序存放在 b 串中,再把 a 中的字符按逆序连接到 b 串的后面。

编程分析:利用指针移动逐个取出第一个数组中的每个元素存入,再利用指针从 a 串中的最后一个字符取值放入串 b 中。

参考程序:

```
#include<string.h>
#include<stdio.h>
void main()
{
    char a[10],b[10],* p,* q;
    printf("请输入 a 串的内容:\n");
    gets(a);
    for(p=a,q=b;* p!='\0';p++,q++)
     * q= * p;
    for(p--;p>=a;p--,q++)
     * q= * p;
     * q='\0';
    puts(b);
}
```

5. 利用指针实现把数组中的 3 或 5 的倍数存入另一个数组中。

编程提示:

(1) 定义两个数组,一个为原数组,一个用以存放 3 或 5 的倍数。

(2) 分别利用指针引用数组元素进行操作。

6. 用指向指针的指针方法对 n 个整数排序并输出。要求将排序单独写成一个函数,n 和各整数在主函数中输入,最后在主函数中输出。

编程提示:

(1) 定义整数数组,定义指针数组并将整数数组元素地址赋值给指针数组。

(2) 定义指向指针的数组,将指针数组的首地址赋值给该指针。

(3) 定义排序函数,函数参数为指向指针的指针,返回排序后的指向指针的指针。

(4) 主函数中输出排序后的整数。

三、实验总结

1. 总结本次实验遇到的问题及其解决方法。

2. 总结使用指针编程的优点及容易出现的问题。

第8章 结构体与共用体

数据类型丰富是 C 语言的主要特点之一。前面章节已经介绍了 C 语言的基本数据类型、数组和指针。数组是一种简单构造数据类型,它可以提高数据处理的效率。结构体和共用体属于构造数据类型,其作用是把不同类型的数据组合成一个整体,便于统一的数据处理。本章将介绍结构体、共用体和枚举类型等数据类型的使用方法。

8.1 结构体引例

【例 8-1】 设计一个学生成绩单管理系统并输出成绩,要求有班级(clas)、学号(num)、姓名(name)、性别(sex)和成绩(score)等信息。

分析:在此成绩单管理系统中对学生的信息进行管理时,一个学生的学号、姓名、性别和成绩都与该学生相关联,是这个学生的信息组成部分,但这些数据又不属于同一种数据类型,而数组中要求各个数据元素是同一类型的,所以无法用数组正确描述,但用结构体来描述就显得简单多了。

```
#include<stdio.h>
struct student          /*声明一个结构体类型 struct student*/
{
    char clas[20];      /*班级*/
    long num;           /*学号*/
    char name[20];      /*姓名*/
    char sex;           /*性别*/
    float score;        /*成绩*/
};
void main()
{
    int i;
    struct student s[4]={
        {"CST01",150101,"zhaowenyue",'F',90},
        {"CST01",150102,"zhangziheng",'M',88},
        {"CST01",150103,"xiangxinran",'F',75},
        {"CST01",150104,"mateng",'M',92}
        };
    for(i=0;i<4;i++)
    printf("%s,%ld,%s,%c,%f\n",s[i].clas,s[i].num,s[i].name,s[i].sex,s[i].
    score);
}
```

在例 8-1 中,性别(sex)“F”和成绩(score)“90”都属于班级(clas)“CST01”、学号(num)

"150101"和姓名(name)"zhaowenyue"的学生,如果将 clas、num、name、sex 和 score 分别定义为互相独立的基本数据类型的变量,则不能反映它们之间的内在联系。

到本章节为止,已经学习了基本数据类型(如整型、实型、字符型等),也学习了一种结构化数据类型——数组,但只有这些数据类型是不够的,有时需要将不同类型的数据组合成一个有机的整体,以便于引用。

8.2　结构体类型声明与结构体变量定义

8.2.1　结构体类型声明

在 C 语言中,结构体类型是由不同数据类型的数据项组成的集合,组成结构体的数据项称为结构体元素或结构体成员。在程序中使用结构体类型时,首先要先声明结构体类型。

结构体类型定义的一般形式如下:

```
struct 结构体类型名
{
    类型说明符 成员名 1;
    类型说明符 成员名 2;
    ...
    类型说明符 成员名 n;
}
```

其中,struct 是关键字,其后是声明的结构体类型名,这两者组成了结构体数据类型的标识符。这个类型类似于其他基本数据类型(如 int,char),以后就可以用这个新的数据类型来定义变量。一定要理解,结构体类型名不是变量,不能直接使用,但能用来定义变量。

结构体类型的定义只是给出了该结构的组成情况,标志着这种类型的结构"模式"已存在,编译程序并没有因此而分配任何存储空间,真正占有存储空间的是具有相应结构类型的变量。

说明:

(1) 结构体类型声明完毕后必须以";"表示结束。

例如,以下语句声明了一个人基本情况结构体类型 person:

```
struct person
{
    char name[20];
    int age;
    char email[50];
}
```

上述代码定义了一个结构体 person,这相当于将 name,age 和 email 这 3 个数据项打包,统一管理。这样,person 可以像 int 和 double 型变量一样,利用 person 声明 person 类型的结构体变量,每个 person 类型结构体变量都包括 name,age 和 email 这 3 个数据项成员。

(2) 每个结构体类型可以含有多个相同数据类型的成员名,这样可以像定义多个相同数据类型的普通变量一样进行定义,这些成员名之间用逗号分隔。结构体类型中的成员名可以和程序中的其他变量名相同,不同结构体类型中的成员也可以同名。

(3) 每个结构体成员可以是基本数据类型,也可以是结构体类型,这种类型被称为结构体类型的嵌套,或者是复杂结构体数据类型。

例如:

```
struct date                    /*声明一个结构体类型 struct date*/
{
    int year;                  /*年*/
    int month;                 /*月*/
    int day;                   /*日*/
};
struct student                 /*声明一个结构体类型 struct student*/
{
    int num;                   /*学号*/
    char name[30];             /*姓名*/
    char sex;                  /*性别*/
    int age;                   /*年龄*/
    struct date birthday;      /*出生日期*/
} student1,student2;
```

以上代码先声明一个日期的结构体类型,其中包括年、月、日,再声明一个学生信息的结构体类型,并且定义两个结构体变量 student1 和 student2。在 struct student 结构体类型中,可以看到有一个成员用于表示学生的出生日期,使用的是 struct date 结构体类型,其 struct date 结构体类型如图 8-1 所示。

				birthday		
num	name	sex	age	year	month	day

图 8-1　struct date 结构体类型

【同步练习】　在商品信息管理系统中,声明一个商品(Product)的结构体数据类型,包含商品的名称(cName)、形状(cShape)、颜色(cColor)、功能(cFunc)、价格(iPrice)和产地(cArea)。

8.2.2　结构体类型定义

如果要在程序中使用结构体类型数据,必须先定义结构体类型,然后再定义该结构体类型变量。结构体类型变量一旦被定义,就可以对其中的成员进行各种运算。结构体类型变量通常采取以下三种形式定义。

1. 先定义结构体类型,再定义结构体变量

在已经定义好结构体类型之后,再定义结构体变量的一般格式如下:

struct 结构体名 结构体变量名表;

其中,"结构体变量名表"由一个或多个结构体变量名组成,当多于一个结构体变量名时,这

些变量名之间用"，"分隔。

例如，以下语句定义两个 student 结构体变量 st1 和 st2。

```
struct student st1,st2;
```

2. 在定义结构体类型的同时定义结构体变量

这种定义结构体变量的一般格式如下：

```
struct 结构体类型名
{
        类型说明符 成员名 1;
        类型说明符 成员名 2;
        ...
        类型说明符 成员名 n;
}结构体变量名表;
```

例如，以下语句在声明结构体类型 student 的同时定义结构体变量 st1 和 st2。

```
struct student          /*声明一个结构体类型 struct student*/
{
    int num;            /*学号*/
    char name[30];      /*姓名*/
    char sex;           /*性别*/
    int score;          /*成绩*/
} st1,st2;
```

3. 直接定义结构体类型变量

直接定义结构体类型变量的方式不需要给出结构体类型名，直接给出结构体类型和结构体变量，一般格式如下：

```
struct
{
        类型说明符 成员名 1;
        类型说明符 成员名 2;
        ...
        类型说明符 成员名 n;
}结构体变量名表;
```

例如，以下语句采用直接定义结构体类型变量的方式定义结构体变量 st1 和 st2

```
struct                  /*未给出结构体类型名*/
{
    int num;            /*学号*/
    char name[30];      /*姓名*/
    char sex;           /*性别*/
    int score;          /*成绩*/
} st1,st2;
```

说明：

（1）结构体类型和结构体变量是不同的概念，前者是为了后者定义而声明的，只能对结构体变量赋值、存取或运算，而不能对一个结构体类型赋值、存取或运算。

（2）结构体类型声明描述了该结构体类型的数据组织形式。在程序执行时，结构体类型声明并不引起系统为该结构体类型分配空间，只有在定义了该结构体类型的变量时，才会为该结构体类型变量分配相应的内存空间。

【同步练习】 在商品信息管理系统中，分别采用 3 种方式定义结构体变量 product1 和 product2。商品（Product）的结构体数据类型包含商品的名称（cName）、形状（cShape）、颜色（cColor）、功能（cFunc）、价格（iPrice）和产地（cArea）。

8.2.3 结构体变量的引用和初始化

结构体类型变量一旦被定义，就可以在程序中使用。与数组类似，在程序中只能引用各个成员，不能直接引用结构体类型变量。只能对结构体类型变量的各个成员进行输入输出，不能对结构体类型的变量进行整体输入输出。引用结构体变量的成员像引用普通变量一样，可以直接进行各种运算。

1. 结构体变量的引用

【例 8-2】 利用结构体变量输出学生信息。

分析：先利用所学知识定义结构体变量 st1，并对结构体变量的成员进行赋值，最后用 printf 语句输出结构体的各个成员值。

程序如下：

```
#include<stdio.h>
#include<string.h>
struct student
{
    long number;
    char name[10];
    int age;
    float score;
}st1;
void main()
{
    struct student st2;
    st1.number=20150101;
    strcpy(st1.name,"linqing");
    st1.age=16;
    st1.score=92.5;
    printf("%d %s %d %6.1f\n", st1.number,st1.name,st1.age,st1.score);
    st2=st1;
    printf("%d %s %d %6.1f\n", st2.number,st2.name,st2.age,st2.score);
}
```

程序运行结果如下：

```
20150101  linqing  16  92.5
```

```
20150101  linqing  16  92.5
```

上面程序中,分别对结构体类型变量 st1 的各个成员进行了赋值。C 语言规定：如果两个结构体类型变量是属于同一结构体类型的,可以互相赋值。因此,语句 st2＝st1 是合法的。

定义结构体类型变量以后,便可以引用该变量,但要注意的是不能直接将一个结构体变量作为一个整体进行输入和输出。要对结构体变量进行赋值、存取或运算,实质上就是对结构体变量成员的操作。结构体变量成员的一般形式是：

结构体变量名.成员名

在引用结构体的成员时,可以在结构体的变量名的后面加上成员运算符".”和成员的名字。例如：

```
st1.number=20150101;
st1.age=16;
```

上面的赋值语句就是对 st1 结构体变量中的成员 number 和 age 两个变量进行赋值。

但是如果成员本身又属于一个结构体类型,就要使用若干个成员运算符,一级一级地找到最低一级的成员,只能对最低级的成员进行赋值、存取以及运算操作。例如,对前面定义的 student1 变量中的出生日期进行赋值：

```
student1.birthday.year=1998;
student1.birthday.month=12;
student1.birthday.day=6;
```

【同步练习】　在商品信息管理系统中,声明结构体类型表示商品,然后定义结构体变量,依次对变量中的成员进行赋值,最后将结构体变量中保存的信息输出。商品(Product)的结构体数据类型包含商品的名称(cName)、形状(cShape)、颜色(cColor)、功能(cFunc)、价格(iPrice)和产地(cArea)。

2. 结构体变量的初始化

【例 8-3】　对学生的基本信息进行初始化,包括学生姓名、性别和年级。

分析：学生的基本信息包含姓名、性别和年级,可以利用结构体变量定义,在对学生的基本信息初始化时,可以使用以下两种方式：

```
#include<stdio.h>
struct Student                              /*学生结构*/
{
    char cName[20];                         /*姓名*/
    char cSex[3];                           /*性别*/
    int iGrade;                             /*年级*/
}student1={"林青","男",3};                   /*定义变量并设置初值*/
int main()
{
    struct Student student2={"李欣","女",3};   /*定义变量并设置初值*/
    /*将第一个结构体中的数据输出*/
```

```
    printf("第一个学生的信息: \n");
    printf("姓名: %s\n",studentl.cName);
    printf("性别: %s\n",studentl.cSex);
    printf("年级: %d\n",studentl.iGrade);
    /*将第二个结构体中的数据输出*/
    printf("第二个学生的信息: \n");
    printf("姓名: %s\n",student2.cName);
    printf("性别: %s\n",student2.cSex);
    printf("年级: %d\n",student2.iGrade);
    return 0;
}
```

程序运行结果:

第一个学生的信息:
姓名:林青
性别:男
年级:3
第二个学生的信息:
姓名:李欣
性别:女
年级:3

上述程序演示了两种初始化结构体的方式,一种是和其他的基本类型一样,在声明结构体的同时定义变量和进行变量的初始化,其一般形式如下:

```
struct 结构体类型名
{
    ...
}结构体变量名={数值 1,数值 2,…,数值 n};
```

例如:

```
struct  s
{
    char name[10];
    int age;
    char sex;
    float score;
}s1={"LiHai",20,'M',90};
```

另一种是在定义结构体变量时进行初始化。其一般形式如下:

```
struct 结构体类型名 结构体变量名={数值 1,数值 2,…,数值 n};
```

例如:

```
struct s
{
    char name[10];
```

```
        int age;
        char sex;
        float score;
    };
    struct s sl={"LiHai",20,'M',90};
```

【同步练习】 定义一个结构体变量,其成员包括工号、姓名、工龄、职务和工资。通过键盘输入所需的具体数据并打印输出。

8.2.4 结构体变量作为函数参数

对于一个结构体变量的某个成员,其使用与简单变量一样,当它作为函数参数时,也与简单变量的操作完全相同。对于一个结构体变量,它也可以整体作为函数参数,但需要注意以下几点。

(1)当采用传值方式时,在函数调用时需要为结构体形参分配内存单元,函数体内对结构体形参中任何成员的修改,都不会影响实参中成员的值。

(2)当采用传引用方式时,在函数调用时不为结构体形参分配内存单元,它们共享实参的内存空间,函数体内对结构体形参中任何成员的修改,都会回传给结构体实参。

(3)形参与实参的结构体类型必须相同。

(4)只有在对结构体变量赋值或作为函数参数传递等情况下才可以直接对一个结构体变量整体操作,其他情况只能对结构体变量的各个成员分别引用。

【例 8-4】 分析以下程序的执行结果。

```
#include<stdio.h>
struct date                /*声明一个结构体类型 struct date*/
{
    int year,month,day;
};
void fun1(struct date z)
{
    z.year=2015;    z.month=9;    z.day=10;
}
void fun2(struct date &z)
{
    z.year=2015;    z.month=9;    z.day=10;
}
void main()
{
    struct date x,y;
    x.year=2014;    x.month=10;    x.day=1;
    y=x;
    fun1(x);                /*调用函数 fun1*/
    printf("x.year=%d,x.month=%d,x.day=%d\n",x.year,x.month,x.day);
    fun2(y);                /*调用函数 fun2*/
    printf("y.year=%d,y.month=%d,y.day=%d\n",y.year,y.month,y.day);
}
```

程序执行结果：

```
x.year=2014,x.month=10,x.day=1
y.year=2015,y.month=9,y.day=10
```

从执行结果可以看出，调用 fun1 函数时，实参 x 到形参 z 是传值方式，fun1()函数中的形参 z 的修改没有反映到实参结构体变量 x 中。调用 fun2()函数时，实参 y 到形参 z 是传引用方式，fun2()函数中的形参 z 的修改回传给实参结构体变量 y。

【同步练习】 分析一下程序的执行结果。

```c
#include<stdio.h>
#include<stdlib.h>
struct st
{
    char name[10];
    char age[5];
    char sex[6];
    float score;
};
void out(st stu)      /*结构体变量 stu 作自定义函数 out()形参*/
{
    printf("姓名:%s\n",stu.name);
    printf("性别:%s\n",stu.sex);
    printf("年龄:%s\n",stu.age);
    printf("分数:%.1f\n",stu.score);
}
void in (st stu)       /*结构体变量 stu 作自定义函数 in()形参*/
{
    float score;
    printf("输入名字:");
    gets(stu.name);
    printf("输入年龄:");
    gets(stu .age);
    printf("输入性别:");
    gets(stu.sex);
    printf("输入分数:");
    scanf("%f",&score);
    stu.score=score;
    printf("\n");
    out(stu);
}
void main()
{
    struct st s={"li Ming","20","man",87.5};
    in(s);           /*结构体变量 s 作函数实参*/
    printf("\n");
```

```
    out(s);              /*结构体变量 s 作函数实参*/
    return 0;
}
```

8.3　结构体数组

【例 8-5】　建立 10 个学生的信息数据库,每个学生的信息是由一个结构体变量表示。
分析:根据前面章节学习的知识,用以下程序实现其功能。

```
#include<stdio.h>
#include<string.h>
struct student
{
    char snum[10];
    char sname[20];
    int age;
    float height;
    float weight;
};
void main()
{
    struct student s1, s2,s3,s4,s5,s6,s7,s8,s9,s10;
    strcpy(s1.snum,"0001");
    strcpy(s1.sname,"zhang san");
    s1.age=19;
    s1.height=1.7;
    s1.weight=60;
    ……                    /*省略了 8 条语句,如果要运行,需补充完整*/
    strcpy(s10.snum,"0010");
    strcpy(s10.sname,"wangshishi");
    s10.age=18;
    s10.height=1.6;
    s10.weight=50;
    return 0;
}
```

如果使用定义 10 个结构体变量然后再依次赋值,那么会很麻烦,C 语言提供了结构体
数组。

```
#include<stdio.h>
#include<string.h>
struct student
{
    char snum[10];
    char sname[20];
```

```
    int age;
    float height;
    float weight;
}s[10];
int main()
{
    struct student s[10]={{"01","zhangsan",19,1.7,60},
                          {"02","li si",20,1.8,65},
                          ...
                          {"10","wangshishi",18,1.6,50}};
    return 0;
}
```

在实际应用中，经常用结构体数组来表示具有相同数据结构的一个群体。

8.3.1 结构体数组的定义

结构体数组定义和结构体变量定义形式类似，它包含两种定义方式。

（1）定义结构体类型之后再定义结构体数组，其一般形式如下：

struct 结构体类型名 结构体数组名[长度];

例如：

```
struct student
{
    int snum;
    char sname[20];
    int age;
    float height;
    float weight;
};
struct student s[10];
```

（2）定义结构体类型的同时定义结构体数组，其一般形式如下：

struct 结构体类型名
{
...
}结构体数组名[长度];

例如：

```
struct student
{
    int snum;
    char sname[20];
    int age;
    float height;
```

```
    float weight;
}s[10];
```

（3）直接定义结构体数组，其一般形式如下：

```
struct
{
…
}结构体数组名[长度];
```

例如：

```
struct
{
    int snum;
    char sname[20];
    int age;
    float height;
    float weight;
}s[10];
```

以上代码都是定义一个数组，其中的元素为 struct student 类型的数据，每个数据中又有 5 个成员变量。

8.3.2 结构体数组的初始化

与初始化基本类型的数组相同，也可以为结构体数组进行初始化操作。初始化结构体数组的一般形式如下：

```
struct 结构体类型名
{
成员表列;
}数组名[长度]={{0号数组元素的各个初值},
{1号数组元素的各个初值},
…
{n-1号数组元素的各个初值}};
```

例如：为学生信息结构体数组进行初始化操作：

```
struct student              /*学生信息结构体*/
{
    char cName[20];          /*姓名*/
    long iNumber;            /*学号*/
    char cSex[3];            /*性别*/
    int iGrade;              /*年级*/
} student[5]={{"王宝宝",20150101,"男",3},
            {"孙悦",20150102,"女",3},
            {"韩雪",20150103,"女",3},
            {"赵子毅",20150104,"男",3},
```

{"林鹏飞",20150105,"男",3}
            };   /＊定义数组并设置初始值＊/

为数组进行初始化时,最外层的大括号表示所列出的是数组中的元素。因为每一个元素都是结构体类型,所以数组中各个元素的初值用大括号括起来,同一数组元素的各个成员变量的初值用逗号分隔。

定义数组的同时为数组初始化时,数组元素的个数可以不指定,系统会根据初值的个数确定数组元素的个数。例如:

数组名[ ]={{0号数组元素的各个初值},
{1号数组元素的各个初值},
…
{n-1号数组元素的各个初值}};

定义结构体数组时,可以先声明结构体类型,然后再定义结构体数组。同样,为结构体数组进行初始化操作时也可以使用同样的方式,例如:

```
struct student              /＊学生信息结构体＊/
{
    char cName[20];         /＊姓名＊/
    long iNumber;           /＊学号＊/
    char cSex[3];           /＊性别＊/
    int iGrade;             /＊年级＊/
};
struct student stu[5]={ {"王宝宝",20150101,"男",3},
                        {"孙悦",20150102,"女",3},
                        {"韩雪",20150303,"女",3},
                        {"赵子毅",20150104,"男",3},
                        {"林鹏飞",20150105,"男",3}
};                          /＊定义数组并设置初始值＊/
```

【同步练习】 建立10种商品的商品信息管理系统,商品(Product)的结构体数据类型包含商品的名称(cName)、形状(cShape)、颜色(cColor)、功能(cFunc)、价格(iPrice)和产地(cArea)。要求对结构体变量中的成员进行赋值,最后将结构体变量中保存的信息输出。

8.3.3 结构体数组作为函数参数

像普通数组一样,结构体数组也可以作为函数参数。同样,当结构体数组作为函数的参数时只作为引用参数,即与实参对应的形参不会重新分配内存空间,它们共享同一内存空间,也就是说,当结构体数组作为函数参数时,形参的修改会回传给实参。

【例8-6】 编写一个程序,用来记录30个学生的学号(num)、姓名(name)和数据结构成绩(score)。从键盘获得数据输入,输出显示全部学生的信息,同时计算全班平均分,查找最高分学生并输出显示其信息。

分析:设计一个结构体类型student(含学号num,姓名name和分数score成员),定义其结构体数组stu。average函数用于求出结构体数组stu中的平均分,max函数用于求出结构体数组stu中的最高分,这些函数均以结构体数组stu为参数。

```c
#include<stdio.h>
#define  N  3
struct student
{
    int num;
    char name[20];
    int score;
};
struct student stu[N];
float average(student stu[])
{
    int i,sum=0;
    float ave;
    for(i=0;i<N;i++)
    sum=sum+stu[i].score;
    ave=(float)sum/N;
    return ave;
}
int max(student stu[])
{
    int j=0,i;
    for(i=0;i<N;i++)
    if(stu[i].score>stu[j].score)
    j=i;
    return j;
}
int main()
{   int i,k;
    float y;
    for(i=0;i<N;i++)
    {
        printf("第%d个学生:\n",i+1);
        printf("Number:");
        scanf("%d",&stu[i].num);
        printf("Name:");
        scanf("%s",&stu[i].name);
        printf("Score:");
        scanf("%d",&stu[i].score);
    }
    printf("全部学生信息:\n");
    printf("Number\t\t\tName\t\t\tScore\n");
    for(i=0;i<N;i++)
    {
    printf("%d\t\t\t%s\t\t\t%d\n",stu[i].num,&stu[i].name,stu[i].score);
    }
```

```
k=max(stu);
printf("最高分学生信息:\n");
printf("Number\t\t\tName\t\t\tScore\n");
printf("%d\t\t\t%s\t\t\t%d\n",stu[k].num,&stu[k].name,stu[k].score);
y=average(stu);
printf("全班平均分:\n");
printf("%f\n",y);
return 0;
}
```

执行结果如下(为节省篇幅只执行 3 个学生,30 个学生同下):

第 1 个学生:
Number:15101
Name:赵子毅
Score:87
第 2 个学生:
Number:15102
Name:林鹏飞
Score:98
第 3 个学生:
Number:15103
Name:韩雪
Score:79
全部学生信息:

Number	Name	Score
15101	赵子毅	87
15102	林鹏飞	98
15103	韩雪	79

最高分学生信息:

Number	Name	Score
15102	林鹏飞	98

全班平均分:
88.000000

8.4 结构体指针

结构体指针变量也是一种指针变量,用来指向一个结构体变量,也可以指向结构体数组中的某个元素。结构体指针与以前介绍的各种指针在特性和使用方法上完全相同。结构体指针变量的运算也按照 C 语言的地址计算规则进行。例如,结构体指针变量加 1 将指向内存中下一个结构体变量,结构体指针变量自身地址值的增加量取决于其所指向的结构体变量的数据长度(可用 sizeof()函数获取)。

8.4.1 结构体指针变量的定义及引用

结构体指针变量是指向一个结构体变量的指针。结构体指针变量的一般定义格式如下：

> struct 结构体类型 * 结构体指针；

例如，以下语句定义了结构体指针变量 sp 并指向结构体变量 stud：

> struct student stud={"李国庆","男",20,"CST"}, * sp=&stud;

其中，sp 是一个 student 结构体指针变量，而不是结构体变量，因此不能写成 sp.name，必须加上圆括号写成（* sp）.name。为此，在 C 语言中引入了一个指向运算符"->"连接指针变量和其指向的结构体变量的成员，例如（* sp）.name 改写为 sp->name。指向运算符"->"的优先级最高，例如：

（1）sp->age＋1 相当于（sp->age）＋1，即返回 sp->age 的值加 1 的结果。

（2）sp->age＋＋ 相当于（sp->age）＋＋，即将 sp 所指向的结构体的 age 成员值自增 1。

8.4.2 结构体数组指针

一个指针变量可以指向结构体数组，即将该数组的起始地址赋值给该指针变量，这种指针就是结构体数组指针。

例如，以下语句定义了 Student 结构体的一个数组和该数组的指针。

> struct Student stud[40], * sp=&stud;

其中，sp 是 Student 结构体数组指针。从定义上看，该指针与结构体指针没什么区别，只不过是指向结构体数组。

当执行 sp=&stud 语句后，指针 sp 指向 stud 数组的 0 号元素；当进行 sp＋＋后，表示指针 sp 指向下一个元素的起始地址。但要注意下面两种操作的不同之处。

（1）（＋＋sp)->age 表达式：先将 sp 自增 1，然后取得它指向的元素中的成员 age 的值。若 sp 原来指向 stud[0]，则该表达式返回 stud[1].age 的值，之后 sp 指向 stud[1]。

（2）（sp＋＋)->age 表达式：先取得 sp->age 的值，然后再进行 sp 自增 1。若 sp 原来指向 stud[0]，则该表达式返回 stud[0].age 的值，之后 sp 指向 stud[1]。

sp 只能指向该结构体数组的一个元素，然后用指向运算符"->"再取其成员的值，而不能直接指向一个成员。

【例 8-7】 编写一个程序，使用结构体指针变量输出结构体数组中各元素的值。

```
#include<stdio.h>
#include<string.h>
void main()
{
    struct Person
    {
        int no;
        char name[20];
    }p[3]={{1501,"李丹"},{1502,"林涛"},{1503,"张宁宁"}};
    struct Person * pp;
```

```
    printf("学号\t 姓名\n");
    for(pp=p;pp<p+3;pp++)
    printf("%d\t%s\n",pp->no,pp->name);
}
```

程序执行结果：

```
学号          姓名
1501         李丹
1502         林涛
1503         张宁宁
```

【同步练习】 编写一个程序，求空间任意两点间的距离。要求用结构体表示点的坐标，并用结构体指针实现。

8.4.3　指向结构体的指针作为函数参数

在 ANSI C 标准中允许用结构体变量作函数参数进行整体传送。但是这种传送要将全部成员逐个传送，特别是成员为数组时将会使传送的时间和空间开销增大，严重地降低了程序的效率。因此最好的办法就是使用指针，即用指针变量作函数参数进行传送。这时由实参传向形参的只是地址，从而减少时间和空间的开销。

【例 8-8】 编写可进行复数加、减法运算的程序。要求用自定义函数实现复数的加减法运算。

```
#include<stdio.h>
#include<math.h>
struct complex
{
    float x;
    float y;
}c;
void complex_add(struct complex a,struct complex b)
{
    c.x=a.x+b.x;
    c.y=a.y+b.y;
}
void complex_sub(struct complex a,struct complex b)
{
    c.x=a.x-b.x;
    c.y=a.y-b.y;
}
void complex_print(struct complex m)
{
    if(m.x)
    printf("%6.2f",m.x);
    if(m.y>0)
        printf("+%6.2fi\n",m.y);
```

```
    else if(m.y<0)
        printf("%6.2fi\n",m.y);
}
void complex_scan(struct complex * p)
{
    scanf("%f,%f",&p->x,&p->y);
}
void main()
{
    struct complex a,b;
    complex_scan(&a);
    complex_scan(&b);
    printf("a=");
    complex_print(a);
    printf("b=");
    complex_print(b);
    complex_add(a,b);
    printf("a+b=");
    complex_print(c);
    complex_sub(a,b);
    printf("a-b=");
    complex_print(c);
}
```

在程序的前者声明了外部结构体类型 struct complex,这样,在同一源程序中的各个函数都可以用它来定义变量。complex_add 和 complex_sub 函数中的形参 a 和 b 均定义为 struct complex 类型的变量,complex_print 函数中的形参 c 也定义为 struct complex 类型的变量,而 complex_scan 函数中的形参 p 定义为指向结构体的指针变量。

main()函数调用上述函数进行复数的读入,复数的加减运算和复数输出。在调用 complex_scan 时,以结构体变量 a 的起始地址为实参向形参 p 进行地址传递,在调用 complex_add 和 complex_sub 函数时,以结构体变量 a 和 b 为实参向形参 a 和 b 进行值传递。

【同步练习】 定义一个结构体变量,其成员包括姓名和年龄。编写函数实现结构体变量成员的输出,要求通过结构体变量或结构体指针作函数参数进行数据传递。

8.5 链表——结构体应用

到目前为止,处理"批量"数据都是利用数组来存储。定义数组必须指明元素的个数,从而也限定了能够在一个数组中存放的数据量。在实际应用中,一个程序在每次运行时要处理数据的数目通常并不确定,数组如果定义的小了,将没有足够的空间存放数据,定义大了又会浪费存储空间。对于这种情况,如果能在程序执行过程中,根据需要随时开辟存储单元,不需要时随时释放,就能比较合理地使用存储空间。C 语言的动态存储分配提供了这种可能性。但每次动态分配的存储单元,其地址不可能是连续的,而所需处理的批量数据往往是一个整体,各数据之间存在着不可分割的关系。如果利用链表这样的存储结构就完全可以反映出数据之间的相互关系。

8.5.1　链表概述

链表是一种物理存储单元上非连续和非顺序的存储结构,数据元素的逻辑顺序是通过链表中的指针链接次序实现的。链表由一系列结点(链表中每一个元素称为结点)组成,结点可以在运行时动态生成。每个结点包括两个部分:一个是存储数据元素的数据域,另一个是存储下一个结点地址的指针域。如果前一个结点的指针域直接指向下一个结点,则称为单链表。

链表是一种常见的重要的数据结构,为了算法方便,一般将单链表设计为带头结点的单链表,这类单链表的第一个结点仅作为头结点,不存放实际数据,从第二个结点起才真正存放数据,把存放实际数据值的结点称为数据结点。

例如,由(22,30,8,6,50)序列构成的单链表如图 8-2 所示,其中头结点为 * head,最后一个结点的指针域为空(用符号"∧"表示),并规定:数据域为 22 的结点为 1 号结点,数据域为 30 的结点为 2 号结点,…,数据域为 50 的结点为 5 号结点,如图 8-2 所示。

图 8-2　单链表

单链表中结点定义如下:

```
struct node    /*定义 ListNode 为 node 结构体类型 */
{
    char data;              /*数据域 */
    struct node * next;     /*指针域 */
}ListNode;
```

8.5.2　链表基本运算

1. 建立单链表

假设结点的数据类型是字符,逐个输入构成单链表的字符,并以换行符'\n'为输入结束标识符。动态建立单链表的常用方法有两种,即头插法建表和尾插法建表。头插法始终在头结点之后插入新建的结点,结点数据域顺序与输入的顺序正好相反;尾插法始终在最后一个结点之后插入新建的结点,结点数据域顺序与输入的顺序相同。采用头插法建立单链表的过程如图 8-3 所示。

头插法对应的函数如下:

```
ListNode  * createlist1();            /*头插法建立单链表 */
{
    ListNode   * head, * s;
    int d;
    head=(ListNode * )malloc(sizeof(ListNode));
```

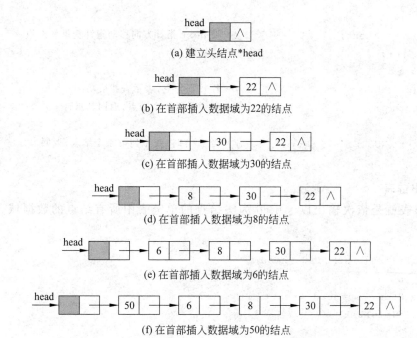

(a) 建立头结点*head

(b) 在首部插入数据域为22的结点

(c) 在首部插入数据域为30的结点

(d) 在首部插入数据域为8的结点

(e) 在首部插入数据域为6的结点

(f) 在首部插入数据域为50的结点

图 8-3　采用头插法建立一个单链表的过程

```
head->next=NULL;                        /* 创建头结点并置 next 域为空 */
printf("请输入结点值：");
scanf("%d",&d);                         /* 读第一个整数 */
while(d!=-1)                            /* 以输入-1 表示结束 */
{
    s=(ListNode *)malloc(sizeof(ListNode));    /* 创建一个新结点 */
    s->data=d;                          /* 将读入的数据放入新建结点的数据域中 */
    s->next=head->next;                 /* 插入 s 结点作为第一个数据结点 */
    head->next=s;
    scanf("%d",&d);                     /* 读入下一个整数 */
}
return head;                            /* 返回头结点的指针 */
}
```

2. 查找运算

查找运算实现按序号进行查找的功能,在头结点为 * head 的单链表中顺序查找序号为 i(1<=i<=n,其中 n 为数据结点的个数)的结点。若找到该结点,则返回其指针,否则返回 NULL。按序号查找的函数如下:

```
ListNode  * getnode(ListNode  * head,int i)
{
    int j=1;                        /* j 累计扫描结点的个数 */
    ListNode  * p=head->next;       /* 从第一个数据结点开始扫描 */
    if(i<1) return NULL;            /* 当 i<1 时返回 NULL */
    while(p!=NULL&&j<i)
```

```
    {
        p=p->next;                    /* 沿 next 指针方向移动指针变量 */
        j++;
    }
    if(p!=NULL)                       /* 若 p 不为空,表示查找成功 */
    return p;                         /* 找到了第 i 个结点,返回其指针 */
    else
    return NULL;                      /* 当 i>n 时,找不到第 i 个结点,返回 NULL */
}
```

3. 输出链表

输出链表就是依次输出以 * head 为头结点的单链表中所有结点的数据域。其函数如下:

```
void displist(ListNode  * head)
{
    ListNode  * p=head->next;
    while(p!=NULL)
    {
        printf("%d",p->data);
        p=p->next;
    }
    printf("\n");
}
```

4. 插入运算

插入运算就是在以 * head 为头结点的单链表中,将值为 x 的新结点插入到表的序号为 i(1<=i<=n+1)的结点位置上。若 i=1,表示插入的结点作为 1 号结点;若 i=n+1,表示插入的结点作为最后一个结点。首先查找序号为 i−1 的结点 * p,然后将结点 * s 插入到结点 * p 之后。对应算法如下:

```
void insertnode(ListNode   * head,DataType x,int i)
{
    ListNode   * p,* s;
    s=(ListNode  * )malloc(sizeof(ListNode));    /* 创建新插入结点 */
    s->data=x;
    if(i==1)
    {
        s->next=head->next;
        head->next=s;
    }
    else
    {
        p=getnode(head,n-1);                      /* 找到第 i-1 个结点 */
        if(p=NULL)
        {
```

```
        printf("i取值有错\n");
        exit(0);
    }
    s->next=p->next;
    p->next=s;
    }
}
```

5. 删除运算

删除运算就是在以 * head 为头结点的单链表中删除序号为 i(1<=i<=n)的结点。首先查找序号为 i-1 的结点 * p,然后删除 * p 之后的结点。对应算法如下:

```
void deletenode(ListNode  * head,int i)
{
    ListNode  * p, * r;
    p=getnode(head,n-1);           /* 找到第 i-1 个结点 */
    if(p=NULL||p->next=NULL)       /* i<1 或 i>n 时删除位置有错 */
    {
        printf("i取值有错\n");
        exit(0);
    }
    r=p->next;                     /* 令 r 指向被删除结点 */
    p->next=r->next;               /* 将 * r 结点从链表中摘掉 */
    free(r);                       /* 释放 * r 结点,将所占空间释放 */
}
```

6. 释放链表

释放以头结点为 * head 的单链表,就是将其占用的所有存储空间均释放掉。释放链表的算法如下:

```
void freeList(ListNode * head)
{
    ListNode * p=head, * q=p->next;
    while (q!=NULL)
    {
        free(p);
        p=q;q=q->next;
    }
    free(q);
}
```

8.5.3 链表应用举例

【例 8-9】 编写一个程序,输入所售商品的名称、单价和数量,输出一个商品销售清单并统计总金额。

程序代码如下:

```c
#include<stdio.h>
#include<stdlib.h>
#include<string.h>
struct node                        /*定义结点数据类型*/
{
    char spname[20];
    float price;
    int num;
    float total;
    struct node * next;
};
struct node * create(void);        /*创建链表函数*/
void main()
{
    struct node * head;            /*定义head为一个链表头指针*/
    float sum=0;
    head=create();                 /*创建列表*/
    printf("\n商品销售清单\n");
    printf("--------------------------------------------------\n");
    printf("   商品名称     单价      数量     小计\n");
    printf("--------------------------------------------------\n");
    while(head!=NULL)              /*链表不为空,则输出商品清单*/
    {
        sum+=head->total;
        printf("%10s  %7.1f  %7d  %7.1f\n",
                head->spname,head->price,head->num,head->total);
        head=head->next;
    }
    printf("--------------------------------------------------\n");
    printf("总金额: %8.2f\n",sum);
}
struct node * create()             /*创建列表,并返回表头指针*/
{
    struct node * head;            /*表头*/
    struct node * p;               /*新建结点*/
    struct node * tail;            /*表位结点*/
    float dj=0;
    char name[20];
    int s1,m=1;
    head=NULL;                     /*还没有任何数据,表头为空*/
    tail=head;                     /*尾指针首先指向表头指针*/
    while(1)
    {
        printf("第%d件商品名称:",m++);
        scanf("%s",name);
```

• 262 •

```
    if(name[0]=='0')              /*输入数据位0表示输入结束*/
        break;
    printf("单价：");
    scanf("%f",&dj);
    printf("数量：");
    scanf("%d",&s1);
    p=(struct node *)malloc(sizeof(struct node));      /*新建一个结点*/
    strcpy(p->spname,name);
    p->price=dj;
    p->num=s1;
    p->total=dj*s1;
    p->next=NULL;
    if(head==NULL)
    {
        head=p;
        tail=head;
    }
    else
    {
        tail->next=p;             /*在表尾链接新结点*/
        tail=p;                   /*新建结点成为表尾*/
    }
}
    return head;                  /*返回表头指针*/
}
```

程序运行情况和结果如下：

第1件商品名称：笔记本
单价：3
数量：4
第2件商品名称：铅笔
单价：1.5
数量：5
第3件商品名称：尺子
单价：2
数量：2
第4件商品名称：0
商品销售清单

商品名称	单价	数量	小计
笔记本	3.0	4	12.0
铅笔	1.5	5	7.5
尺子	2.0	2	4

总金额：23.50

【同步练习】 有若干个学生的成绩表，每个学生信息包括学号、姓名、数据结构、操作系统和离散数学成绩。编写一个程序建立学生单链表，统计并输出每个学生的平均分及每门课程的平均分。

8.6 共 用 体

【例8-10】 编写一个程序，解决学校人员管理问题。教师数据包括姓名、性别、年龄、类别和职称；学生数据包括姓名、性别、年龄、类别和专业；行政人员数据包括姓名、性别、年龄、类别和职务。输入5个人员数据，分别根据类别输入不同的数据，最后以表格形式输出。

分析：观察人员数据发现具备一定的规律，部分内容相同，最后一部分数据根据人员的类别不同而发生变化，因此考虑用结构体，而最后一部分数据共有3种形态，都表示同一项内容，因此使用共用体可以很好地解决数据的存储。

定义结构体数据数组，包含5个人员信息，在输入时要根据人员类别的不同分别输入对应数据，如果类别为学生，输入专业；如果类别为教师，输入职称；如果类别为行政人员，输入职务。

```c
#include<stdio.h>
#include<string.h>
struct person
{
    char name[20];
    char sex[6];
    int age;
    char type;
    union
    {
        char cla[20];
        char prof[16];
        char post[20];
    }rank;
};
void main()
{
    struct person per[5];
    int i;
    printf("请输出人员信息：姓名 性别 年龄 类别 专业或职称或职务\n");
    printf("(注意's'表示学生,'t'表示教师,'p'表示行政人员)\n");
    for(i=0;i<5;i++)
    {
        printf("No %d:",i+1);
        scanf("%s  %s  %d  %c",per[i].name,per[i].sex,&per[i].age,
        &per[i].type);
```

```
        switch(per[i].type)
        {
        case's':
            scanf("%s",&per[i].rank.cla);
            break;
        case't':
            scanf("%s",&per[i].rank.prof);
            break;
        case'p':
            scanf("%s",&per[i].rank.post);
            break;
        }
    }
    printf("您输入的人员名单信息如下所示：\n");
    for(i=0;i<5;i++)
    {
        printf("No %d:",i+1);
        printf("%s\t%s\t%d\t%c\t",per[i].name,per[i].sex,per[i].age,
        per[i].type);
        switch(per[i].type)
        {
        case's':
            printf("%s\n",per[i].rank.cla);
            break;
        case't':
            printf("%s\n",per[i].rank.prof);
            break;
        case'p':
            printf("%s\n",per[i].rank.post);
            break;
        }
    }
}
```

程序是一次执行结果如下：

请输出人员信息：姓名 性别 年龄 类别 专业或职称或职务(注意's'表示学生,'t'表示教师,'p'表示行政人员)

No 1:林鹏飞 男 18 s 计算机
No 2:韩雪 女 30 t 讲师
No 3:赵飞 男 18 s 机械
No 4:汪国庆 男 50 p 职员
No 5:马晓慧 女 46 t 副教授
您输入的人员名单信息如下所示：
No 1:林鹏飞   男   18   s   计算机
No 2:韩雪   女   30   t   讲师

No 3:赵飞	男	18	s	机械
No 4:汪国庆	男	50	p	职员
No 5:马晓慧	女	46	t	副教授

对于程序中的教师、学生和行政人员来说,其职称、专业和职务只取其中之一,故将这部分设计成共用体,即 rank。教师的职称、学生的专业和行政人员的职务存放在同一段内存单元中,通过结构体数据类型(struct person)数据的 type 成员来进行判定,如果是教师,则输出其职称;如果是学生,则输出其专业;如果是行政人员,则输出其职务。

在 C 语言中,共用体数据类型和结构体数据类型一样,也是一种构造型的数据类型。共用体数据类型在声明上与结构体十分相似,但由它们定义的变量在内存空间的占用分配上是有区别的,结构体变量的所有成员占用不同的内存空间,而共用体变量的所有成员占用相同的内存空间,且在任一时刻只有一个成员起作用(其值有意义)。

8.6.1 共用体的定义

所谓共用体(也称联合体),指将不同的数据项组织成一个整体,它们在内存中占用同一段存储单元,有相同的起始地址。与结构体类型定义相类似,共用体的一般定义形式为:

union 共用体类型名
{ 类型说明符 成员名1;
类型说明符 成员名2;
…
类型说明符 成员名n;
}共用体变量名表;

例如:

union data
{
int i;
char ch;
float f;
}a,b,c;

这种形式直接定义了共用体变量。在定义共用体变量时,也可以将类型定义和变量定义分开。例如:

union data
{
int i;
char ch;
float f;
};
union data a,b,c;

共用体数据类型和结构体数据类型在形式上非常相似,但其实际的含义及存储方式是完全不同的。

8.6.2　共用体的引用和初始化

只有先定义了共用体变量才能在后续程序中引用它,有一点需要注意:不能引用共用体变量,而只能引用共用体变量中的成员。

1. 共用体变量的引用

(1) 引用共用体变量中的一个成员。

引用共用体变量成员的一般格式为:

共用体变量.成员名

例如:

```
union untype            /*共用体*/
{
int a;
float b;
char c;
}Date;
```

其成员引用为:

```
Date.a,Date.b,Date.c
```

需要注意的是,不能同时引用 3 个成员,在某一时刻,只能使用其中之一的成员。

(2) 共用体类型变量的整体引用。

可以将一个共用体变量作为一个整体赋给另一个同类型的共用体变量,例如:

```
union untype Date1, Date2;
…
Date1=Date2;
```

这种赋值的前提条件是两个共用体变量的数据类型必须完全相同。

2. 共用体变量的初始化

共用体变量在程序中有独特的使用方式,在定义的同时只能用第一个成员的类型的值进行初始化。共用体变量初始化的一般格式为:

```
union 共用体类型 共用体变量={第一个成员类型的数据};
```

例如:

```
union untype   un1={10};
```

在共用体变量 un1 初始化后,其内存分配如图 8-4 所示。un1 有 3 个成员,这 3 个成员都是从同一地址开始存放,也就是使用覆盖技术,这几个变量互相覆盖。因此,共用体变量占用的存储空间长度与其成员中占用存储空间长度最多的那个成员相等。

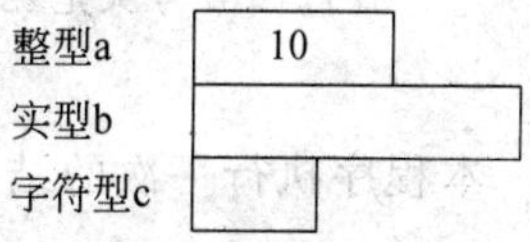

【例 8-11】　共用体类型与结构体类型占用存储空间的比较。

图 8-4　共用体变量内存分配

```
#include<stdio.h>
struct data1
{
    int i;
    char ch;
    float f;
}a;
union data2
{
    int i;
    char ch;
    float f;
}b;
void main()
{
    printf("%d,%d\n",sizeof(struct data1),sizeof(union data2));
}
```

运行结果:

12,4

【同步练习】 有 10 个按一定顺序排列的数,其中排在 1,3,5,7 和 9 位的数都是实数,排在 2,4,6,8 和 10 位的数都是整数。编写程序实现:输入这 10 个数,求其和值并输出。试用共用体实现这一功能。

8.7 枚 举 类 型

【例 8-12】 已知今天是星期一,编写一个程序,求若干天之后是星期几。

分析:使用一个星期的枚举类型求解。程序如下:

```
#include<stdio.h>
void main()
{
    int n;
    enum {sun,mon,tue,wed,thu,fri,sat} day;
    char weekday[7][7]={"星期天","星期一","星期二","星期三","星期四","星期五","星期六"};
    printf("请输入间隔天数:");
    scanf("%d",&n);
    day=mon;
    printf("今天是%s,%d 天后是%s.\n",weekday[day],n,weekday[(day+n)%7]);
}
```

本程序执行一次的结果如下:

请输入间隔天数:92

今天是星期一,92天后是星期二

随着计算机的不断普及,程序不仅只用于数值计算,还更广泛地用于处理非数值的数据。例如:性别、月份、星期几、单位名、学历和职业等,都不是数值数据。如果能在程序中用自然语言中有相应含义的单词来代表某一状态,则程序就很容易阅读和理解。也就是说,事先考虑到某一变量可能取的值,尽量用自然语言中含义清楚的单词来表示它的每一个值,这种方法称为枚举方法,用这种方法定义的类型称枚举类型。

8.7.1 枚举类型的声明和变量定义

枚举类型声明的一般形式为:

enum 枚举标识名 {枚举值 1,枚举值 2,…};

例如:

enum weekday {sun,mon,tue,wed,thu,fri,sat};

该枚举名为 weekday,枚举值共有 7 个,即一周中的 7 天。凡是被说明为 weekday 类型变量的取值只能是 7 天中的某一天,也就是只能从这列举出来的 7 个值中取一个。

用枚举类型定义枚举变量的格式如下:

enum 枚举标识名 变量名表;

例如:

enum flag {yes,no};
enum flag answer,cont;

以上声明了一个名为 flag 的枚举类型,这种枚举类型包含有两个枚举值 yes 和 no,然后用此枚举类型定义了两个枚举变量 answer 和 cont。也可以直接定义枚举变量,一般格式为:

enum {枚举值 1,枚举值 2,…} 变量名表;

例如:

enum {yes,no} answer,cont;

说明:

(1) enum 为关键字,是枚举类型的标志。"枚举标识名"和各"枚举值"(也可以称枚举元素)都只允许是合法的用户定义标示符。以下有关四则运算的枚举类型说明都是非法的:

enum operater {+,-,*,/};
enum operater { '+', '-', '*', '/'};

因为标识符只允许由字母、数字和下划线组成,不允许用其他字符或字符常量。

(2) 在声明一个枚举类型时,必须给出它的全部枚举值,也就是说,在声明的同时就限定了取值范围。

(3) 在 C 中,枚举值(枚举元素)被处理成一个整型常量,此常量的值取决于声明时各枚举值排列的先后次序,第一个枚举值的序号为 0,因此其值为 0,以后顺序加 1。

```
enum operater {add,sub,mul,div};
enum operater  op1,op2;
```

其中 add 的值为 0,sub 的值为 1,mul 的值为 2,div 的值为 3。

枚举值 add 和 sub 等本身就是常量,不允许对其进行赋值操作,例如,add=3;sub=5;
都是错误的。但可以在声明时人为规定枚举值的序号,例如:

```
enum operater {add=2,sub,mul,div};
```

对于没有指定具体值的枚举元素,其值为前一元素值加 1。这里 add 的值为 2,sub 的
值就为 3,其他以此类推。取值不一定按递增顺序排列。例如:

```
enum operater {add=4,sub=1,mul,div};
```

此时 add 的值为 4,sub 的值为 1,mul 的值为 2,div 的值为 3。如果对枚举元素的值出
现人为的重复声明,例如:

```
enum operater {add=1,sub=1,mul,div};
```

系统会报错。有些隐含重复声明,例如:

```
enum operater {add=2,sub=1,mul,div};
```

此时 add 和 mul 的值均为 2,系统也会报错。

8.7.2 枚举类型变量的操作

本节的讨论都基于如下枚举类型声明和枚举变量定义:

```
enum operater {add,sub,mul,div};     /* 默认: add=0,sub=1,mul=2,div=3 */
enum operater  op1,op2;
```

1. 枚举变量的赋值

只能给枚举变量赋枚举值,赋值运算符两边必须属同一枚举类型。例如以下的赋值是
正确的:

```
op1=add;op2=div;
```

而

```
op1=pow;
```

是错误的。因为 op1 被定义为 operater 枚举类型,而枚举值 pow 不属于 operater 枚举类
型。另外,不能直接给枚举变量赋整型值,因此以下的赋值是错误的。

```
op1=1;
```

但是可以利用强制类型转换实现:

```
op1= (enum operater)1;              /* 相当于把 sub 赋给了 op1 */
op2= (enum operater)(1+2);          /* 相当于把 div 赋给了 op2 */
```

2. 枚举元素加（减）一个整数的运算

枚举元素可以进行加（减）一个整数的运算，从而得到其后（前）面某个元素。例如：

```
op1=(enum operater)(sub+2);      /* op1 得到枚举值 div */
op2=(enum operater)(op1-1);      /* op2 得到枚举值 mul */
```

3. 枚举类型数据的关系运算

枚举类型数据可以进行关系运算。关系比较的依据是类型声明中各元素的值。例如：

```
add>sub 的结果为 false        /* add 的值为 0,sub 的值为 1 */
mul>sub 的结果为 true         /* mul 的值为 2,sub 的值为 1 */
```

4. 枚举类型变量作为循环控制变量

枚举类型变量可以作为循环控制变量，也可以按整型输出其序号值。例如：

```
for(op1=add,op1<(enum operater)(op1+1),op1++)
printf("%d",op1);
```

以上程序段将输出 4 个整数：0 1 2 3。

5. 枚举变量的输入输出

枚举变量只能通过赋值语句得到值，不能通过 scanf()语句直接读入数据，也不能通过输出语句直接以标识符形式输出枚举元素。必要时可通过 switch 语句将枚举值以相应的字符串形式输出，例如：

```
switch(op1)
{
case add:printf("add\n");break;
case sub:printf("sub\n");break;
case mul:printf("mul\n");break;
case div:printf("div\n");break;
}
```

【同步练习】 定义枚举类型 score，用枚举元素代表成绩的等级，如 90 分以上为优（A），80～89 分为良（B），70～79 分为中（C），60～69 分为及格（D），60 分以下为差（F），通过键盘输入一个学生的成绩，然后输出该学生成绩的等级。

8.8　本章常见错误总结

1. 定义结构体或共用体类型时，忘记在最后的}后面加分号。例如：

```
struct stu
{
int num;
char name;
char sex;
}
```

定义结构体是一个声明语句,结尾必须加";",正确的写法如下:

```
struct stu
{
int num;
char name;
char sex;
};
```

2. 将一种类型的结构体变量对另一种类型的结构体变量进行赋值,例如:

```
struct student
{
long number;
char name[10];
int age;
float score;
}st1;
struct date
{
int year;
int month;
int day;
}st2;
```

结构体变量 st1 和 st2 的类型不同,不能出现 st2＝st1 这样的语句,应分别对其成员进行赋值。正确的写法如下:

```
st1.number=20150101;
strcpy(st1.name,"linqing");
st1.age=16;
st1.score=92.5;
st2.year=2015;
st2.month=09;
st2.day=10;
```

3. 对结构体指针变量进行赋值时,把结构体名赋给结构体指针变量,例如:

```
struct stu
{
    char * name;
    int num;
    float score;
} * pstu, stu1, stu2;
pstu=&stu;
pstu=stu1;
```

结构体名和结构体变量是两个不同的概念,不能混淆。结构体名只能表示一个结构形式,是一种数据类型,编译器并不对它分配内存空间,就像 int 和 float 这些关键字本身不分配内存一样。只有当一个变量被定义为这种数据类型时,才对该变量分配内存空间。所以上面 &stu 这种写法是错误的,不可能去取一个结构体名的首地址。应该把结构体变量的首地址赋给 pstu,而且不要忘记结构体变量前面要加取地址符 &,正确的写法如下:

```
pstu=&stu1;
pstu=&stu2;
```

4. 一个结构体指针变量虽然可以用来访问结构体变量或结构体数组元素的成员,但是,不能使它指向一个成员。也就是说不允许取一个成员的地址来赋予它。所以,下面的赋值是错误的:

```
ps=&boy[1].sex;
```

而只能是:

```
ps=boy;              /*赋予数组首地址*/
```

或者是:

```
ps=&boy[0];          /*赋予 0 号元素首地址*/
```

5. 不能使用共用体变量,只能引用共用体变量中的成员。例如:

```
union
{
    int i;
    char c;
}stu;
```

其成员引用为 stu.i,stu.c

6. 因为枚举值是常量,不能赋值,所以下面的写法是错误的:

```
sun=5;
mon=2;
```

只能把枚举值赋予枚举变量,例如:

```
a=sun;
b=sat;
```

同时,不建议把数值直接赋给枚举变量,例如:

```
a=1;
b=6;
```

如果一定要使用数值,必须使用强制类型转换:

```
a=(enum week)1;
b=(enum week)6;
```

本 章 小 结

本章介绍了结构体、共用体以及枚举类型的知识,具体包括如下几方面。

1. 结构体名和结构体变量是两个不同的概念

结构体名只能表示一种数据类型的结构,编译系统并不对其分配内存空间。结构体变量的定义有三种方法:

(1) 间接定义——先定义结构体,再定义结构体变量;

(2) 在定义结构体的同时定义结构体变量;

(3) 直接定义结构体变量而不指定类型名。在程序中先定义结构体,再定义结构体变量。

2. 结构体变量的使用

主要是通过结构体变量成员的操作来实现的,主要有结构体变量的引用、初始化、赋值、输入和输出及应用这些操作来解决现实中复杂问题。对结构体变量的使用是通过对其成员的引用来实现的,一般使用运算符.来访问成员,如果定义了指向结构体变量的指针,访问成员方法常用有两种:一种是->运算符,另一种是 * 运算符。

3. 结构体数组

结构体数组的定义、结构体数组元素的引用与普通数组相似,只不过其每个元素的数据类型是结构体,对结构体数组的访问要访问到成员一级。

4. 结构体指针

结构体指针是一个指针变量,用来指向一个结构体变量或结构体数组,当然,结构体成员也可以是指针类型的变量。

5. 链表的应用

链表是一种重要的数据结构,它有数据域和指针域,特点是每个结点之间可以是不连续,结点之间的联系通过指针实现,操作主要有链表的建立、查找、删除、插入和输出。应用于管理和动态分配存储空间,特别是不确定目标的数量时应用更广。

6. 共用体

共用体是把不同类型的变量放在同一存储区域内,其变量的长度等于占用最大存储空间的成员的字节数。

7. 枚举类型

枚举类型就是把所有可能的取值列举出来,被声明为该枚举类型的变量取值不能超过定义的范围。

习 题 八

一、选择题

1. 设结构体变量定义如下,则对其中的成员 num 正确的引用是( )。

```
struct student
{
```

```
        int num
        char name[20];
        float score;
    }stud[10];
```

    A. stud[1]. num＝10;   B. student. stud. num＝10;

    C. struct. stud. num＝10;   D. struct student. num＝10;

2. 已知职工记录描述如下,设变量 w 中的"生日"是"1993 年 10 月 25 日",下列对"生日"的正确赋值方式是(　　)。

```
    struct worker
    {
        int no;
        char name[20];
        char sex;
        struct birth{ int day; int month; int year;}a;
    };
    struct worker  w;
```

    A. day＝25;month＝10;year＝1993;

    B. w. birth. day＝25; w. birth. month＝10; w. birth. year＝1993;

    C. w. day＝25; w. month＝10; w. year＝1993;

    D. w. a. day＝25; w. a. month＝10; w. a. year＝1993;

3. 设有如下说明:

```
    typedef   struct na{ int n; char c; double x;}STD;
```

则以下选项中,能正确定义结构体数组并赋初值的语句是(　　)。

    A. STD tt[2]＝{{1,'A',62},{2,'B',75}};

    B. STD tt[2]＝{{1,"A",62},2,"B",75}};

    C. struct tt[2]＝{{1,'A'},{2,'B'}};

    D. struct tt[2]＝{{1,"A",62.5},{2,"B",75.0}};

4. 有以下语句:

```
    typedef   struct   S
    { int g; char   h;} T;
```

则下面叙述中正确的是(　　)。

    A. 用 S 定义结构体变量   B. 可以用 T 定义结构体变量

    C. S 是 struct 类型的变量   D. T 是 struct S 类型的变量

5. 设有如下定义:

```
    struct ss
    {
        char name[10];
        int age;
        char sex;
```

```
}std[3], * p=std;
```

下面各输入语句中错误的是(　　　)。

A. scanf("%d",&(* p). age);　　　　　B. scanf("%s",&std.n ame);

C. scanf("%c",&std[0]. sex)　　　　　D. scanf("%c",&(p->sex));

二、编程题

1. 定义一个结构体变量,其中每个成员都从键盘接收数据,然后对结构中的浮点数求和,并显示运算结果。

2. 定义一个结构体变量(包括年、月、日)。计算该日在本年中是第几天(注意闰年问题)。

3. 有5个学生,每个学生的数据包括学号、姓名和3门课的成绩,从键盘输入5个学生数据,要求在屏幕上显示出3门课程的平均成绩,以及最高分数的学生的数据(包括学号、姓名、3门课程成绩和平均分)。

4. 已有两个链表a和b,每个链表的结点包括学号和成绩。要求把两个链表合并,按学号升序排列。

5. 设有一组学生的成绩数据已经放在结构数组BOY中,计算各个学生的不及格人数。

(1) 要求:使用结构指针变量作为函数参数编程。

```
struct stu
{
    int num;
    char * name;
    char sex;
    float score;
}boy[5]={{101,"li ping ",'m',45},
{102,"zhang ping",'m',62.5},
{103,"he fang",'m',92.5},
{104,"cheng ling",'f',87},
{106,"wang ming",'m',58},};
```

(2) 在学生 Wang Ming 之前添加一条记录"105,ma li,f,20",并打印结果。

(3) 学生 cheng ling 已转学,请将其记录从链表中删除,并打印结果。

实　验　八

一、实验目的

1. 理解结构体数据类型的概念,掌握结构体类型及其变量的定义和使用方法。

2. 掌握使用结构体变量和结构体指针的编程方法。

3. 学会使用结构体类型数据解决实际问题,能够设计流程图,编写程序代码(加以注释),正确运行程序并给出程序的运行结果。

二、实验内容

1. 输入以下程序,说明此程序的功能,并给出程序的运行结果。

```
#include<stdio.h>
```

```
struct stu
{
    int num;
    char name[20];
};
void fun(int x,struct stu * y)
{
    printf("%d\t",x);
    printf("%s\n",y->name);
}
void main()
{
    struct stu a[4]={{1,"liyun"},{2,"huangyu"},{3,"xiaxue"},
    {4,"xiangxinran"}};
    fun(a[2].num,a+3);
}
```

说明：定义一个结构体类型和一个该结构体类型的数组，通过调用函数，输出结构体数组中第 3 个元素 a[2] 的 num 值 3，和 a＋3 指向的第 4 个元素的 name 的字符串 xiangxinran。

程序运行结果为：

```
3    xiangxinran
```

2. 设某组有 4 个人，有姓名、学号和三科成绩，编程求解出每个人的三科平均成绩，求出四个学生的单科平均成绩，并按平均成绩由高分到低分输出。

编程思路：题目要求的问题多，采用模块化编程方式，将问题进行分解如下。

（1）结构体类型数组的输入。

（2）求解各学生的三科平均成绩。

（3）按学生的平均成绩排序。

（4）按表格要求输出。

（5）求解组内学生单科平均成绩并输出。

（6）定义 main() 函数，调用各子程序。

第 1 步，根据具体情况定义结构体类型。

```
struct stu
{
char name[20];            /* 姓名 */
long number;              /* 学号 */
float score[4];           /* 数组依此存放 English、Mathema、Computer, 及 Average */
};
```

由于该结构体类型会提供给每个子程序使用，是共用的，所以将其定义为外部的结构体类型，放在程序的最前面。

第 2 步，定义结构体类型数组的输入模块。

```
void input(arr,n)                   /* 输入结构体类型数组 arr 的 n 个元素 */
struct stu arr[];
int n;
{
    int i,j;
    char temp[30];
    for(i=0;i<n;i++)
    {
        printf("\ninput name,number,English,mathema, Computer c\n");
        gets(arr[i].name);          /* 输入姓名 */
        gets(temp);                 /* 输入学号 */
        arr[i].number=atol(temp);
        for(j=0;j<3;j++)
        {
            gets(temp);             /* 输入三科成绩 */
            arr[i].score[j]=atoi(temp);
        };
    }
}
```

第 3 步,求解各学生的三科平均成绩。

在结构体类型数组中第 i 个元素 arr[i]的成员 score 的前 3 个元素为已知,第 4 个 Average 需计算得到。

```
void aver(arr,n)
struct stu arr[];
int n;
{
    int i,j;
    for(i=0;i<n;i++)                /* n 个学生 */
    {
        arr[i].score[3]=0;
        for(j=0;j<3;j++)
        arr[i].score[3]=arr[i].score[3]+arr[i].score[j];    /* 求和 */
        arr[i].score[3]=arr[i].score[3] /3;       /* 平均成绩 */
    }
}
```

第 4 步,按平均成绩排序,排序算法采用冒泡法。

```
void order(arr,n)
struct stu arr[];
int n;
{
    struct stu temp;
    int i,j,x,y;
    for(i=0;i<n-1;i++)
```

```
    for(j=0;j<n-1-i;j++)
    if(arr[j].score[3]>arr[j+1].score[3])
    {
        temp=arr[j];
        arr[j]=arr[j+1];                    /*进行交换*/
        arr[j+1]=temp;
    }
}
```

第5步,按表格要求输出。

```
void output(arr,n)          /*以表格形式输出有 n 个元素的结构体类型数组各成员*/
int n;
struct stu arr[];
{
    int i,j;
    printf("*******************输出*******************\n");
    /*打印表头*/
    printf("---------------------------------------------------- \n");
    printf("|%10s|%8s|%7s|%7s|%7s|%7s|\n","Name","Number","English",
    "Mathema"," Computer","average");
    printf("\n----------------------------------------------------\n");
    for(i=0;i<n;i++)
    {
        printf("|%10s|%8ld|",arr[i].name,arr[i].number);
        /*输出姓名、学号*/
        for(j=0;j<4;j++)
        printf("%7.2f|",arr[i].score[j]);
        /*输出三科成绩及三科的平均*/
        printf("\n");
        printf("----------------------------------------------------\n");
    }
}
```

第6步,求解组内学生单科平均成绩并输出。在输出表格的最后一行,输出单科平均成绩及总平均。

```
void out_row(arr,n)                     /*对 n 个元素的结构体类型数组求单项平均*/
int n;
struct stu arr[];
{
    float row[4]={0,0,0,0};             /*定义存放单项平均的一维数组*/
    int i,j;
    for(i=0;i<4;i++)
    {
        for(j=0;j<n;j++)
        row[i]=row[i]+arr[j].score[i];         /*计算单项总和*/
```

```
        row[i]=row[i]/n;                /*计算单项平均*/
    }
    printf("|%19c|",' ');               /*按表格形式输出*/
    for(i=0;i<4;i++)
    printf("%7.2f|",row[i]);
    printf("\n-----------------------------------------\n");
}
```

第 7 步,定义 main() 函数,列出完整的程序清单。

```
#include<stdlib.h>
#include<stdio.h>
struct stu
{
    char name[20];
    long number;
    float score[4];
};
void main()
{
    void input();                       /*函数声明*/
    void aver();
    void order();
    void output();
    void out_row();
    struct stu stud[4];                 /*定义结构体数组*/
    float row[3];
    input(stud,4);                      /*依此调用自定义函数*/
    aver(stud,4);
    order(stud,4);
    output(stud,4);
    out_row(stud,4);
}
/*****************************/
void input(struct stu arr[],int n)
{
    int i,j;
    for(i=0;i<n;i++)
    {
        printf("\n请输入第%d个学生 Name,Number,English,Mathema, Computer:\n",i+1);
        scanf("%s%ld%f%f%f",&arr[i].name,&arr[i].number,&arr[i].score[0],
        &arr[i].score[1],&arr[i].score[2]);
        /*注意和前面接收数据的不同,二者均可*/
    }
}
```

```
/**********************/
void aver(struct stu arr[],int n)
{
    int i,j;
    for(i=0;i<n;i++)
    {
        arr[i].score[3]=0;
        for(j=0;j<3;j++)
        arr[i].score[3]=arr[i].score[3]+arr[i].score[j];
        arr[i].score[3]=arr[i].score[3] /3;
    }
}
/***************************/
void order(struct stu arr[],int n)
{
    struct stu temp;
    int i,j,x,y;
    for(i=0;i<n-1;i++)
    for(j=0;j<n-1-i;j++)
    if(arr[j].score[3]>arr[j+1].score[3])
    {
        temp=arr[j];
        arr[j]=arr[j+1];
        arr[j+1]=temp;
    }
}
/***************************/
void output(struct stu arr[],int n)
{
    int i,j;
    printf("********************输出********************\n");
    printf("--------------------------------------------------\n");
    printf("|%10s|%8s|%7s|%7s|%7s|%7s|\n","Name","Number","English",
    "mathema","Computer","average");
    printf("--------------------------------------------------\n");
    for(i=0;i<n;i++)
    {
        printf("|%10s|%8ld|",arr[i].name,arr[i].number);
        for(j=0;j<4;j++)
        printf("%7.2f|",arr[i].score[j]);
        printf("\n");
        printf("--------------------------------------------------\n");
    }
}
/***************************/
```

```
void out_row(struct stu arr[],int n)
{
    float row[4]={0,0,0,0};
    int i,j;
    for(i=0;i<4;i++)
    {
        for(j=0;j<n;j++)
            row[i]=row[i]+arr[j].score[i];
        row[i]=row[i]/n;
    }
    printf("|%19c|",' ');
    for(i=0;i<4;i++)
    printf("%7.2f|",row[i]);
    printf("\n----------------------------------------------\n");
}
```

练习：

1. 某班期末考试科目有高等数学、英语、线性代数和程序设计，有若干人（少于 50 人）参加，要求将所有学生按平均成绩排序，并标出四门课均在 90 分以上的学生。使用结构表示学生的信息，包括姓名、标记和各科成绩，用结构数组表示全班学生的信息。

2. 编写一个求解 Josephu 问题的程序，有 n（假设 $n=10$）个小孩围成一圈，并给他们依次编上号（1～10），老师指定从第 s 个小孩开始出列，然后从下一个开始报数，依次重复下去，直至所有小孩出列。试求小孩的出列顺序。要求采用结构体数组存放 n 个小孩信息。

3. 编写一个程序，实现对公司员工工资的输入、输出和条件输出（比如按工资号排序输出）管理。

提示：定义一个表示公司员工工资结构的结构体变量，数据成员包括发放年月、工资号、姓名、基本工资、活动工资、津贴、缴税和实发工资。其中，实发工资＝基本工资＋活动工资＋津贴－缴税。

第 9 章 文　　件

　　前面各章在进行数据处理时，无论数据量有多大，每次运行程序都必须通过键盘输入，程序处理的结果也只能输出到屏幕上。例如，程序要实现通讯录的各项功能，即维护一组姓名、地址以及电话号码，如果每次执行时都必须输入一遍姓名、地址以及电话号码，这个程序就会因太过繁琐而不会有人愿意使用。解决方法是将这些数据存储到一个即使关掉计算机后数据也不会消失的文件中。文件通常存储到硬盘上。

9.1　文　件　引　例

　　【例 9-1】　把短句"hello world!"保存到磁盘文件 1001. txt 文件中。

　　分析：运行程序时，在 E 盘的根目录下创建了一个 1001. txt 文件，可以用记事本（或其他文本编辑工具）打开这个文件查看，文件内容是"hello world!"。

```
#include<stdio.h>
#include<stdlib.h>
int  main()
{
    FILE * fp;                                    /*定义文件指针*/
    if((fp=fopen("e:\\1001.txt","w"))==NULL)      /*打开文件*/
    {
        printf("file open error!\n");
        exit(0);
    }
    fprintf(fp,"%s","hello world!");              /*写文件*/
    if(fclose(fp))                                /*关闭文件*/
    {
        printf("can not close file!\n");
        exit(0);
    }
    return 0;
}
```

　　C 语言在头文件<stdio. h> 中提供了一系列存取外部设备的函数。用于存储和检索数据的外部设备一般是固定磁盘，但不仅仅是固定磁盘。而 C 语言中用于处理文件的库函数都独立于设备，所以它们可以应用到任何外部存储设备上。而本章的例子假定处理的是磁盘文件。

9.2 文件概述

文件是存储在外部介质上的信息的集合,它们可以是数据和程序,也可以是图形、图像和声音等信息。操作系统是以文件为单位对数据进行管理的,即如果要对文件中的数据进行处理时,首先按照文件名找到指定文件,然后从文件中读取数据。向文件中写入数据时,首先打开已有的可改写的文件或者建立新文件,然后向文件写入数据。

按照数据在文件中存储的形式,可以将文件分为两类:文本文件和二进制文件。

C语言库提供了读写数据流的函数。流是外部数据源或数据目的地的抽象表示,所以键盘、显示器上的命令行和磁盘文件都是流。因此,可以使用输入输出函数读写映射为流的任意外部设备。

将数据写入流(即磁盘文件)有两种方式。首先,可以将数据写入文本文件,此时数据写入为字符,这些字符组织为数据行,每一行都用换行符结束。显然,二进制数据,例如 int 或 double 类型的值,必须先转换为字符,才能写入文本文件。前面章节介绍了如何使用 printf( ) 函数完成这个格式化。其次,可以将数据写入二进制文件。写入二进制文件的数据总是写入为一系列字节,与它在内存中的表示形式相同,所以 double 类型的值就写入为 8 个字节,与其内存表示形式相同。

当然,可以将任意数据写入文件,但数据一旦写入文件,磁盘上的文件都只包含一系列字节。无论是将数据写入二进制文件还是写入文本文件,不论它们是什么样的数据,这些数据最终都是一系列字节。也就是说,读取文件时,程序必须知道这个文件包含什么种类的数据。一系列字节代表的意义完全取决于我们怎么解释它们。二进制文件中的一串 12 个字节可以表示 12 个字符、12 个 8 位有符号的整数、12 个 8 位无符号的整数、6 个 16 位有符号的整数,或 1 个 32 位整数,后跟一个 8 字节的浮点数等。以上这些解释都是正确的,因此程序在读取文件时,必须正确地假设文件是如何写入的。

9.3 文件打开与关闭

对文件的操作都是通过库函数来实现的,文件操作一般遵循以下步骤。

(1) 创建/打开文件。

(2) 从文件中读取数据或向文件中写入数据。

(3) 关闭文件。

9.3.1 文件的打开

打开文件就是把程序中要读、写的文件与磁盘上实际的数据文件联系起来。

C语言中是使用 fopen( ) 函数来实现文件的打开功能,fopen( ) 函数是 ANSIC 规定的标准输入输出函数库中的函数。打开文件的操作就是创建一个流,fopen( ) 函数的原型在 stdio.h 中,其调用的一般形式为:

```
FILE * fp;
fp=fopen("文件名","文件操作方式");
```

其中"文件名"是将要被打开文件的文件名;"文件操作方式"是指对打开的文件进行读还是写。使用文件方式如表 9-1 所示。

表 9-1　文件操作方式

文件使用方式	含　义
r	打开一个文本文件,只允许读数据
w	打开或建立一个文本文件,只允许写数据
a	打开一个文本文件,并在文件末尾写数据
rb	打开一个二进制文件,只允许读数据
wb	打开或建立一个二进制文件,只允许写数据
ab	打开一个二进制文件,并在文件末尾写数据
r+	打开一个文本文件,允许读和写
w+	打开或建立一个文本文件,允许读写
a+	打开一个文本文件,允许读,或在文件末追加数据
rb+	打开一个二进制文件,允许读和写
wb+	打开或建立一个二进制文件,允许读和写
ab+	打开一个二进制文件,允许读,或在文件末追加数据

在此为读者解释一下表格中的字母代表了哪些单词:

提示:

r(read):读,在这里是"只读"的意思。

w(write):书写,在这里是"只写"的意思。

a(append):附加、添加,这里是"追加"的意思。

b(binary):二进位的、二元的,在这里是"二进制文件"的意思。

十:在这里是读和写的意思。

如果要以只读方式打开文件名为 123 的文本文档文件,应写成如下形式:

```
FILE * fp;
fp=fopen("123.txt","r");
```

如果使用 fopen()函数打开文件成功,将返回一个有确定指向的 FILE 类型指针。若打开失败,则返回 NULL。通常打开失败会有以下 3 方面原因。

(1) 指定的路径不存在。

(2) 文件名中含有无效字符。

(3) 以 r 模式打开一个不存在的文件。

【同步练习】　C 语言中是使用(　　　)函数来实现文件的打开功能,fopen()函数是 ANSIC 规定的标准(　　　)中的函数,fopen()函数的原型在(　　　)中。

9.3.2　文件的关闭

文件在使用完毕后,应使用 fclose()函数将其关闭,关闭的含义是使文件指针变量不指向该文件,也就是说文件指针变量与文件脱钩(脱离关系),从此不能再通过该指针对原来与之相对应的文件进行读写操作,除非是重新再打开,使该指针变量重新指向该文件。

fclose()函数和 fopen()函数一样,原型也在 stdio.h 中,调用的一般形式为:

```
fclose(文件指针名);
```

例如:

```
fclose(fp);
```

fclose()函数也返回一个值,当正常完成关闭文件操作时,fclose()函数返回值为 0,否则返回 EOF(即-1)。

在程序结束之前应关闭所有文件,这样做的目的是为了防止因为没有关闭文件而造成的数据流失。

【同步练习】 fclose()函数返回一个值,当正常完成关闭文件操作时,fclose()函数返回值为(　　　),否则返回(　　　)。

9.4 文件的读写

对文件的读和写是最常用的文件操作。在 C 语言中提供了多种文件读写的函数。

字符读写函数:fgetc()和 fputc()。

字符串读写函数:fgets()和 fputs()。

格式化读写函数:fscanf()和 fprinf()。

数据块读写函数:fread()和 fwrite()。

下面分别予以介绍。使用以上函数都要求包含头文件<stdio.h>。

9.4.1 文件的字符读写

字符读写函数是以字符(字节)为单位的读写函数。每次可从文件读出或向文件写入一个字符。

1. 读字符函数 fgetc()

fgetc()函数的功能是从指定的文件中读一个字符,函数的调用形式为:

```
字符变量=fgetc(文件指针);
```

例如:

```
ch=fgetc(fp);
```

其意义是从打开的文件 fp 中读取一个字符并送入 ch 中。

对于 fgetc()函数的使用有以下几点说明:

(1) 在 fgetc()函数调用中,读取的文件必须是以读或读写方式打开的。

(2) 读取字符的结果也可以不向字符变量赋值。例如:fgetc(fp);但是读出的字符不能保存。

(3) 在文件内部有一个位置指针。用来指向文件的当前读写字节。在文件打开时,该指针总是指向文件的第一个字节。使用 fgetc( )函数后,该位置指针将向后移动一个字节。因此可连续多次使用 fgetc( )函数,读取多个字符。应注意文件指针和文件内部的位置指针不是一回事。文件指针是指向整个文件的,须在程序中定义说明,只要不重新赋值,文件指针的值是不变的。文件内部的位置指针用以指示文件内部的当前读写位置,每读写一次,该指针均向后移动,它不需在程序中定义说明,而是由系统自动设置的。

【**例 9-2**】 读入文件 1002.txt,在屏幕上输出。

分析:本例程序的功能是从文件中逐个读取字符,在屏幕上显示。程序定义了文件指针 fp,以读文本文件方式打开文件"e:\\1002.txt",并使 fp 指向该文件。如打开文件出错,给出提示并退出程序。打开文件后,先读出一个字符,然后进入循环,只要读出的字符不是文件结束标志(每个文件末有一结束标志 EOF)就把该字符显示在屏幕上,再读入下一字符。每读一次,文件内部的位置指针向后移动一个字符,文件结束时,该指针指向 EOF。执行本程序将显示整个文件。

```c
#include<stdio.h>
#include<stdlib.h>
void main()
{
    FILE * fp;
    char ch;
    if((fp=fopen("e:\\1002.txt","r"))==NULL)
    {
        printf("Cannot open the file.\n");
        getchar();
        exit(0);
    }
    ch=fgetc(fp);
    while(ch!=EOF)
    {
        putchar(ch);
        ch=fgetc(fp);
    }
    fclose(fp);
}
```

程序运行结果:

长风破浪会有时,直挂云帆济沧海

【**同步练习**】 编写一个程序,用于统计指定的文本文件中大写字母、小写字母、数字和其他字符的个数。

2. 写字符函数 fputc( )

fputc( )函数的功能是把一个字符写入指定的文件中。函数调用的形式如下:

fputc(字符量,文件指针);

其中,待写入的字符量可以是字符常量或变量,例如:

```
fputc('a',fp);
```

其意义是把字符 a 写入 fp 所指向的文件中。

对于 fputc()函数的使用也要说明几点:

(1) 被写入的文件可以用写、读写和追加方式打开,用写或读写方式打开一个已存在的文件时将清除原有的文件内容,写入字符从文件首部开始。如需保留原有文件内容,希望写入的字符以文件末尾开始存放,必须以追加方式打开文件。被写入的文件若不存在,则创建该文件。

(2) 每写入一个字符,文件内部位置指针向后移动一个字节。

(3) fputc()函数有一个返回值,如写入成功则返回写入的字符,否则返回一个 EOF。可用此来判断写入是否成功。

【例 9-3】 从键盘输入一行字符,写入一个文件,再把该文件内容读出显示在屏幕上。

分析:程序中应先以读写文本文件方式打开文件,然后从键盘读入一个字符后进入循环,当读入字符不为回车符时,则把该字符写入文件之中,然后继续从键盘读入下一字符。每输入一个字符,文件内部位置指针向后移动一个字节。写入完毕,该指针已指向文件末尾。如要把文件从头读出,必须把指针移向文件头,需要使用 rewind()函数把 fp 所指文件的内部位置指针移到文件头。

```c
#include<stdio.h>
#include<stdlib.h>
void main()
{
    FILE * fp;
    char ch;
    if((fp=fopen("e:\\1003.txt","w+"))==NULL)
    {
        printf("Cannot open file, strike any key exit!");
        getchar();
        exit(1);
    }
    printf("input a string:\n");
    ch=getchar();
    while (ch!='\n')
        {
        fputc(ch,fp);
        ch=getchar();
    }
    rewind(fp);
    ch=fgetc(fp);
    while(ch!=EOF)
        {
        putchar(ch);
        ch=fgetc(fp);
    }
```

```
        printf("\n");
        fclose(fp);
}
```

程序运行结果：

input a string:
路漫漫其修远兮,吾将上下而求索。
路漫漫其修远兮,吾将上下而求索。

【例 9-4】 把命令行参数中的前一个文件名标识的文件,复制到后一个文件名标识的文件中,如命令行中只有一个文件名则把该文件写到标准输出文件(显示器)中。

```
#include<stdio.h>
#include<stdlib.h>
void main(int argc,char * argv[])
{
    FILE * fp1,* fp2;
    char ch;
    if(argc==1)
    {
        printf("have not enter file name strike any key exit");
        getchar();
        exit(0);
    }
    if((fp1=fopen(argv[1],"r"))==NULL)
    {
        printf("Cannot open %s\n",argv[1]);
        getchar();
        exit(1);
    }
    if(argc==2)
        fp2=stdout;
    else if((fp2=fopen(argv[2],"w+"))==NULL)
    {
        printf("Cannot open %s\n",argv[1]);
        getchar();
        exit(1);
    }
    while((ch=fgetc(fp1))!=EOF)
        fputc(ch,fp2);
    fclose(fp1);
    fclose(fp2);
}
```

本程序为带参的 main()函数。程序中定义了两个文件指针 fp1 和 fp2,分别指向命令行参数中给出的文件。如命令行参数中没有给出文件名,则给出提示信息。如果只给出一个文件名,则使 fp2 指向标准输出文件(即显示器)。如果给出两个文件名,则 fp2 指向新建文件,while 循环实现把 fp1 指向的文件内容写到 fp2 指向文件,最后依次关闭两个文件。

【同步练习】 编写一个程序,有两个磁盘文件 A 和 B,各存放一行字母,要求把这两个文件中的信息合并(按字母顺序排列),输出到一个新文件 C 中。

9.4.2　文件的字符串读写

1. 读字符串函数 fgets

fgets 函数的功能是从指定的文件中读一个字符串到字符数组中,函数调用的形式为:

```
fgets(字符数组名,n,文件指针);
```

其中的 n 是一个正整数。表示从文件中读出的字符串不超过 $n-1$ 个字符。在读入的最后一个字符后加上串结束标志'\0'。例如:fgets(str,n,fp);的意义是从 fp 所指的文件中读出 $n-1$ 个字符送入字符数组 str 中。

【例 9-5】 从 1005.txt 文件中读入一个含 10 个字符的字符串。

分析:根据要求定义一个字符数组 str 共 11 个字节,在以读文本文件方式打开文件 1005.txt 后,从中读出 10 个字符送入 str 数组,在数组最后一个单元内将加上'\0',然后在屏幕上显示输出 str 数组。

```
#include<stdio.h>
#include<stdlib.h>
void main()
{
    FILE * fp;
    char str[11];
    if((fp=fopen("e:\\1005.txt","rt"))==NULL)
    {
        printf("\nCannot open file strike any key exit!");
        getchar();
        exit(0);
            }
    fgets(str,11,fp);
    printf("\n%s\n",str);
    fclose(fp);
}
```

1005.txt 文件内容是: tomorrow is another day!

程序运行结果如下:

tomorrow i

对 fgets 函数有两点说明:

(1) 在读出 n−1 个字符之前,如遇到了换行符或 EOF,则读出结束。

(2) fgets 函数也有返回值,其返回值是字符数组的首地址。

【同步练习】 编写一个程序,显示指定文件名的内容并加上行号。

2. 写字符串函数 fputs

fputs 函数的功能是向指定的文件写入一个字符串,其调用形式为:

fputs(字符串,文件指针);

其中字符串可以是字符串常量,也可以是字符数组名,或指针变量,例如:

fputs("abcd",fp);

其意义是把字符串"abcd"写入 fp 所指的文件之中。

【例 9-6】 1006.txt 文件内容是"hello,world",在该文件中追加一个字符串。

分析:按照要求在 1006.txt 文件末尾加写字符串,因此,应该以追加读写文本文件的方式打开文件 1006.txt,然后输入字符串,并用 fputs()函数把该串写入文件 1006.txt。写入完毕,该指针已指向文件末尾。如要把文件从头读出,必须把指针移向文件头,需要使用 rewind()函数把文件内部位置指针移到文件首。再进入循环逐个显示当前文件中的全部内容。

```c
#include<stdio.h>
#include<stdlib.h>
void main()
{
    FILE  * fp;
    char ch,st[20];
    if((fp=fopen("e:\\1006.txt","at+"))==NULL)
    {
        printf("Cannot open file strike any key exit!");
        getchar();
        exit(1);
    }
    printf("input a string:\n");
    scanf("%s",st);
    fputs(st,fp);
    rewind(fp);
    ch=fgetc(fp);
    while(ch!=EOF)
    {
        putchar(ch);
        ch=fgetc(fp);
    }
    printf("\n");
    fclose(fp);
}
```

程序运行结果:

input a string:
一分耕耘,一分收获!

hello,world

一分耕耘,一分收获!

【同步练习】 编写一个程序,使用 fgets()函数和 fputs()函数实现文件复制。

9.4.3 文件的格式化读写

fscanf()函数和 fprintf()函数与前面使用的 scanf()和 printf()函数的功能相似,都是格式化读写函数。两者的区别在于 fscanf()函数和 fprintf()函数的读写对象不是键盘和显示器,而是磁盘文件。

这两个函数的调用格式为:

```
fscanf(文件指针,格式字符串,输入表列);
fprintf(文件指针,格式字符串,输出表列);
```

例如:

```
fscanf(fp,"%d%s",&i,s);
fprintf(fp,"%d%c",j,ch);
```

【例 9-7】 用 fscanf()和 fprintf()函数解决输入输出的问题。

```
#include<stdio.h>
#include<stdlib.h>
struct stu
{
    char name[10];
    int num;
    int age;
    char addr[15];
}boya[2],boyb[2], * pp, * qq;
void main()
{
    FILE * fp;
    char ch;
    int i;
    pp=boya;
    qq=boyb;
    if((fp=fopen("e:\\1007.txt","wb+"))==NULL)
    {
        printf("Cannot open file strike any key exit!");
        getchar();
        exit(1);
    }
    printf("\ninput data\n");
    for(i=0;i<2;i++,pp++)
        scanf("%s%d%d%s",pp->name,&pp->num,&pp->age,pp->addr);
    pp=boya;
```

```
    for(i=0;i<2;i++,pp++)
        fprintf(fp,"%s %d %d %s\n",pp->name,pp->num,pp->age,pp->addr);
    rewind(fp);
    for(i=0;i<2;i++,qq++)
        fscanf(fp,"%s %d %d %s\n",qq->name,&qq->num,&qq->age,qq->addr);
    printf("\n\nname\tnumber  age  addr\n");
    qq=boyb;
    for(i=0;i<2;i++,qq++)
        printf("%s\t%5d  %7d  %s\n",qq->name,qq->num, qq->age,qq->addr);
    fclose(fp);
}
```

本程序中 fscanf() 和 fprintf() 函数每次只能读写一个结构数组元素,因此采用了循环语句来读写全部数组元素。还要注意指针变量 pp、qq,由于循环改变了它们的值,因此在程序中对它们重新赋予了数组的首地址。

【同步练习】 编写一个程序,建立一个名称为 stud.txt 文本文件,向其格式化写入一组姓名和成绩,然后读取并输出该文件内容。

9.4.4 文件的数据块读写

C语言还提供了用于整块数据的读写函数。可用来读写一组数据,如一个数组元素,一个结构体变量的值等。

读数据块函数调用的一般形式为:

```
fread(buffer,size,count,fp);
```

写数据块函数调用的一般形式为:

```
fwrite(buffer,size,count,fp);
```

其中,参数含义如下。

buffer:是一个指针,在 fread() 函数中,它表示存放输入数据的首地址。在 fwrite() 函数中,它表示存放输出数据的首地址。

size:表示数据块的字节数。

count:表示要读写的数据块块数。

fp:表示文件指针。

例如:

```
fread(fa,4,5,fp);
```

其意义是从 fp 所指的文件中,每次读 4 个字节(一个实数)送入实数组 fa 中,连续读 5 次,即读 5 个实数到 fa 中。

【例 9-8】 从键盘输入两个学生数据,写入一个文件中,再读出这两个学生的数据显示在屏幕上。

分析:按照要求定义一个结构体 stu,说明了两个结构数组 boya 和 boyb 以及两个结构体指针变量 pp 和 qq。pp 指向 boya,qq 指向 boyb。程序以读写方式打开二进制文件 1008.

txt,输入两个学生数据之后,写入该文件中,然后把文件内部位置指针移到文件首,读出两块学生数据后,在屏幕上显示。

```c
#include<stdio.h>
#include<stdlib.h>
struct stu
{
    char name[10];
    int num;
    int age;
    char addr[15];
}boya[2],boyb[2],* pp,* qq;
void main()
{
    FILE * fp;
    char ch;
    int i;
    pp=boya;
    qq=boyb;
    if((fp=fopen("e:\\1008.txt","wb+"))==NULL)
    {
        printf("Cannot open file strike any key exit!");
        getchar();
        exit(1);
    }
    printf("\ninput data\n");
    for(i=0;i<2;i++,pp++)
        scanf("%s%d%d%s",pp->name,&pp->num,&pp->age,pp->addr);
    pp=boya;
    fwrite(pp,sizeof(struct stu),2,fp);
    rewind(fp);
    fread(qq,sizeof(struct stu),2,fp);
    printf("\n\nname\tnumber      age       addr\n");
    for(i=0;i<2;i++,qq++)
        printf("%s\t%3d      %7d       %s\n",qq->name,qq->num,qq->age,qq->addr);
    fclose(fp);
}
```

程序运行结果:

input data
李飞 001 18 南京
赵刚 002 18 上海

name	number	age	addr
李飞	1	18	南京
赵刚	2	18	上海

【同步练习】 编写一个程序,将前面建立的 stud.txt 文件中所有学生记录按成绩从高到低次序排列,然后显示排序后的文件记录。

9.5　其他文件函数

除了文件打开、关闭和读写操作以外,C 语言还提供了另外几个函数用来完成其他的功能,辅助我们更好地读写文件。

9.5.1　文件定位

对文件有两种处理方法:顺序存取和随机存取。前面介绍的文件处理都是顺序存取。顺序存取时,文件内部记录指针(用来指示文件内部当前文件操作位置)在每一次文件操作后都会自动向后移动,将文件内部指针定位到下一次文件存取的位置,即按照顺序对文件内容进行读写。但在实际问题中有时需要只存取文件中某一指定的部分。为了解决这个问题,需要移动文件内部的位置指针到需要存取的位置,再进行存取,这种方式称为随机存取,它的操作分为两步:首先移动文件内部记录指针到指定的读写位置,然后用系统提供的存取方法处理数据。

实现随机存取的关键是要按要求移动位置指针,这称为文件的定位。

1. 获取文件位置指针的当前值

【例 9-9】　求字符串的长度。

```c
#include<stdio.h>
#include<process.h>
void main()
{
    FILE * fp;
    int n;
    char ch,filename[50];
    printf("please input filename:\n");
    scanf("%s",filename);                   /* 输入文件名 */
    if((fp=fopen(filename,"r"))==NULL) /* 以只读方式打开文件 */
    {
        printf("cannot open this file.\n");
        exit(0);
    }
    ch=fgetc(fp);
    while (ch!=EOF)
    {
        putchar(ch);                        /* 输出字符 */
        ch=fgetc(fp);
    }                                       /* 获取 fp 指向文件中的字符 */
    n=ftell(fp);
    printf("\nthe length of the string is:%d\n",n);
    fclose(fp);                             /* 关闭文件 */
```

```
}
```

程序运行结果：

```
please input filename:
E:\1009.txt
hello
the length of the string is:5
```

ftell()函数用于获取文件位置指针的当前值，其一般格式为：

```
ftell(文件指针变量);
```

其中，"文件指针变量"是已经打开过的文件指针。该函数返回当前位置指针相对于文件首的位移量。

2. 移动文件位置指针

【例 9-10】 向任意一个二进制文件中写入一个长度大于 6 的字符串，然后从该字符串的第 6 个字符开始输出余下字符。

```
#include<stdio.h>
#include<process.h>
void main()
{
    FILE * fp;
    char filename[30],str[50];              /*定义两个字符型数组*/
    printf("please input filename:\n");
    scanf("%s",filename);                   /*输入文件名*/
    if((fp=fopen(filename,"wb"))==NULL)     /*判断文件是否打开失败*/
    {
        printf("can not open!\npress any key to continue\n");
        getchar();
        exit(0);
    }
    printf("please input string:\n");
    getchar();
    gets(str);
    fputs(str,fp);
    fclose(fp);
    if((fp=fopen(filename,"rb"))==NULL)     /*判断文件是否打开失败*/
    {
        printf("can not open!\npress any key to continue\n");
        getchar();
        exit(1);
    }
    fseek(fp,5L,0);
    fgets(str,sizeof(str),fp);
    putchar('\n');
    puts(str);
```

```
    fclose(fp);
}
```

程序运行结果如下：

```
please input filename:
E:\1010.txt
please input string:
Where there is a will, there is a way
 there is a will, there is a way
```
（本句开始有一个空格,是第 6 个字符）

fseek()函数用来移动文件的位置指针到指定的位置上,然后从该位置进行存或取操作,从而实现对文件的随机存取功能,其一般格式为：

```
fseek(文件指针变量,位移量,起始点);
```

其中,文件指针变量指向被移动文件。位移量表示移动的字节数,要求位移量是 long 型数据,以便在文件长度大于 64KB 时不会出错。当用常量表示位移量时,要求加后缀 L。起始点表示从何处开始计算位移量,规定的起始点有 3 种,即文件首、当前位置和文件尾,可以分别用数字 0,1 和 2 表示,也可以用符号常量 SEEK_SET,SEEK_CUR 和 SEEK_END 表示。

fseek()函数一般用于二进制文件。因为文本文件存取时要进行转换,所以往往计算的位置会出现错误。

在对文件进行随机存取时,存取操作的位置与文件打开时选用的模式有关。用 fopen()函数打开文件,当打开模式为"w""r""w＋"或"r＋"时,在存取操作进行之前,位置指针位于文件首。

在存取操作之前,可以使用 fseek()函数指定一个位置开始进行存取操作。当使用"w＋"或"r＋"对文件即存入又取出时,由于位置指针只能指示其中一个位置,所以在"存"和"取"操作切换时,必须使用 fseek()函数指定存或取的位置。

当文件以"a"或"a＋"追加方式打开时,所有的"存入"操作都是从文件尾开始的,尽管可以使用 fseek()函数把位置指针置于文件中的某个位置,但进行"存入"操作时,系统自动把位置指针移到文件末尾,而不能从任意位置写入。

【同步练习】 编程实现将文件 1 中的内容复制到文件 2 中。

3. 置文件位置指针于文件首

rewind()函数用于将位置指针置于文件首,其一般形式为：

```
rewind(文件指针变量);
```

其中,文件指针变量是已打开过的文件指针。该函数将文件指针重新指向文件的开头位置,没有返回值。

【例 9-11】 rewind()函数应用。

```
#include<stdio.h>
#include<process.h>
void main()
{
    FILE * fp;
```

```
    char ch,filename[50];
    printf("please input filename:\n");
    scanf("%s",filename);                 /* 输入文件名 */
    if((fp=fopen(filename,"r"))==NULL)    /* 以只读方式打开文件 */
    {
        printf("cannot open this fiie.\n");
        exit(0);
    }
    ch=fgetc(fp);
    while (ch!=EOF)
    {
        putchar(ch);                      /* 输出字符 */
        ch=fgetc(fp);                     /* 获取向 ft 指向文件中的字符 */
    }
    rewind(fp);                           /* 指针指向文件开头 */
    ch=fgetc(fp);
    while (ch!=EOF)
    {
        putchar(ch);                      /* 输出字符 */
        ch=fgetc(fp);
    }
    fclose(fp);                           /* 关闭文件 */
}
```

程序运行结果如下:

```
Please input filename:
E:\1011.txt
不登高山,不知天之高也;不临深谷,不知地之厚也。
不登高山,不知天之高也;不临深谷,不知地之厚也。
```

9.5.2 文件检测

C 语言提供了两种手段来检测文件的状态,其一是由文件操作函数的返回值来判断文件调用是否成功,从而检测文件的状态是否出错。其二是由 C 函数库提供的对文件状态的检测函数检测文件状态。

1. 文件状态检测函数

feof()函数的功能是:检测 fp 所指向的文件类型指针是否已经到达文件尾(文件是否结束)。如果已经到达文件尾,则函数返回值为非 0;否则返回值为 0,其一般调用形式为:

```
feof(文件指针变量);
```

其中,"文件指针变量"是已经打开过的文件指针。

【例 9-12】 编写一个程序,用于显示指定的文本文件的内容。

```
#include<stdio.h>
#include<stdlib.h>
```

```
void main()
{
    FILE * fp;
    char c,fname[20];
    printf("请输入文件名：\n");
    scanf("%s",fname);
    if((fp=fopen(fname,"r"))==NULL)
    {
        printf("不能打开文件%s\n",fname);
        exit(0);
    }
    while(!feof(fp))
    {
        c=fgetc(fp);
        putchar(c);
    }
}
```

程序运行结果如下：

请输入文件名：
E:\1012.txt
失败是成功之母

2. 文件错误检测函数

ferror()函数的功能是检测所指向的文件是否有错误，无错时返回值为 0；否则返回值为非 0。其一般调用形式为：

```
ferror(文件指针变量);
```

其中，文件指针变量是已经打开过的文件指针。对同一个文件每次调用输入输出函数时，均产生一个新的 ferror()函数值。因此，应当在调用一个输入输出函数后立即检查 ferror()函数值，否则信息会丢失。

例如：在例 9-12 中，可以在 while 循环中检测文件输入输出是否有错误，该语句修改如下：

```
while(!feof(fp))
{
    c=fgetc(fp);
    if(ferror(fp))
    {
        printf("文件读错误\n");
        break;
    }
    putchar(c);
}
```

9.6 综合应用举例

【例 9-13】 假设学生信息有学号、姓名和分数，其中每个学生的学号是唯一的，编写一个程序，要求保存以前输入的所有记录并实现如下功能。

(1) 添加一个学生记录。

(2) 按学号修改一个学生记录。

(3) 显示所有学生记录。

(4) 按学号查找一个学生记录。

(5) 按学号删除一个学生记录。

(6) 删除文件中所有的学生记录。

分析：用 stud.dat 文件保存学生记录，设计 addstud()、dispstud()、updatestud()、findstud()、delstud()和 delallstud()函数分别实现(1)～(6)的功能。

(1) addstud()：先以"ab+"文件模式打开文件 stud.dat，若该文件已经存在，则以添加方式打开文件，这样可以保留以前输入的记录；如果打开文件失败，表示该文件尚未建立，再以"wb+"的文件模式新建该文件。

(2) dispstud()：打开文件 stud.dat，求出其中的记录个数 n，当 $n>0$ 时，逐个读出文件记录并显示。

(3) updatestud()：打开文件 stud.dat，求出其中的记录个数 n，当 $n>0$ 时，接收用户输入的要修改的学号 no，在文件中查找是否存在该学号的记录，若存在，再接收用户输入的姓名和分数，并用新的数据覆盖原来的学生记录。

(4) findstud()：打开文件 stud.dat，求出其中的记录个数 n，当 $n>0$ 时，接收用户输入的要查找的学号 no，在文件中查找是否存在该学号的记录，若存在，则显示该学号的学生记录。

(5) delstud()：打开文件 stud.dat，求出其中的记录个数 n，当 $n>0$ 时，将所有的学生记录读出并保存在一个以 h 为头结点指针的单链表中，再接收用户输入的要删除的学号 no，在该单链表中查找并删除对应的结点，最后重新以"wb+"文件模式建立 stud.dat 文件，并将删除结点后的单链表中的所有数据结点值写入到该文件中。

(6) delallstud()：重新以"wb"文件模式建立 stud.dat 文件，这样便删除其中所有的记录。

对应的源代码如下：

```
#include<stdio.h>
#include<stdlib.h>
#include<malloc.h>
typedef struct
{
    int no;                          /*学号*/
    char name[10];                   /*姓名*/
    int score;                       /*分数*/
}StType;                             /*自定义学生类型*/
```

```
typedef struct  node
{
    StType data;                        /*存放一个学生记录*/
    struct  node * next;
}NodeType;                              /*自定义链表结点类型*/

void addstud();
void dispstud();
void updatestud();
void findstud();
void delstud();
void delallstud();
void main()
{
    int sel;
    do
    {
        printf("*学生记录操作:1:添加 2:显示   3:修改   4:查找 5:删除 6:全部删除 0:
        返回=>");
        scanf("%d",&sel);
        switch(sel)                     /*调用各功能函数*/
        {
            case 1:addstud();break;
            case 2:dispstud();break;
            case 3:updatestud();break;
            case 4:findstud();break;
            case 5:delstud();break;
            case 6:delallstud();break;
            case 0:break;
            default:printf("\t * * 选择错误\n");break;
        }
    }while(sel!=0);
}

void addstud()                          /*添加一个学生记录*/
{
    FILE * fp;
    StType st,st1;
    int i,n;
    if((fp=fopen("stud.dat","ab+"))==NULL)     /*若文件存在以添加模式打开*/
    if((fp=fopen("stud.dat","wb+"))==NULL)     /*否则以写模式打开*/
    {
        printf("\t>>不能建立 stud.dat 文件\n");
        exit(0);
    }
```

```c
    fseek(fp,0,2);                    /* 文件位置指针置为文件尾 */
    n=ftell(fp)/sizeof(StType);       /* 求文件中的记录个数 */
    printf("输入格式：学号 姓名 分数\n");
    printf("学生记录：");
    scanf("%d%s%d",&st.no,st.name,&st.score);
    rewind(fp);                       /* 将位置指针移到文件首 */
    i=0;
    while(i<n)                        /* 查找是否有重复学号的记录 */
    {
        fread(&st1,sizeof(StType),1,fp);
        if(st1.no==st.no) break;
        i++;
    }
    if(i<n)                           /* 存在重学号的记录,则提示相应信息 */
        printf("\t>>学号重复");
    else                              /* 不存在重学号的记录,则将新记录写入文件 */
    {
        fseek(fp,0,2);                /* 将位置指针移到文件尾并写入一个学生记录 */
        fwrite(&st,sizeof(StType),1,fp);
    }
    fclose(fp);                       /* 关闭文件 */
}


void dispstud()                       /* 显示全部学生记录 */
{
    FILE * fp;
    StType st;
    int n,i;
    if((fp=fopen("stud.dat","rb"))==NULL)
    {
        printf("\t>>不能打开 stud.dat 文件\n");
        exit(2);
    }
    fseek(fp,0,2);                    /* 文件位置指针置为文件尾 */
    n=ftell(fp)/sizeof(StType);       /* 求文件中的记录个数 */
    if(n>0)                           /* 文件不空 */
    {
        rewind(fp);
        printf("所有记录如下：\n");
        printf("===============================\n");
        printf("记录号 学号   姓名   分数\n");
        for(i=1;i<=n;i++)             /* 读一个记录,立即显示 */
        {
            fread(&st,sizeof(StType),1,fp);
            printf("%8d%8d%10s%5d\n",i,st.no,st.name,st.score);
```

```
        }
        printf("===================================\n");
    }
    else                            /* 文件为空 */
        printf("\t>>无任何记录\n");
    fclose(fp);
}


void updatestud()                   /* 修改一个学生记录,只能修改除学号外的其他数据 */
{
    FILE * fp;
    StType st,nst;
    int n,i,no;
    if((fp=fopen("stud.dat","rb+"))==NULL)
    {
        printf("\t>>不能打开 stud.dat 文件\n");
        exit(1);
    }
    fseek(fp,0,2);                  /* 文件位置指针置为文件尾 */
    n=ftell(fp)/sizeof(StType);     /* 求文件中的记录个数 */
    if(n>0)                         /* 文件不空 */
    {
        printf("要修改的学号: ");
        scanf("%d",&no);
        rewind(fp);
        i=0;
        while(i<n)
        {
            fread(&st,sizeof(StType),1,fp);
            if(st.no==no) break;
            i++;
        }
        if(i<n)                     /* 找到该学号的学生记录 */
        {
            printf("输入格式 姓名 分数: ");
            scanf("%s%d",nst.name,&nst.score);      /* 获取新学生的记录 */
            nst.no=st.no;                           /* 不能修改学号 */
            fseek(fp,-(long)sizeof(StType),1);      /* 指向修改记录开头 */
            fwrite(&nst,sizeof(StType),1,fp);       /* 用 nst 覆盖当前记录 */
        }
        else                                        /* 未找到该学号的学生记录 */
            printf("\t>>没有%d学号的学生\n",no);
    }
    else                                            /* 文件为空 */
        printf("\t>>无任何记录\n");
```

```
        fclose(fp);
    }

    void findstud()                                    /* 按学号查找学生记录 */
    {
        int n,i,no;
        FILE * fp;
        StType st;
        if((fp=fopen("stud.dat","rb"))==NULL)
        {
            printf("\t>>不能打开 stud.dat 文件\n");
            exit(3);
        }
        fseek(fp,0,2);                                 /* 文件位置指针置为文件尾 */
        n=ftell(fp)/sizeof(StType);                    /* 求文件中的记录个数 */
        if(n>0)                                        /* 文件不空 */
        {
            printf("请输入学号: ");
            scanf("%d",&no);
            rewind(fp);
            i=0;
            while(i<n)
            {
                fread(&st,sizeof(StType),1,fp);
                if(st.no==no) break;
                i++;
            }
            if(i<n)                                    /* 找到该学号的学生记录 */
            {
                printf("查找结果如下: \n");
                printf("====================================\n");
                printf("记录号 学号   姓名   分数\n");
                printf("%8d%8d%10s%5d\n",i+1,st.no,st.name,st.score);
                printf("===============================------\n");
            }
            else                                       /* 未找到该学号的学生记录 */
                printf("\t>>没有%d学号的学生\n",no);
        }
        else                                           /* 文件为空 */
            printf("\t>>无任何记录\n");
        fclose(fp);
    }

    void delstud()                                     /* 按学号删除一个学生记录 */
    {
```

```
FILE * fp;
StType st;
NodeType * h, * pre, * p, * r;
int i,n,no;
if((fp=fopen("stud.dat","rb"))==NULL)
{
    printf("\t>>不能打开 stud.dat 文件\n");
    exit(4);
}
fseek(fp,0,2);                              /*文件位置指针置为文件尾*/
n=ftell(fp)/sizeof(StType);                 /*求文件中的记录个数*/
if(n>0)                                     /*文件不空*/
{
    h=(NodeType * )malloc(sizeof(NodeType)); /*创建头结点*/
    r=h;
    rewind(fp);
    for(i=0;i<n;i++)
    {
        fread(&st,sizeof(StType),1,fp);      /*读取一个学生记录*/
        p=(NodeType * )malloc(sizeof(NodeType));
        p->data=st;                          /*新建一个学生结点*/
        r->next=p;                           /*将*p结点连接到末尾*/
        r=p;                                 /*r 始终指向尾结点*/
    }
    r->next=NULL;                            /*尾结点的 next 置为 NULL*/
    fclose(fp);
    printf("要删除的学号：");
    scanf("%d",&no);
    pre=h;
    p=h->next;
    while(p!=NULL)
    {
        if(p->data.no==no)
        break;
        pre=p;
        p=p->next;
    }
    if(p!=NULL)                              /*找到要删除的记录*/
    {
        pre->next=p->next;                   /*删除该记录*/
        free(p);
        fp=fopen("stud.dat","wb");           /*重新打开文件并删除原全部记录*/
        p=h->next;
        while(p!=NULL)                       /*将所有记录写入文件中*/
        {
```

```
                fwrite(&p->data,sizeof(StType),1,fp);
                p=p->next;
            }
            fclose(fp);
            printf("\t学号为%d的记录被删除\n",no);
        }
        else
            printf("\t>>没有%d学号的学生\n",no);
    }
    else                                          /*文件为空*/
    {
        printf("\t>>无任何记录\n");
        fclose(fp);
    }
}


void delallstud()                                 /*删除全部记录*/
{
    FILE * fp;
    if((fp=fopen("stud.dat","wb"))==NULL)          /*删除原有全部记录*/
    {
        printf("\t>>不能打开 stud.dat 文件\n");
        exit(5);
    }
    printf("\t>>全部记录已删\n");
    fclose(fp);
}
```

程序运行结果：

*学生记录操作：1：添加 2：显示　3：修改　4：查找 5：删除 6：全部删除 0：返回=>1
输入格式：学号 姓名 分数
学生记录：15101 李飞 90
*学生记录操作：1：添加 2：显示　3：修改　4：查找 5：删除 6：全部删除 0：返回=>1
输入格式：学号 姓名 分数
学生记录：15102 林丽 92
*学生记录操作：1：添加 2：显示　3：修改　4：查找 5：删除 6：全部删除 0：返回=>1
输入格式：学号 姓名 分数
学生记录：15103 赵刚 89
*学生记录操作：1：添加 2：显示　3：修改　4：查找 5：删除 6：全部删除 0：返回=>2
所有记录如下：
===
记录号　学号　　姓名　　分数
1　　　 15101　 李飞　 90
2　　　 15102　 林丽　 92
3　　　 15103　 赵刚　 89

```
============================================
＊学生记录操作：1：添加 2：显示  3：修改  4：查找 5：删除 6：全部删除 0：返回=>3
要修改的学号：15103
输入格式：姓名  分数：赵刚 98
＊学生记录操作：1：添加 2：显示  3：修改  4：查找 5：删除 6：全部删除 0：返回=>2
============================================
记录号   学号      姓名      分数
1       15101     李飞      90
2       15102     林丽      92
3       15103     赵刚      98
============================================
＊学生记录操作：1：添加 2：显示  3：修改  4：查找 5：删除 6：全部删除 0：返回=>4
请输入学号：15102
查找结果如下：
============================================
记录号   学号      姓名      分数
2       15102     林丽      92
============================================
＊学生记录操作：1：添加 2：显示  3：修改  4：查找 5：删除 6：全部删除 0：返回=>5
要删除的学号：15101
学号为 15101 的记录被删除
＊学生记录操作：1：添加 2：显示  3：修改  4：查找 5：删除 6：全部删除 0：返回=>2
============================================
记录号   学号   姓名   分数
1    15102   林丽   92
2    15103   赵刚   98
============================================
＊学生记录操作：1：添加 2：显示  3：修改  4：查找 5：删除 6：全部删除 0：返回=>6
>>全部记录已删除
＊学生记录操作：1：添加 2：显示  3：修改  4：查找 5：删除 6：全部删除 0：返回=>2
>>无任何记录
＊学生记录操作：1：添加 2：显示  3：修改  4：查找 5：删除 6：全部删除 0：返回=>0
```

【同步练习】 有 5 个学生，每个学生有三门课程的成绩，从键盘输入以上数据（其中包括学生学号、姓名和三门课程的成绩），计算出平均成绩，将原有数据和计算出的平均分数存在磁盘文件 stud 中。

9.7 本章常见错误总结

1. 打开文件时，没有检查文件打开是否成功。正确的写法应该加上判断文件打开是否成功的语句，内容如下：

```
if((fp=fopen("stu.txt","r"))==NULL)
    {  printf("Cannot open the file.\n");
       exit(0);
```

```
}
```

2. 读文件时使用的文件方式与写文件时不一致,例如:

```
fp=fopen("abc.txt","r");
```

以 r 方式打开文本文件,只允许读数据,如果要写数据,需要用相应的文件打开方式,正确的写法是:

```
fp=fopen("abc.txt","w");
```

其他文件打开方式请参见表 9-1。

3. 打开文件名时,文件名中的路径少写了一个反斜杠。例如:

```
fp=fopen("E:\abc.txt","a+");
```

正确的写法是:

```
fp=fopen("E:\\abc.txt","a+");
```

本 章 小 结

文件操作是程序设计中的一个重要内容,C 语言把文件看做"字节流",通过文件指针指向这个"字节流",采用系统提供的函数对文件进行读、写和定位等操作。

文件操作有 3 大步骤:打开文件、读写文件和关闭文件。文件一旦被打开,就自动地在内存中建立该文件的 FILE 结构,且可同时打开多个文件。对文件的读写操作都是通过库函数实现的。这些库函数最好配合使用,避免引起一些读、写混乱。

习 题 九

一、选择题

1. C 语言可以处理的文件类型是( )。

    A. 文本文件和二进制文件   B. 数据文件和二进制文件

    C. 文本文件和数据文件   D. 以上答案都不完全

2. 若要用 fopen()函数打开一个新的二进制文件,该文件要既能读也能写,则打开文件方式字符串应是( )。

    A. "ab+"   B. "wb+"   C. "rb+"   D. "ab"

3. 利用 fseek()函数可实现的操作( )。

    A. fseek(文件类型指针,起始点,位移量);

    B. fseek(fp,位移量,起始点);

    C. fseek(位移量,起始点,fp);

    D. fseek(起始点,位移量,文件类型指针);

4. 当已经存在一个 file1.txt 文件,执行函数 fopen("file1.txt","r+")的功能是( )。

    A. 打开 file1.txt 文件,清除原有的内容

B. 打开 file1.txt 文件，只能写入新的内容

C. 打开 file1.txt 文件，只能读取原有内容

D. 打开 file1.txt 文件，可以读取和写入新的内容

5. 以下程序的功能是（　　　）。

```c
void main()
{
    FILE * fp;
    char str[]="Beijing 2015";
    fp=fopen("file2","w");
    fputs(str,fp);
    fclose(fp);
}
```

A. 在屏幕上显示"Beijing 2015"

B. 把"Beijing 2015"存入 file2 文件中

C. 在打印机上打印出"Beijing 2015"

D. 以上都不对

6. 下面各函数中能实现打开文件功能的是（　　　）。

A. fopen   B. fgetc   C. fputc   D. fclose

7. 下列语句中，把变量 fp 说明为一个文件型指针的是（　　　）。

A. FILE * fp;   B. FILE fp;   C. file * fp;   D. file fp;

8. fgets(str, n, fp)函数从文件中读入一个字符串，以下正确的叙述是（　　　）。

A. fgets()函数将从文件中最多读入 $n-1$ 个字符

B. fp 是 file 类型的指针

C. 字符串读入后不会自动加入'\0'

D. fgets()函数将从文件中最多读入 n 个字符

二、编程题

1. 编写一个程序，从键盘输入若干个字符串，将它们输出到文本文件 data.dat 中，再从该文件中读入这些字符串放在一个字符串数组中并显示出来。

2. 假如有一篇英文摘要，文件名为 abstract，编程统计 abstract 文件中单词的个数。

3. 从键盘输入某班 30 个学生五门课程的成绩，将其写入 score 文件。

4. 编写一个程序，比较两个文件，并输出两个文件首次出现不同内容的所在行。

5. 有一个文件 emp.dat 存放职工的数据。每个职工的数据包括：职工号、姓名、性别、年龄和工资（假设没有重复的职工号）。编写实现如下功能的程序，每个程序可以单独运行。

（1）根据用户的输入建立 emp.dat 文件。

（2）在 emp.dat 文件末尾追加职工记录。

（3）在用户指定的记录号之前插入一个新记录。要求输出插入前、插入后的所有职工记录。

（4）根据用户输入的职工号和相应的数据修改该职工的数据，并输出修改过的所有职工记录。

（5）根据用户输入的职工号删除该职工的数据，并输出删除前、删除后的所有职工记录。

（6）根据用户输入的工资数显示大于该工资数的职工的所有信息。

实 验 九

一、实验目的

1. 理解文件指针的概念，掌握文件的打开与关闭的方法。

2. 掌握文件的基本操作函数、随机操作函数和检测函数的使用方法。

3. 学会文件的基本操作的编程方法，能够设计流程图、编写程序代码、正确运行程序并给出程序的运行结果。

二、实验内容

1. 输入并运行以下程序，说明此程序的功能，并给出程序运行结果。

```c
#include<stdio.h>
void main()
{
    int k,n;
    FILE * fp;
    if((fp=fopen("e:\\1014.txt","w+"))==NULL)
    {
        printf("不能建立该文件\n");
    }
    for(k=1;k<=10;k++)
        fprintf(fp,"%3d",k);
    for(k=0;k<5;k++)
    {
        fseek(fp,k * 6L,SEEK_SET);
        fscanf(fp,"%d",&n);
        printf("%3d",n);
    }
    printf("\n");
    fclose(fp);
}
```

程序运行结果为：

1 3 5 7 9

说明：打开 1014.txt 文本文件，不存在时建立该文件。使用 fprintf()函数以字符方式向文件写入：1 2 3 4 5 6 7 8 9 10（两个数字之间空两格）。然后循环地从文件读出数据，边读边输出。当 k=0 时，fseek()函数将文件指针移到文件的开头，读出 1；k=1 时，fseek()函数将文件指针移到距离开头处 6 的位置，读出 3；k=2 时，fseek()函数将文件指针移到距离开头处 12 的位置，读出 5；k=3 时，fseek()函数将文件指针移到距离开头

· 310 ·

处 18 的位置，读出 7；k＝4 时，fseek()函数将文件指针移到距离开头处 24 的位置，读出 9。

2. 编写程序实现对某公司员工信息的简单管理，包括新员工信息的录入、员工信息的查询以及显示所有员工信息。员工信息包括工号、姓名、性别、年龄、电话和工资，其中员工的工号各不相同。

程序代码如下：

```c
#include<stdio.h>
#include<string.h>
#include<stdlib.h>
#include<conio.h>
#define N 5
struct ST_Employee                          /*员工信息*/
{
    int no;
    char name[20];
    char sex[4];
    int age;
    char tel[20];
    float salar;
};
void add(FILE*,struct ST_Employee);         /*添加新员工信息函数的声明*/
void sel(FILE*,int);                        /*查找指定员工信息函数的声明*/
void list(FILE*);                           /*显示所有员工信息函数的声明*/
void main()
{
    FILE *fp;
    int loop=1;
    char operation;
    struct ST_Employee emp;
    while(loop)
    {
    printf("\r\n please input the selected operation:a(添加),q(查询),e(结束),
    d(显示)");
    operation=getche();                     /*输入选择的操作类型*/
    switch(operation)
    {
        case 'a':                           /*添加新员工信息*/
            if((fp=fopen("e:\\employee.txt","a+"))==NULL)
            {
                printf("\r\ncan not open file");
                exit(0);
            }
        printf("\r\nplease input no,name,sex,age,tel,salar:");
        scanf("%d %s %s %d %s %f",&emp.no,emp.name,emp.sex,&emp.age,emp.
        tel,&emp.salar);
```

```
                                          /*输入新员工信息*/
          add(fp,emp);                    /*调用 add 函数*/
          break;
      case 'q':
          if((fp=fopen("e:\\employee.txt","r+"))==NULL)
          {
              printf("\r\ncan not open file");
              exit(0);
          }
          printf("\r\nplease input the no of the employee:");
          scanf("%d",&emp.no);            /*输入被查询员工的工号*/
          sel(fp,emp.no);                 /*调用 sel 函数*/
          break;
      case'd':
          if((fp=fopen("e:\\employee.txt","r"))==NULL)
          {
              printf("can not open file");
              exit(0);
          }
          list(fp);
          break;
      case'e':                            /*将循环变量 loop 设为 0,结束循环*/
          printf("\r\nend of input\n");
          loop=0;
          break;
      }
      fclose(fp);                         /*关闭指定文件*/
   }
}
void add(FILE * fp,struct ST_Employee person)  /*添加新的员工记录*/
{
    fwrite(&person,sizeof(struct ST_Employee),1,fp);
}
void sel(FILE * fp,int num)      /*根据员工工号查询某个员工的信息并显示*/
{
    struct ST_Employee st_person;
    while(!feof(fp))
    {
        fread(&st_person,sizeof(struct ST_Employee),1,fp);
        if(st_person.no==num)
        {
            printf("%d  %s  %s  %d  %s  %.2f\n",st_person.no,st_person.name,st_
            person.sex,st_person.age,st_person.tel,st_person.salar);
            break;
        }
```

```
        }
    }
    void list(FILE * fp)                          /* 显示所有员工的信息 */
    {
        struct ST_Employee emp;
        while(!feof(fp))
        {
            fread(&emp,sizeof(struct ST_Employee),1,fp);
            printf("%d  %s  %s  %d  %s  %.2f\n",emp.no,emp.name,emp.sex,emp.age,
            emp.tel,emp.salar);
        }
    }
```

练习:

1. 从键盘输入一行字符串,将其中的大写字母全部转换成小写字母,然后输出到一个名为 test 的文件中保存,并检验 test 文件中的内容。

2. 在一个文本文件中有若干个句子,要求将它读入内存,然后在写入另一个文件时使一个句子单独为一行。

第 10 章 综合实例程序设计

前面章节学习了编写解决小问题的程序,本章将结合"通讯录管理程序",学习综合程序的设计方法,为进一步进行程序设计打下坚实的基础。

10.1 程序设计的基本过程

程序设计一般包括 6 个步骤,即程序的功能设计、程序的数据设计、程序的函数设计、函数编码及调试、程序整体调试和维护等,各个步骤都有其特定的任务。

1. 程序的功能设计

功能设计是程序设计的第一个环节,其任务是根据题目的描述和要求,确定程序要实现的功能,并把这些功能划分为不同的层次,确定各层功能的上下级关系,然后绘制出分级描述的程序功能框图,必要时对所列功能进行说明。

2. 程序的数据设计

程序的数据设计主要包括对以下各类数据进行设计。

(1) 对程序中用到的主要数据确定数据类型。

(2) 对程序中用到的结构体数据定义其结构体类型。

(3) 定义程序中使用的全局变量和外部变量等。

(4) 定义程序中通用的符号常量。

(5) 确定文件的类型。

3. 程序的函数设计

一个综合性的程序,需要设计若干个函数。各个函数功能各异,使用的层次也不尽相同。为了使总体设计协调有序地进行,需要在程序编码之前,对主要的函数做出预先设计,即所谓的函数设计。程序的函数设计包括函数的功能设计和函数调用设计两个方面。

(1) 函数的功能设计。对应程序功能框图,确定各项功能要使用的主要函数,并进行明确描述,包括:函数名称、函数功能、函数参数和函数返回值类型等。

(2) 函数调用设计。对函数的调用关系进行描述,明确说明在实现程序功能时,函数之间将发生的调用和被调用关系。

4. 函数编码及调试

函数编码及调试是实现程序功能的核心阶段,需要注意以下问题。

(1) 程序通常由多个函数构成,每个函数都有独立的功能,实现特定的操作。但程序中的所有函数是一个有机的整体,都围绕实现程序的功能进行设计。

(2) 有些函数之间有调用和被调用关系,在进行函数设计时需要注意顺序问题,有的函数先设计,有的函数后设计,而没有调用关系的函数可以并列设计。当多人合作进行一个项目设计时,可以并列设计的函数即可由不同的设计人员承担。

(3) 程序设计是一个循序渐进的过程。有的函数在程序设计前的函数设计阶段就被考虑到了,而有的函数是在程序设计过程中因需要才产生的。但无论哪一个函数,都会经历由简单到功能完善定型的过程。

(4) 函数设计一般以功能实现为主线,围绕程序的一个功能进行函数设计。每一个函数完成之后,都要立即进行函数功能测试,直到确认函数能实现其功能为止。

(5) 有时在测试一个主调函数时,其被调用的函数还没有完成设计,这时最简便的方法,就是把被调用函数先设计为只有一个空的"return;"语句的函数,然后进行主调函数的基本测试。当被调用函数设计完成之后,再进行详细的测试。

(6) 不同功能的函数,对磁盘文件可能有不同的使用要求,因此在进行文件操作时,打开文件的方式就可能不同。

5. 整体调试

整体调试是程序设计的必要阶段,是在前期程序设计调试基础上进行的基本过程。需要设计准备一个较大规模的数据集,按照程序设计题目的功能要求,对组装完成的程序逐项进行功能测试和调试,直至确认程序达到了设计目标为止。

6. 维护

维护时期的主要任务是使软件持久地满足用户的需要。具体地说,当软件在使用过程中发现错误时应该加以改正;当环境改变时应该修改软件以适应新的环境;当用户有新要求时应该及时改进软件以满足用户的新需要。每一次维护活动本质上都是一次压缩和简化了的定义和开发过程。

10.2　综合程序设计实例

下面将以一个通讯录管理程序为例,按照上述的 6 个步骤讲解较大程序设计的基本过程。

10.2.1　题目的内容要求

通讯录管理程序课程设计的内容要求如下。

综合运用 C 语言程序设计课程的主要知识,设计一个用于通讯录管理的程序,设计指标由程序的功能要求和技术要求具体说明。

1. 功能要求

通讯录管理程序至少应具有如下功能。

(1) 能通过键盘向通讯录输入数据。要求随时都能使用该项功能实现记录输入,一次可以输入一条记录,也可以输入多条记录。所谓一条记录,是指通讯录中一个人员的完整信息。

(2) 能显示通讯录存储的记录信息,在显示时能提供下列显示方式。

① 按自然顺序显示。即按照向通讯录输入数据时各条记录的先后顺序,显示通讯录中已有的记录信息。

② 按照一定的排序顺序显示通讯录信息。排序顺序有多种,如按姓名排序、按年龄排序、按所在城市排序和按所在单位排序等,具体使用的排序顺序由设计者确定,但至少要包括上述两种排序方式。

（3）能查询通讯录信息。要求至少提供两种查询方式,如按姓名查询和按所在城市查询等,任何一种查询都要有明确的查询结果。

（4）能对通讯录存储的信息进行修改。要求至少提供两种修改方式,如按照姓名修改、按照通讯录记录序号修改。记录序号是通讯录记录的自然顺序编号。

（5）能对通讯录的信息进行删除。要求删除时以记录为单位,既能一次删除一条记录,也能一次删除多条记录。

（6）通讯录管理结束后,能够正常退出通讯录管理程序。

2. 技术要求

（1）每个通讯录记录至少包括如下信息：姓名、电话、所在城市、所在单位、年龄和备注等。

（2）通讯录信息以磁盘文件的形式存储,存储位置、文件名和文件格式由设计者确定。

（3）对于通讯录功能中的数据输入、显示、查询、修改和删除等功能,要求编写功能独立的函数或主控函数予以实现,其所属的各项功能尽量由独立的函数实现。

（4）以菜单方式实现功能选择控制。

（5）本通讯录管理程序能够实现 100 条记录的管理。

10.2.2　程序的功能设计

根据题目的功能要求,设计通讯录管理程序的功能如图 10-1 所示。

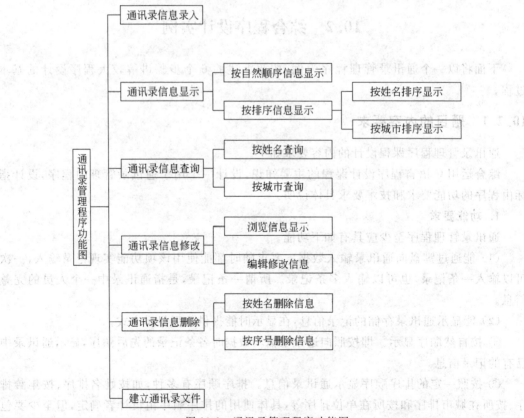

图 10-1　通讯录管理程序功能图

各功能的具体说明如下。

1. 通讯录信息录入

（1）通过显示信息项目，逐项输入通讯录的记录信息。

（2）每次输入记录后，通过询问的方式决定是否继续进行记录输入，因此，使用该功能既可录入一条记录，也可连续录入多条记录。

（3）每次录入记录之前，显示通讯录中已有的记录数。

2. 通讯录信息显示

（1）按自然顺序显示，即以通讯录文件中的记录顺序为序，逐个对文件记录进行显示。

（2）按排序顺序显示，即对通讯录中的记录进行排序后，再按照排序结果显示出来。但不管使用何种排序算法，排序显示不能改变通讯录记录的物理顺序。

（3）当通讯录信息较多时，实行分屏显示，每屏最多显示 20 条记录信息。

（4）显示记录时，对每一条记录增加与显示顺序一致的序号。

3. 通讯录信息查询

（1）提供按姓名查询和按家庭地址查询两种查询方式。

（2）查找成功后显示每一条符合条件记录的完整信息，当一屏不能完成显示时，实行分屏显示，每屏最多显示 20 条符合条件的记录。当找不到符合条件记录时，给出相应的提示信息。

4. 通讯录信息修改

（1）按照指定的记录序号，对通讯录记录进行修改。首先显示指定记录的当前数据，然后通过重新输入该记录数据的方法，完成数据修改操作。

（2）为方便确认记录序号，该功能项同时提供通讯录记录的浏览功能。

5. 通讯录信息删除

（1）提供按姓名删除和按序号删除两种方式，当找到指定记录时，进行删除操作。找不到指定记录时，给出相应的提示信息。

（2）所有的删除均为物理删除，即将指定的记录从通讯录文件中彻底清除掉。

6. 建立通讯录文件

第一次使用通讯录管理程序时，用于建立存储通讯录信息的文件。

10.2.3　程序的数据设计

每个通讯录记录由多个不同的数据项构成，是一个结构体数据，因此需要定义结构体数据类型。根据题目要求，确定每个记录包括的数据项为：姓名、电话、家庭住址、所在单位、年龄和备注等。据此定义如下结构体数据类型：

```
struct record
{
    char name[15];          /*姓名*/
    char birth[10];         /*生日*/
    char tele[12];          /*电话*/
    char addr[30];          /*家庭地址*/
    char units[30];         /*工作单位*/
```

```
        char note[50];              /*备注*/
    };
```

考虑到 struct record 是通讯录管理程序中的通用数据类型,将在多个函数中使用,故将其在头文件中定义。使用文件 address.txt 存储数据类型为 struct record 的通讯录数据。

10.2.4　程序的函数设计

1. 函数功能描述

(1) main()函数。通讯录管理程序主函数,实现程序功能的主菜单显示,通过各功能函数的调用,实现整个程序的功能控制。

(2) append()函数。函数原型为 void append(),是输入数据函数,它实现通讯录数据的键盘输入。

(3) display()函数。函数原型为 void display(),是显示通讯录信息的主控函数,它实现显示功能的菜单显示,并进行不同显示功能的函数调用,以实现程序的显示功能。

(4) locate()函数。函数原型为 void locate(),是查询通讯录信息的主控函数,它显示查询功能的菜单,并根据查询要求进行相应的函数调用,以实现程序的查询功能。

(5) modify()函数。函数原型为 void modify(),是修改通讯录信息的主控函数,它显示修改功能的菜单,并进行相应的函数调用,以实现程序的修改功能。

(6) dele()函数。函数原型为 void dele(),是删除通讯录记录的主控函数,它显示删除功能的菜单,并根据删除要求,进行相应的函数调用,以实现程序的删除功能。

(7) disp_arr()函数。函数原型为 void disp_arr(struct record[],int),功能是显示 struct record 型结构体数组的全部数据,其第二个参数是结构体数组的长度。这里的结构体数组对应于存储通讯录文件 address.txt 的数据,数组长度对应于通讯录文件的记录数。

(8) disp_row()函数。函数原型为 void disp_row(struct record),功能是显示一个 struct record 型结构体数据,disp_arr()函数进行数组输出时,每一个数组元素都调用 disp_row()函数实现输出。

(9) sort()函数。函数原型为 void sort(struct record[],int),是排序的主控函数,它显示排序功能的菜单,并根据显示的排序要求,进行相应的函数调用,以实现程序的排序显示功能。

(10) sort_name()函数。函数原型为 void sort_name(struct record[],int),功能是对 struct record 型结构体数组实现按姓名排序操作。

(11) sort_addr()函数。函数原型为 void sort_addr(struct record[],int),功能是对 struct record 型结构体数组实现按家庭地址排序操作。

(12) modi_seq()函数。函数原型为 void modi_seq(struct record[],int),功能是对 struct record 型结构体数组实现按序号修改操作。

(13) dele_name()函数。函数原型为 void dele_name(struct record[],int *),功能是对 struct record 型结构体数组实现按姓名删除操作。

(14) dele_sequ()函数。函数原型为 void dele_sequ(struct record[],int *),功能是对 struct record 型结构体数组实现按序号删除操作。

(15) disp_str()函数。函数原型为 disp_str(char,int),功能是输出 n 个字符,用于菜单

的字符显示,每一个有菜单显示功能的函数都调用该函数。

(16) disp_table()函数。函数原型为 void disp_table(),功能是显示一行表头,用于输出记录时的标题显示。

(17) creat()函数。函数原型为 void creat(),功能是建立存储通讯录信息的文件 address.txt。

2. 函数的直接调用关系

(1) main()函数直接调用的函数:disp_str()函数、append()函数、display()函数、locate()函数、modify()函数和 dele()函数。

(2) append()函数直接调用的函数:无。

(3) display()函数直接调用的函数:disp_str()函数、disp_arr()函数和 sort()函数。

(4) locate()函数直接调用的函数:disp_str()函数和 disp_row()函数。

(5) modify()函数直接调用的函数:disp_str()函数和 modi_seq()函数。

(6) dele()函数直接调用的函数:disp_str()函数、dele_name()函数和 dele_sequ()函数。

(7) disp_arr()函数直接调用的函数:disp_row()函数和 disp_table()函数。

(8) sort()函数直接调用的函数:disp_str()函数、sort_name()函数和 sort_city()函数。

(9) sort_name()函数直接调用的函数:disp_arr()函数。

(10) sort_addr()函数直接调用的函数:disp_arr()函数。

(11) modi_seq()函数直接调用的函数:disp_row()函数。

(12) dele_name()函数直接调用的函数:disp_table()函数和 disp_row()函数。

(13) dele_sequ()函数直接调用的函数:disp_table()函数和 disp_row()函数。

(14) creat()函数直接调用的函数:无。

10.2.5　函数编程及调试

1. 头文件 address.h 的设计

头文件 address.h 包含以下信息。

(1) 通讯录记录的结构体类型定义。

(2) 通信录管理程序中使用的 C 语言系统的宏包含命令。

(3) 通信录管理程序中自定义的函数原型声明。

(4) 通信录管理程序中使用的结构体数组的长度。

下面是头文件 address.h 的具体内容:

```
#define M 100
/* 用于定义结构体数组的长度 */
/* 以下是通讯录管理程序所用系统头文件的宏包含命令 */
    #include<stdio.h>
    #include<stdlib.h>
    #include<string.h>
/* 以下是结构体数据类型定义,与通讯录记录的数据项相同 */
```

```c
struct record
{
    char name[15];                              /* 姓名 */
    char birth[10];                             /* 生日 */
    char tele[12];                              /* 电话 */
    char addr[30];                              /* 家庭地址 */
    char units[30];                             /* 工作单位 */
    char note[50];                              /* 备注 */
};
/* 以下是用户自定义函数声明 */
void creat();                                   /* 建立通讯录文件 */
void append();                                  /* 输入数据函数 */
void display();                                 /* 显示通讯录文件函数 */
void locate();                                  /* 查询通讯录主控函数 */
void modify();                                  /* 修改通讯录主控函数 */
void dele();                                    /* 删除记录主控函数 */
void disp_arr(struct record * ,int);            /* 显示数组函数 */
void disp_row(struct record);                   /* 显示一个记录的函数 */
void disp_table();                              /* 显示一行表头的函数 */
void modi_seq(struct record[ ],int);            /* 按序号编辑修改记录函数 */
void disp_str(char,int);                        /* 显示 n 个字符的函数 */
void sort(struct record[ ],int);                /* 排序主控函数 */
void sort_name(struct record[ ],int);           /* 按姓名排序函数 */
void sort_city(struct record[ ],int);           /* 按城市排序函数 */
void dele_name(struct record[ ],int * );        /* 按姓名删除记录函数 */
void dele_sequ(struct record[ ],int * );        /* 按序号删除记录函数 */
```

以上为头文件 address. h 的全部内容,该头文件在通讯录管理程序的开头位置用 include 命令包含,宏包含命令为♯include<address. h>。

2. main()函数的设计及调试

main()函数是通讯录管理程序的主控函数,它的设计调试需要反复多次。在开始时, 将它的所有被调用函数都设计为简单的字符串输出函数,以设计调试 main()函数的菜单控 制功能。然后,每实现一个主功能(输入、显示、查询、修改、删除和新建)函数,都对 main() 函数的调用和菜单控制功能进行调试。

(1) main()函数代码。

```c
#include<address.h>
void main()                                     /* 主函数,实现菜单控制 */
{
    char choice;
        while(1)
        {                                       /* 以下代码显示功能菜单 */
        printf("\n\n");
        disp_str(' ',18);
        printf("通讯录管理程序\n");
```

```
        disp_str('*',50);                    /*显示"*"串*/
        putchar('\n');
        disp_str(' ',16);                     /*显示空格串*/
        printf("1.通讯录信息输入\n");
        disp_str(' ',16);
        printf("2.显示通讯录信息\n");
        disp_str(' ',16);
        printf("3.通讯录记录查询\n");
        disp_str(' ',16);
        printf("4.修改通讯录信息\n");
        disp_str(' ',16);
        printf("5.通讯录记录删除\n");
        disp_str(' ',16);
        printf("6.建立通讯录文件\n");
        disp_str(' ',16);
        printf("7.退出通讯录程序\n");
        disp_str('*',50);
        putchar('\n');                        /*以上代码显示功能菜单*/
        disp_str(' ',14);
        printf("请输入代码选择(1—7) ");
        choice=getchar();
        getchar();
        switch(choice)
        {                                     /*以下代码实现各项主功能函数的调用*/
    case'1':
            append();                         /*调用通讯录数据输入函数*/
            break;
    case'2':
        display();                            /*调用显示通讯录信息主控函数*/
        break;
    case'3':
        locate();                             /*调用通讯录记录查询主控函数*/
        break;
    case'4':
        modify();                             /*调用修改通讯录信息主控函数*/
        break;
    case'5':
        dele();                               /*调用通讯录记录删除主控函数*/
        break;
    case'6':
        creat();                              /*建立通讯录文件*/
        break;
    case'7':
        return;                               /*退出通讯录管理程序*/
    default:
```

```
        continue;                          /* 输入在 1~7 之外时,继续循环显示菜单 */
        }
    }
}
```

（2）disp_str()函数的代码。

```
void disp_str(char ch,int n)               /* 显示 n 个任意字符的函数 */
{
    int i;
    for(i=1;i<=n;i++)
    printf("%c",ch);
    return;
}
```

下面是被 main()函数调用的主功能函数的初始函数代码：

```
void append()                              /* 输入函数的初始函数代码 */
{
    printf("append!\n");
}
void display()                             /* 显示函数的初始函数代码 */
{
    printf("display!\n");
}
void locate()                              /* 查询函数的初始函数代码 */
{
    printf("locate!\n");
}
void modify()                              /* 修改函数的初始函数代码 */
{
    printf("modify!\n");
}
void dele()                                /* 删除函数的初始函数代码 */
{
    printf("dclete!\n");
}
void creat()                               /* 建立新文件函数的初始函数代码 */
{
    printf("creat!\n");
}
```

（3）main()函数调试。

main()函数的调试主要解决以下问题。

① 菜单显示是否正常？

② 当按照菜单项进行功能选择时,是否按照菜单显示功能正确地进行了函数调用？

下面是执行程序后的屏幕信息：

```
**************************************************
```
1. 通讯录信息输入
2. 显示通讯录信息
3. 通讯录记录查询
4. 修改通讯录信息
5. 通讯录记录删除
6. 建立通讯录文件
7. 退出通讯录程序
```
**************************************************
```
请输入代码选择(1-7)

在当前屏幕状态下,分别输入 1,2,3,4,5,6,程序正确的结果是分别调用 append()函数、display()函数、locate()函数、modify()函数、dele()函数和 creat()函数,屏幕应分别显示字符串 append!,display!,locate!,modify!,delete! 和 creat!。

输入 1~7 之外的任何信息,都将反复显示功能菜单。

输入 7,将退出当前程序。

若上述 3 种情况都获得正确结果,则 main()函数的初步调试完成,即可进行其他函数的设计调试。

3. 建立通讯录文件功能函数的设计及调试

建立通讯录文件功能函数由 creat()函数实现,该函数不调用其他的自定义函数。执行该函数,将重新建立存储通讯录信息的文件 address.txt。

(1) creat()函数代码。

```c
void creat()              /*建立通讯录文件函数*/
{
    FILE *fp;
    if((fp=fopen("address.txt","wb"))==NULL)    /*建立通讯录文件 address.txt*/
    {
        printf("不能打开文件!\n");
        return:
    }
    fclose(fp);
    printf("\n\n 文件成功建立,请使用"通讯录信息输入功能"输入信息!");
    getchar();
    return;
}
```

(2) 函数功能调试。

creat()函数没有其他的函数调用,编写完成后即可进行函数功能调试。在主菜单选择"建立通讯录文件"功能,若屏幕显示如下信息,则函数设计成功。

显示信息:文件成功建立,请使用"通讯录信息输入功能"输入信息。

4. 输入功能函数的设计及调试

输入功能由 append()函数实现,该函数不调用其他的自定义函数。append()函数将在已有的信息文件 address.txt 中追加通讯录记录。

(1) append()函数代码。

```
void append()                              /* 录入通讯录记录函数 */
{
    struct record temp,info[M];            /* 定义结构体数组,用于存储通讯录文件信息 */
    FILE * fp;
    char ask;
    int i=0;
    if((fp=fopen("address.txt","wb"))==NULL)        /* 打开通讯录文件 */
    {
        printf("不能打开文件!\n");
        return;
    }
    printf("\n 姓名 年龄 电话 家庭地址 单位 备注\n");
    while(1)
    {
        scanf("%s%s%s%s%s%s",temp.name,&temp.birth,temp.tele,temp.addr,temp.
        units,temp.note);
        info[i++]=temp;
        fwrite(&temp,sizeof(struct record),1,fp);            /* 写通讯录记录 */
        printf("继续录入吗(y/n)?");
        ask=getch();
        getchar();
        if(ask=='y'||(ask=='Y')        /* 键入 y 或 Y 继续录入 */
        {
            continue;
        }
        else if(ask=='n'||(ask=='N')   /* 键入 n 或 N 终止录入,返回主菜单 */
        {
            break;
        }
    }
    fclose(fp);
    return;
}
```

(2) append()函数调试。append()函数没有其他的函数调用,编写完成后即可进行函数功能调试。表 10-1 所示是调试用数据。按如下两个过程调试 append()函数。

测试 append()函数输入记录的功能。使用主菜单"通讯录信息输入"功能,输入表 10-1 中的前两个记录数据,然后返回主菜单。

测试 append()函数向磁盘文件继续添加记录的功能。再次选择"通讯录信息输入"功能,输入表 10-1 中的其余 2 个记录数据,然后返回主菜单。

若上述两个步骤都能正常实现输入,则本次调试结束。对录入结果的正确性检查,要在显示功能完成后才能进行。

表 10-1   append()函数调试用数据

姓　　名	生　　日	电　　话	家 庭 地 址	所 在 单 位	备　　注
张三	1999-12-20	2599866	安阳	郑州工学院	无
张伊宁	1997-10-22	2598666	开封	河南大学	无
黄宗	2001-03-21	2598664	洛阳	河南科技大学	无
钟强	2002-05-17	2578902	石家庄	河北科技大学	无

5. 显示功能的函数设计及调试

显示功能模块较为复杂,包括主控函数 display()和多个被调用的自定义函数,display()函数直接调用 sort()函数,间接调用 sort_name()和 sort_addr()等函数。显示功能模块的函数设计和调试需要逐级进行,并且要反复调试。

(1) display()函数。display()函数是显示功能的主控函数,由 main()函数直接调用。display()函数除进行显示功能主控菜单的显示控制之外,还要根据不同的显示要求,进行相应的显示操作。按自然顺序显示通讯录的操作,在 display()函数内直接完成;按排序顺序显示通讯录,需要通过调用 sort()函数实现。下面是 display()函数的编码:

```
void display()                    /*显示通讯录信息的主控函数*/
{
    struct record info[M];        /*定义结构体数组,用于存储通讯录文件信息*/
    FIIE * fp;
    char ask;
    int i=0;
    if((fp=fopen("address.txt","rb"))==NULL)        /*打开通讯录文件*/
    {
        printf("不能打开文件!\n");
        return;
    }
    while(!feof(fp))              /*将通讯录文件信息读到 info 数组中*/
        fread(&info[i++],sizeof(struct record),1,fp);
    while(1)
    {                            /*以下代码显示通讯录管理程序的显示功能菜单*/
        printf("\n\n");
        disp_str(' ',10);
        printf("显示通讯录信息(共有%d 条记录)\n",i);    /*显示已有的记录数*/
        disp_str('*',50);
        putchar('\n');
        disp_str(' ',17);
        printf("1.按自然顺序显示\n");
        disp_str(' ',17);
        printf("2.按排序顺序显示\n");
        disp_str(' ',17);
        printf("3.退出显示程序\n");
        disp_str('*',50);
```

```
        putchar('\n');
        disp_str(' ',16);
        printf("请输入代码选择(1～3)");
        ask=getchar();              /*以上为菜单显示代码*/
        if(ask=='3')
        {
            fclose(fp);
            return;

        }
        else if(ask=='1')
            disp_arr(info,i);       /*调用显示数组函数,按自然顺序显示记录*/
        else if(ask=='2')
            sort(info,i);           /*调用排序函数进行排序显示*/
    }
}
```

（2）disp_arr()函数。disp_arr()函数是显示结构体数组的通用函数,它按照数组中的元素顺序,显示全部数据。该函数调用的实参是存储通讯录数据的结构体数组名(结构体数组首地址)。函数代码如下:

```
    void disp_arr(struct record info[ ],int n)          /*显示数组内容函数*/
    {
        char press;
        int i;
        for(i=0;i<n;i++)
        {
            if(i%20==0)            /*每显示20行数据记录后重新显示一次表头*/
            {
                printf("\n\n");
                disp_str(' ',25);
                printf("我的通讯录\n");
                disp_str('*',78);
                printf("\n");
                printf("序号");
                disp_table();     /*调用显示表头函数显示表头*/
            }
        printf("%3d",i+1);        /*显示序号*/
        disp_row(info[i]);        /*调用显示一个数组元素(记录)的函数*/
        if((i+1) %20==0)          /*满20行则显示下一屏*/
        {
            disp_str('*',78);
            printf("\n");
            printf("按回车键继续显示下屏,按其他键结束显示!\n");
            printf("请按键……");
            press=getchar();
            getchar();
```

```
        if(press!='\n')
        break;
        }
    }
    disp_str('*',78);
    printf("\n");        ,
    printf("按任意键继续……");
    getchar();
    return;
}
```

(3) disp_row()函数。disp_row()函数用于显示一个结构体数组元素,函数调用的实参是主调函数中的一个结构体数据。以下是其函数代码:

```
void disp_row(struct record row)        /*每次显示通讯录一个记录的函数*/
{
    printf("%-12s%-12s%-15s%-16s%-10s%  -s\n",
    row.name,row.birth,row.addr,row.units,row.note);
    return;
}
```

(4) sort()函数。sort()函数是按排序顺序显示记录信息的主控函数,由 display()函数调用,调用的实参是被显示的结构体数组名和数组元素数。sort()被调用后,除进行排序菜单的显示控制之外,还要根据不同的排序要求,进行相应排序函数的调用。函数代码如下:

```
void sort(struct record info[],int n)        /*排序主控函数*/
{
    char ask;
    while(1)
    {                                        /*以下代码显示排序选择菜单*/
    printf("\n\n");
    disp_str(' ',16);
    printf("通讯录排序\n");
    disp_str('*',50);
    putchar('\n');
    disp_str(' ',17);
    printf("1.按姓名排序\n");
    disp_str(' ',17);
    printf("2.按城市排序\n");
    disp_str(' ',17);
    printf("3.返回上一层\n");
    disp_str('*',50);
    putchar('\n');
    disp_str(' ',16);
    printf("请输入号码选择(1~3)");        /*以上代码显示排序选择菜单*/
    ask=getchar();                          /*输入菜单选择代码*/
    getchar();
```

```
    if(ask=='3')
        break;
    else if(ask=='1')
        sort_name(info,n);                    /*调用按姓名排序函数*/
    else if(ask=='2')
        sort_city(info,n);                    /*调用按城市排序函数*/
    }
    return;
}
```

(5) sort_name()函数。sort_name()函数由 sort()函数调用,调用实参是 sort()函数获得的通讯录数组的首地址和数组已有的元素数。该函数对指定数组的元素按照姓名(name)成员排序,排序结束后,立即调用 disp_arr()对已排序数组进行显示。函数代码如下:

```
void sort_name(struct record info[],int n)  /*按姓名排序函数*/
{
    art i,j;
    struct record info_t[M],temp;
    for(i=0;i<n;i++)                          /*将 info 数组读到 info_t 数组中*/
        info_t[i]=info[i];
    for(i=1;i<n;i++)                          /*对 info_t 数组按照 name 进行排序*/
        for(j=0;j<n-i;j++)
        {
            if(strcmp(info_t[j].name,info_t [j+1].name)>0)
    /*使用字符串比较函数*/
            {
            temp=info_t[j];
            info_t[j]=info_t[j+1];
            info_t[j+1]=temp;
            }
        }
        disp_arr(info_t,n);                   /*调用显示数组函数对已排序数组列表显示*/
        return;
}
```

(6) sort_addr() 函数。sort_addr()函数由 sort()函数调用,调用实参是 sort()函数获得的通讯录数组的首地址和数组已有的元素数。该函数对指定数组的元素按照家庭地址(addr)成员排序,排序结束后,立即调用 disp_arr()对已排序数组进行显示。函数代码如下:

```
void sort_adrr(struct record info[],int n)   /*按城市排序函数*/
{
    int i,j;
    struct record info_t[M],temp;
    for(i=0;i<n;i++)            /*将 info 数组读到 info_t 数组中*/
```

```
        info_t[i]=info[i];
        for(i=1;i<n;i++)            /*对info_t数组按照city进行排序*/
        for(j=0;j<n-i;j++)
            {
            if(strcmp(info_t[j].addr,info_t[J+1].addr)>0)   /*使用字符串比较函数*/
                {
                temp=info_t[j];
                info_t[j]=info_t[j+1];
                info_t[j+1]=temp;
                }
            }
        disp_arr(info_t,n);        /*调用显示数组函数对已排序数组列表显示*/
        return;
    }
```

（7）disp_table()函数。

```
/*以下是显示一行表头的函数代码*/
void disp_table()                    /*显示表头函数*/
{
    printf("姓名");
    disp_str(' ',6);
    printf("电话");
    disp_str(' ',6);
    printf("家庭地址");
    disp_str(' ',9);
    printf("单位");
    disp_str(' ',8);
    printf("生日");
    disp_str(' ',2);
    printf("备注\n");
    return;
}
```

（8）显示功能的函数调试。

显示功能有下面两级功能菜单。

第1级：

```
显示通讯录信息(共有6条记录)
********************************
1. 按自然顺序显示
2. 按排序顺序显示
3. 退出显示程序
********************************
请输入代码选择(1~3)
```

第2级：

通讯录排序

****

1. 按姓名排序

2. 按家庭地址排序

3. 返回上一层

****

请输入号码选择 (1~3)

调试函数功能时,应按如下步骤进行:

① 测试菜单控制是否正确:测试是否能由上级菜单进入下级菜单,是否能从下级菜单返回到上级菜单。

② 菜单测试正确后,进一步测试各种显示结果是否正确。

6. 查询功能的函数设计及调试

查询功能的主控函数是 locate() 函数,它由 main() 函数直接调用。locate() 函数提供按姓名查询和按城市查询两种查询方式,查找成功后,显示所有满足条件的记录,否则,显示"找不到记录"的提示信息。

(1) locate() 函数代码。

```c
void locate()                          /* 按姓名或所在城市查询通讯录 */
{
    struct record temp,info[M];
    char ask,name[20],addr[30];
    int n=0,i,flag;
    FILE * fp;
        if((fp=fopen("address.txt","rb"))==NULL)
        {
            printf("不能打开文件!\n");
            return;
        }
        while(fread(&temp,sizeof(struct record),1,fp)==1)
        /* 读通讯录文件 */
            info[n++]=temp;
while(1)
{
    flag=0;                            /* 查找标志,查找成功 flag=1 */
    disp_str(' ',20);
    printf("查询通讯录\n");
    disp_str('*',50);
    putchar('\n');
    disp_str(' ',17);
    printf("1.按姓名查询\n");
    disp_8tr(' ',17);
    printf("2. 按家庭地址查询\n");
    disp_str(' ',17);
    printf("3.返回上一层\n");
```

```
        disp_str('*',50);
        putchar('\n');
        disp_str(' ',16);
        printf("请输入代码选择(1～3) ");
        ask=getchar();
        getchar();
        if(ask=='1')                            /*按姓名查询*/
        {
            printf("请输入要查询的姓名：");
            gets(name);
            for(i=0;i<n;i++)
            if(strcmp(name,info[i].name)==0)
            {
                flag=1;
                disp_row(info[i]);              /*显示查找结果*/
            }
            if(!flag)
            printf("没有找到符合条件的记录\n");
            printf("按任意键返回…");
            getchar();
    }
    else if(ask=='2')                           /*按家庭地址查询*/
    {
            printf("请输入要查询的地址：");
            gets(addr);
            for(i=0;i<n;i++)
            if(strcmp(addr,info[i].addr)==0)
            {
            flag=1;
            disp_row(info[i]);                  /*显示查找结果*/
            }
            if(!flag)
            printf("没有找到符合条件的记录\n");
            printf("按任意键返回……");
            getchar();
    }
    else if(ask=='3')
            {
            fclose(fp);
            return:
            }
    }
}
```

（2）locate()函数的调试。

主要调试如下两方面的内容。

① 菜单功能调试：测试控制菜单进入和退出是否正常。以下是查询功能菜单：

查询通讯录

****

1. 按姓名查询
2. 按家庭地址查询
3. 返回上一层

****

请输入代码选择 (1~3)

② 查询功能调试：分别对按姓名查询和按城市查询进行测试,测试必然存在的记录能否正确查找显示,测试不存在的记录能否显示正常信息。

7. 修改功能的函数设计及调试

修改功能的主控函数是 modify()函数,它由 main()函数直接调用。modify()函数提供按序号修改指定记录的功能,并且,为方便获得记录序号,该函数同时提供浏览通讯录功能。modify()直接调用 modi_seq()函数实现记录修改操作。

(1) modify()函数。

modify()函数除显示控制修改功能菜单外,还根据要求进行相应的函数调用,以实现程序的修改功能。modify()函数通过调用 disp_arr()函数,实现通讯录的浏览显示;通过调用 modi_seq()函数,对记录数据进行修改,修改完成的数据由 modify()函数写回到通讯录磁盘文件中。

下面是 modify()函数的编码：

```c
void modify()                          /* 修改通讯录记录的主控函数 */
{
    char ask;
    struct record temp,info[M];        /* 定义通讯录文件的存储数组 */
    FILE * fp;
    int i=0;
    if((fp=fopen("address.txt", "rb"))==NULL)
    {
    printf("不能打开文件!\n");
    return;
    }
while(fread(&temp,sizeof(struct record),1,fp)==1)      /* 读通讯录文件 */
        info[i++]=temp;
while(1)
{
    disp_str('',20);
    printf("编辑修改通讯录\n");
    disp_str('*',50);
    putchar('\n');
    disp_str(' ',17);
    printf("1.浏览显示通讯录\n");
    disp_str(' ',17);
```

```
printf("2.编辑修改通讯录\n");
disp_str(' ',17);
prinff("3.返回上一层\n");
disp_str(' * ',50);
putchar('\n');
disp_str(' ',16);
printf("请输入号码选择(1-3) ");
ask=getchar();
getchar();
if(ask=='3')
break;
else if(ask=='1')
disp_arr(info,i);                    /* 调用显示数组函数 */
else if(ask=='2')
modi_seq(info,i);                    /* 调用按序号编辑修改函数 */
}
    fclose(fp);
    fp=fopen("address.txt", "wb");
    fwrite(info,sizeof(struct record),i,fp); /* 将修改后的数据回写到通讯录文件 */
    fclose(fp);
    return;
}
```

(2) modi_seq()函数。

modi_seq()函数的功能是在具有 n 个元素的结构体数组中,通过重新输入的方法修改指定的记录,指定记录的方法是给出记录的序号。该函数由 modify()函数调用,调用的第 1 个实参是存储通讯录数据的结构体数组名,第 2 个实参是结构体数组的元素数。下面是 modi_seq()函数的编码:

```
void modi_seq(struct record info[],int n)       /* 按序号修改通讯录记录 */
{
    int sequence;
    char ask;
    while(1)
    {
    printf("请输入序号: ");
    scanf("%d",&sequence);
    getchar();
    if(sequence<1||sequence>n)
    {
        printf("序号超出范围,请重新输入!\n");
        getchar();
        continue;
    }
    printf("当前要修改的记录信息: \n");
```

```
    disp_table();
    disp_row(info[sequence-1]);                           /* 元素下标=显示序号-1 */
    printf("请重新输入以下信息：\n");
    printf("姓名：");
    gets(info[sequence-1].name);
    printf("生日：");
    Scanf("%d",&info[sequence-1].birth);
    getchar();
    printf("电话：");
    gets(info[sequence-1].tele);
    printf("家庭地址：");
    gets(info[sequence-1].addr);
    printf("所在单位：");
    gets(info[sequence-1].units);
    printf("备注：");
    gets(info[sequence-1].note);
    printf("继续修改请按 y,否则按其他键……");
    ask=getchar();
    getchar();
    if(ask!='Y'&&ask!='Y')
        break;
    }
    return;
}
```

（3）功能调试。

① 测试菜单控制是否正常。以下是修改功能菜单：

```
            编辑修改通讯录
***************************************
        1. 浏览显示通讯录
        2. 编辑修改通讯录
        3. 返回上一层菜单
***************************************
请输入号码选择(1~3)
```

② 利用浏览显示功能选中一个记录,记住它的序号,然后选用修改功能,输入该序号,以测试程序能否对指定的记录进行修改。修改结束后,使用浏览功能查看修改结果是否正确。

③ 使用一个不存在的序号进行修改操作,看程序结果是否正确。

8. 删除功能的函数设计及调试

删除功能的主控函数是 dele()函数,它由 main()函数直接调用。dele()函数提供按姓名删除和按序号删除两种删除操作。按姓名删除操作由 dele_name()函数实现,按序号删除操作由 dele_seq()函数实现。

(1) dele()函数。

dele()函数除显示删除功能菜单外,还根据要求进行相应的删除函数调用,以实现程序的删除功能。下面是 dele()函数的编码:

```c
void dele()
{
    struct record temp,info[M];          /*假定通讯录最大能保存 M 条记录*/
    char ask;
    int i=0,lenth;
    FILE * fp;
    if((fp=fopen("address.txt". "rb"))==NULL)
    {
        printf("不能打开文件!\n");
        return;
    }
    while(fread(&temp,sizeof(struct record),1,fp)==1)          /*读通讯录文件*/
    info[i++]=temp;
    lenth=i;
    while(1)
    {
        disp_str(' ',18);
        printf("记录的删除\n");
        disp_str('*',50);
        putchar('\n');
        disp_str(' ',17);
        printf("1.按姓名删除\n");
        disp_str(' ',17);
        printf('2.按序号删除\n');
        disp_str(' ',17);
        printf("3.返回上一层\n");
        disp_str('*',50);
        putchar('\n');
        disp_str(' ',14);
        printf("请输入代码选择(1-3) ");
        ask=getchar();
        getehar();
        if(ask=: '3')
            break;
        else if(ask=='1')
            dele_name(info,&i);          /*调用按姓名删除记录的函数*/
        else if(ask=='2')
            dele_sequ(info,&i);          /*调用按序号删除记录的函数*/
        if(lenth>i)                       /*经过删除操作后 i 的值减 1*/
        {
            fclose(fp);                   /*关闭文件,准备以新建文件方式打开文件*/
```

```
            fp=fopen("address.txt", "wb");          /* 写文件时将清除原来的内容 */
            fwrite(info,sizeof(struct record),lenth-1,fp);
            fclose(fp);
            fp=fopen("address.txt", "rb");
        }
    }
    fclose(fp);
    return;
}
```

（2）dele_name()函数。

dele_name()函数由 dele()函数调用,在结构体数组中按姓名删除 1 个数组元素。函数调用的第 1 个实参是 dele()函数中存储通讯录数据的结构体数组名 info,第 2 个实参是存储结构体数组长度的变量地址。若指定姓名的元素存在,且确认要删除时,则从数组中将其删除,同时数组长度减 1;否则,显示找不到信息。下面是 dele_name()函数的编码:

```
void dele_name(struct record info[],int * n)     /* 按姓名删除记录函数 */
{
    char d_name[20],sure;
    int i;
    printf("请输入姓名: ");
    gets(d_name);
    getchar();
    for(i=0;i< * n;i++)
        if(strcmp(info[i].name,d_name)==0)
            break;                                  /* 找到要删除的记录 */
    if(i!= * n)
    {
        printf("要删除的记录如下: \n");
        disp_table();
        disp_row(info[i]);                          /* 显示要删除的记录 */
        printf("确定删除-y,否则按其他键……");
        sure=getchar();
        getchar();
        if(sure!='y'&&sure!='Y')
            return;
        for(;i< * n-1;i++)                          /* 自删除位置开始,其后记录依次前移 */
            info[i]=info[i+1];
        * n= * n-1;                                 /* 数组总记录数减 1 */
    }
    else
    {
        printf("要删除的记录没有找到,请按任意键返回……");
        getchar();
    }
```

```
            return;
    }
```

（3）dele_sequ()函数。

dele_sequ()函数由 dele()函数调用,在结构体数组中按序号删除 1 个数组元素。函数调用的第 1 个实参是 dele()函数中存储通讯录数据的结构体数组名 info,第 2 个实参是存储结构体数组长度的变量地址。若指定序号在数组有效范围内,且确认要删除时,则从数组中删除相应元素,同时数组长度减 1;否则,显示找不到信息。下面是 dele_sequ()函数的编码:

```
void dele_sequ(struct record info[],int * n)        /*按序号删除指定数组元素*/
{
    int d_sequence;
    int i;
    char sure;
    printf("请输入序号: ");
    scanf('%d',&d_sequence);
    getchar();
    if(d_sequence<1&&d_sequence> * n)               /*判断输入序号是否为有效值*/
    {
        printf("序号超出有效范围,按任意键返回……");
        getchar();
    }
    else
    {
        printf("要删除的记录如下: \n");
        disp_table();
        disp_row(info[d_sequence-1]);               /*显示该记录*/
        printf("确定删除-y,否则按其他键……");
        sure=getchar();
        getchar();
        if(sure!='y'&&sure!='Y')
            return;
        for(i=d_sequence-1;i< * n-1;i++)
        /*自删除位置开始,其后记录依次前移*/
            info[i]=info[i+1];
        * n= * n-1;                                 /*数组总记录数减1*/
    }
    return;
}
```

（4）功能调试。

① 调试删除功能菜单的进入、退出是否正常。下面是删除功能菜单:

　　　　　记录的删除

****

1. 按姓名删除
2. 按序号删除
3. 返回上一层

****
请输入代码选择 (1~3)

② 调试删除功能是否正常。选择"按姓名删除"功能,分别用通讯录中存在的姓名和不存在的姓名进行功能测试,并使用显示功能检查操作结果;选择"按序号删除"功能,分别用有效序号和无效序号进行功能测试,并使用显示功能检查操作结果。

10.2.6　整体调试

请设计者参照表 10-1 设计一组不少于 40 个记录的测试数据,按照通讯录管理程序的设计要求,对通讯录管理程序进行整体调试。主要内容如下。

(1) 测试各项功能菜单的连接情况,测试各项菜单能否正常进入和返回。

(2) 测试各项功能的执行结果是否正确。

(3) 根据测试结果,分析问题原因,修改完善程序。

10.2.7　程序维护

程序的运行与维护是整个程序开发流程的最后一步。编写程序的目的就是为了应用,在程序运行的早期,用户可能会发现在测试阶段没有发现的错误,需要修改。而随着时间的推移,原有程序可能已满足不了需要,这时就需要对程序进行修改甚至升级。因此,维护是一项长期而又重要的工作。

10.3　C 语言大型程序项目的管理

当程序复杂时源代码会很长,如果把全部代码放在一个源文件里,写程序、修改和加工程序都会很不方便。程序文件很大时,装入编辑会遇到困难,在文件中找位置也不方便。对程序做一点修改,调试前必须对整个源文件重新编译。如果不慎把已经调试确认的正确部分改了,又会带来新的麻烦。所以应当把大软件(程序)的代码分成若干部分,分别放在一组源程序文件中,分别进行开发、编译和调试,然后把它们组合起来,形成整个软件(程序)。

把一个程序分成几个源程序文件,显然这些源文件不是互相独立的。一个源文件里可能使用其他源文件定义的程序对象(外部变量、函数和类型等),在不同源文件间形成了一种依赖关系。这样,一个源文件里某个程序对象的定义改动时,使用这些定义的源文件也可能要做相应修改。在生成可执行程序时,应该重新编译改动过的源文件,而没改过的源文件就不必编译了。

用 C 语言写大程序,应当把源程序分成若干个源文件。

(1) 一个或几个自定义的头文件,通常用.h 作为扩展名。头文件里一般放:

① ♯include 预处理命令,引用系统头文件和其他头文件。

② 用 ♯define 定义的公共常量和宏。

③ 数据类型定义,结构、联合等的说明。

④ 函数原型说明,外部变量的 extern 说明,等等。

(2) 一个或几个程序源文件,通常用.c 作为扩展名。这些文件中放:

① 对自定义头文件的使用(用♯include 命令)。

② 源文件内部使用的常量和宏的定义(用♯define 命令)。

③ 外部变量的定义。

④ 各函数的定义,包括 main 函数和其他函数。

不提倡在一个.c 文件里用♯include 命令引入另一个.c 文件的做法。这样往往导致不必要的重新编译,在调试程序查错时也容易引起混乱。应该通过头文件里的函数原型说明和外部变量的 extern 说明,建立起函数、外部变量的定义(在某个源程序文件中)与它们的使用(可能在另一个源程序文件中)之间的联系,这是正确的做法。

使用 VC 项目管理功能的方法如下。

首先建立一个"项目文件"。项目文件用.PRJ 作为扩展名。项目文件同样可以用编辑器建立,在这个文件中列出作为本项目组成部分的所有源程序文件的完整名字(包括扩展名),每行列一个,头文件不必列入。源文件的次序没有关系,第一个源文件的名字将被作为最后生成的可执行程序的名字。

在启动集成开发环境后,首先装入项目文件。用 Project 菜单第一个命令完成这个工作。在此之后,编程工作的对象就是这个项目。

装入和修改源文件的方式不变。在一个源文件初步完成后,可以用编译命令对它进行编译,做语法检查,生成目标模块。这时还可能产生由于缺少必要外部定义而出现的错误。发现这种问题,应当修改有关头文件。

在各个源文件的分别初步编译调试后,建立可执行程序。这时程序加工的工作对象是整个项目,如果系统发现某些目标模块不是最新的(源程序修改过),就自动对它们重新编译,最后把目标模块连接起来,生成可执行程序。编译中若发现源文件有错,所有的错误都将列在消息窗口,排错时系统能够对各个文件中的错误自动定位,如果被定位错误所在的文件不是当前文件,系统将自动装入相应的文件,并把亮条和光标放在正确位置。在这个过程中,还可能发现模块之间的关联错误。系统决定哪些模块需要重新编译,最后在连接时装入所有必需的模块。

本 章 小 结

本章系统地讲述了较大程序设计的基本过程:程序功能设计、程序的数据设计、程序的函数设计、函数编码及调试、程序整体调试和维护。通过对本章的学习,学生应认识到编码只是软件(程序)生命的一个阶段,前期的分析和功能设计对解决问题而言是最重要的,后期的测试和调试进一步保证了软件(程序)的质量与可靠性,维护将是一项漫长的工作。

习 题 十

将本章的例子程序上机调试通过,并写出在程序调试中遇到的问题和解决方法。

附录 A 常用 ASCII 码字符对照表

ASCⅡ	字 符	ASCⅡ	字 符	ASCⅡ	字 符	ASCⅡ	字 符
0	NUL	32	空格	64	@	96	、
1	SOH	33	!	65	A	97	a
2	STX	34	"	66	B	98	b
3	ETX	35	#	67	C	99	c
4	EOX	36	$	68	D	100	d
5	ENQ	37	%	69	E	101	e
6	ACK	38	&	70	F	102	f
7	BEL	39	'	71	G	103	g
8	BS	40	(	72	H	104	h
9	TAB	41	)	73	I	105	i
10	LF	42	*	74	J	106	j
11	VT	43	+	75	K	107	k
12	FF	44	,	76	L	108	l
13	CR	45	—	77	M	109	m
14	SO	46	.	78	N	110	n
15	SI	47	/	79	O	111	o
16	DLE	48	0	80	P	112	p
17	DC1	49	1	81	Q	113	q
18	DC2	50	2	82	R	114	r
19	DC3	51	3	83	S	115	s
20	DC4	52	4	84	T	116	t
21	NAK	53	5	85	U	117	u
22	SYN	54	6	86	V	118	v
23	ETB	55	7	87	W	119	w
24	CAN	56	8	88	X	120	x
25	EM	57	9	89	Y	121	y
26	SUM	58	:	90	Z	122	z
27	ESC	59	;	91	〔	123	{
28	FS	60	<	92	\	124	∣
29	GS	61	=	93	〕	125	}
30	RS	62	>	94	^	126	~
31	US	63	?	95	_	127	DEL

说明：本表只列出了 0~127 的标准 ASCII 字符，其中 0~31 为控制字符，是不可见字符，32~127 为可打印字符，是可见字符。

附录 B　编译错误信息

Turbo C 编译程序检查源程序中 3 类出错误信息：致命错误、一般错误和警告。

致命错误出现很少，通常是内部编译出错。发生致命错误时，编译立即停止，必须采取一些适当地措施并重新编译。

一般错误是指程序的语法错误，磁盘或内存存取错误或命令错误等。编译程序将根据事先设定的出错个数决定是否停止编译。编译程序在每个阶段（预处理、语法分析、优化和代码生成）尽可能多地发现源程序中的错误。

警告并不阻止编译的进行。它指出一些值得怀疑的情况，而这些情况本身又有可能合理地成为源程序的一部分。如果在源文件中使用了与机器有关的结构，编译也将产生警告信息。

编译程序首先输出这 3 类错误信息，然后输出源文件名和发现出错的行号，最后输出信息的内容。

下面按字母顺序分别输出这 3 类错误信息。对每一条信息，提供可能产生的原因和修正的方法。

请注意错误信息出处有关行号的细节，编译程序只产生被检测到信息。因为 C 并不限定在正文的某一行处放一条语句，这样真正产生错误的行可能在编译指出的前一行或几行。在下面的信息列表中，我们指出了这种可能。

1. 致命错误

（1）Bad call of in-line function 内部函数非法调用。

在使用一个宏定义的内部函数时，没有正确调用。一个内部函数以双下划线（__）开始和结束。

（2）rreducible expression tree 不可约表达式树。

这种错误是由于源文件中的某些表达式使得代码生成程序无法为它产生代码。这种表达式必须避免使用。

（3）Register allocation failure 存储器分配失败。

这种错误指的是源文件行中的表达式太复杂，代码生成程序无法为它生成代码。此时应简化这种复杂的表达式或干脆避免使用它。

2. 一般错误

（1）♯operator not followed by macro argument name。

♯运算符后无宏变量名。在宏定义中，♯用于标识一宏变量名。♯后必须跟宏变量名。

（2）'xxxxxxxx' not an argument。

'xxxxxxxx'不是函数参数。在源程序中将该标识符定义为一个函数参数，但此标识符没有在函数表中出现。

（3）Ambiguous symbol 'xxxxxxxx'。

二次性符号'xxxxxxxx'。两个或多个结构的某一域名相同，但具有的偏移，类型不同。

在变量或表达式中引用该域而未带结构名时,将产生二义性,此时需修改某个域名或在引用时加上结构名。

(4) Argument ♯ missing name。

参数♯名丢失。参数名以脱离用于定义函数的函数原型。如果函数以原型定义该函数必须包含所有的参数名。

(5) Argument list syntax error。

参数表出现错误。函数调用的参数间必须以逗号隔开,并以一右括号结束。如源文件中含有一后不是逗号也不是右括号的参数,则出错。

(6) Array bounds missing。

数组的界限"]"丢失。在源文件中定义了一个数组,但此数组没有以号结束。

(7) Array size too large。

数组长度太大。定义的数组太大,可用内存不够。

(8) Assembler statement to long。

汇编语句太长。定义的数组太大内部汇编语句最长不能超过480字节。

(9) Bad configuration file。

配置文件不正确。TURBOC.CFG配置文件命令不包含命令行选择项的非注解字。配置文件命令选择必须以一短横线"—"开始。

(10) Bad file name format in include directive。

使用include指令时,文件名格式不正确。include文件名必须用引号("filename. h")或尖括号(<filename. h>)括起来,否则将产生此类错误。如果使用了宏,则产生的扩展正文也不正确(因为无引号)。

(11) Bad ifdef directive syntax。

ifdef指令语法错误。♯ifdef必须包含一个标识符(不能是任何其他东西)作该指令。

(12) Bad ifndef directive syntax。

ifndef指令语法错误。♯ifndef必须包含一个标识符(不能是任何其他东西)该为指令。

(13) Bad undef directive syntax。

undef指令语法错误。♯undef必须包含一个标识符(不能是任何其他东西)作为该指令。

(14) Bad file directive syntax。

位字段长度语法错误。一个位字段必须是1~16位的常量表达式。

(15) Call of non-function。

调用未定义的函数。正被调用的函数无定义,通常是由于不正确名拼错造成的。

(16) Cannot modify a object。

不能修改的一个常量对象。对定义为常量的对象进行不合法操作(如常量赋值)引起此类错误。

(17) Case outside of switch。

case出现在switch外。编译程序发现Case语句出现在switch语句外面,通常是由于括号不匹配造成的。

（18）Case statement missing。

case 语句漏掉。Case 语句必须包含一以冒号终结的常量表达式。可能原因是丢了冒号或冒号前多了别的符号。

（19）Case syntax error。

case 语法错误。Case 中包含了一些不正确的符号。

（20）Character constant too long。

字符常量太长。字符常量只能是一个或两个字符长。

（21）Compound statement missing。

复合语句漏掉了大括号｝。编译程序扫描到源文件末时。未发现结束大括号通常是由于大括号不匹配造成的。

（22）Conflicting type modifiers。

类型修饰冲突。对同一指针，只能指定一种变址修饰符（如 near 或 far）；而对于同一函数，也只能给出一种语言修饰符（如 cdecl，pascal 或 interrupt）。

（23）Constant expression required。

要求常量表达式。数组的大小必须是常量，此类错误通常是由于 ♯define 常量的拼写出错而引起的。

（24）Could not find 'xxxxxxxx. xxx'。

找不到'xxxxxxxx'文件。编译程序找不到命令行上给出的文件。

（25）Declaration missing。

说明漏掉";"。在源文件中包含一个 struct 或 union 域声明,但后面漏掉了分号";"。

（26）Declaration needs type or storage class。

说明必须给出类型或存储类。说明必须包含一个类型或一个存储类。

（27）Declaration syntax error。

说明出现语法错误。在源文件中,某个说明丢失了某些符号或多余的符号。

（28）Default outside of switch。

default 在 switch 外出现。编译程序发现 default 语句出现在 switch 之外,通常是由于括号不匹配造成的。

（29）Default directive need an identifier。

default 指令必须有一个标识符。♯define 后面的第一个非空格必须是一个标识符,若编译程序发现一些其他字符,则出现本错误。

（30）Division by Zero。

除数为 0。源文件常量表达式中,出现除数为零的情况。

（31）Do statement must have while。

do 语句中必须有 while。源文件中包含一个无 while 关键字的 do 语句时,出现此类错误。

（32）Do while statement missing（。

do…while 语句中漏掉了"（"。在 do 语句中,编译程序发现 while 关键字后无左括号。

（33）Do while statement missing）。

do…while 语句中漏掉了"）"。在 do 语句中,编译程序发现条件表达式后无右括号。

(34) Do while statement missing。

do…while 语句中漏掉了分号。在 do 语句中的条件表达式中,编译程序发现右括号后面无分号。

(35) Duplicate Case。

case 后的常量表达式重复。switch 语句的每个 case 必须有一个唯一的常量表达式值。

(36) Enum syntax error。

enum 语法出现错误。enum 说明的标识符表的格式不对。

(37) Enumeration constant syntax error。

枚举常量语法错误。赋给 enum 类型常量的表达式值不为常量。

(38) Error Directive：xxx。

error 指令：xxx。源文件处理♯error 指令时,显示该指令的消息。

(39) Error writing output file。

写输出文件出现错误。通常是由于磁盘空间满造成的,尽量删掉一些不必要的文件。

(40) Expression syntax。

表达式语法错误。当编译程序分析一表达式发现一些严重错误时,出现此类错误,通常是由于两个连续操作符、括号不匹配或缺少括号和前一语句漏掉了分号等引起的。

(41) Extra parameter in call。

调用时出现多余参数。调用函数时,其实际参数个数多于函数定义中的参数个数。

(42) Extra parameter in call to xxxxxxxx。

调用 xxxxxxxx 函数时出现了多余的参数。其中该函数由原型定义。

(43) File name too long。

文件名太长。♯ include 指令给出的文件名太长,编译程序无法处理。DOS 下的文件名不能超过 64 个字符。

(44) For statement missing（。

for 语句漏掉"("。编译程序发现在 for 关键字后缺少左括号。

(45) For statement missing）。

for 语句漏掉")"。在 for 语句中,编译程序发现在控制表达式后缺少右括号。

(46) For statement missing；。

for 语句缺少";"。在 for 语句中,编译程序发现在某个表达式后缺少分号。

(47) Function call missing ）。

函数调用缺少")"。函数调用的参数表有几种语法错误,如左括号漏掉或括号不匹配。

(48) Function definition out of place。

函数定义位置错误。函数定义不可出现在另一函数内。函数内的任何说明,只要以类似于有一个参数表的函数开始,就被认为是一个函数定义。

(49) Function doesn't take a variable number of argument。

函数不接受可变的参数个数。源文件中的某个函数内使用了 va_start 宏,此函数不能接受可变数量的参数。

(50) Goto statement missing label。

goto 语句缺少标号。在 goto 关键字后面必须有一个标识符。

(51) If statement missing (。

if 语句缺少"("。在 if 语句中,编译程序发现 if 关键字后面缺少左括号。

(52) If statement missing)。

if 语句缺少")"。在 if 语句中,编译程序发现测试表达式后缺少右括号。

(53) Illegal character ')'(0xxx)。

非法字符')'(0xxx)。编译程序发现输入文件中有一些非法字符。以十六进制方式打印该字符。

(54) Illegal initialization。

非法初始化。初始化必须是常量表达式或一全局变量 extern 和 static 的地址减一常量。

(55) Illegal octal digit。

非法八进制数。编译程序发现在一个八进制常数中包含了非八进制数字(8 或 9)。

(56) Illegal pointer subtraction。

非法指针相减。这是由于试图以一个非指针变量减去一个指针变量而造成的。

(57) Illegal structure operation。

非法结构操作。结构只能使用. 取地址 & 和赋值＝操作符,或作为函数的参数传递。当编译程序发现结构使用了其他操作符时,出现此类错误。

(58) Illegal use of floating point。

浮点运算非法。浮点运算操作数不允许出现在移位、按位逻辑操作、条件(?：),间接引用(*)以及其他一些操作符中。编译程序发现上述操作符中使用了浮点操作数时,出现此类错误。

(59) Illegal use of pointer。

指针使用非法。指针只能在加、减、赋值、比较、间接引用(*)或箭头(→)操作中使用。如用其他操作符,则出现此类错误。

(60) Improper use of a typedef symbol。

typedef 符号使用不当。源文件中使用了 typedef 符号,变量应在一个表达式中出现。检查一下此符号的说明和可能的拼写错误。

(61) In-line assembly not allowed。

内部汇编语句不允许。源文件中含有直接插入的汇编语句,若在集成环境下进行编译,则出现此类错误。必须使用 TCC 命令编译此源文件。

(62) Incompatible storage class。

不相容的存储类。源文件的一个函数定义中使用了 extern 关键字,而只有 static(或根本没有存储类型)允许在函数说明中出现。extern 关键字只能在所有函数外说明。

(63) Imcompatible type conversion。

不相容的类型转换。源文件中试图把一种类型换成另外一种类型。但这两种类型是不相容的。如函数与非函数间转换、一种结构或数组与一种标准类型转换、浮点数和指针间转换等。

（64）Incorrect command line argument：xxxxxxxx。

不正确的命令行参数：xxxxxxxx。编译程序认为此命令行参数是非法的。

（65）Incorrect configuration file argument：xxxxxxxx。

不正确的配置文件参数：xxxxxxxx。编译程序认为此配置文件是非法的。检查一下前面的短横线 - 。

（66）Incorrect number format。

不正确的数据格式。编译程序发现在十六进制中出现十进制小数点。

（67）Incorrect use of default。

default 不正确使用。编译程序发现 default 关键字后缺少冒号。

（68）Initializer syntax error。

初始化语法错误。初始化过程缺少或多了操作符，括号不匹配或其他一些不正常情况。

（69）Invalid indirection。

无效的间接运算。间接运算操作符（ * ）要求非 void 指针作为操作分量。

（70）Invalid macro argument separator。

无效的宏参数分隔符。在宏定义中，参数必须用逗号相隔。编译程序发现在参数名后面有其他非法字符时，出现此类错误。

（71）Invalid pointer addition。

无效的指针相加。源程序中试图把两个指针相加。

（72）Invalid use of arrow。

箭头使用错。在箭头（→）操作符后必须跟一标识符。

（73）Invalid use of dot。

点（ . ）操作符使用错。在点（ . ）操作符后必须跟一标识符。

（74）Lvalue required。

赋值请求。赋值操作符的左边必须是一个地址表达式，包括数值变量、指针变量、结构引用域、间接指针和数组分量。

（75）Macro argument syntax error。

宏参数语法错误。宏定义中的参数必须是一个标识符。编译程序发现所需的参数不是标识符的字符，则出现此类错误。

（76）Macro expansion too long。

宏扩展太长。一个宏扩展不能多于4096个字符。当宏递归扩展自身时，常出现此类错误。宏不能对自身进行扩展。

（77）May compile only one file when an output file name is given。

给出一个输出文件名时，可能只编译一个文件。在命令行编译中使用 - 0 选择，只允许一个输出文件名。此时，只编译第一个文件，其他文件被忽略。

（78）Mismatch number of parameters in definition。

定义中参数个数不匹配。定义中的参数和函数原型中提供的信息不匹配。

（79）Misplaced break。

break 位置错误。编译程序发现 break 语句在 switch 语句或循环结构外。

（80）Misplaced continue。

continue 位置错误。编译程序发现 continue 语句在循环结构外。

（81）Misplaced decimal point。

十进制小数点位置错。编译程序发现浮点常数的指数部分有一个十进制小数点。

（82）Misplaced else。

else 位置错误。编译程序发现 else 语句缺少与之相匹配的 if 语句。此类错误的产生，除了由于 else 多余外，还有可能是由于有多余的分号、漏写了大括号或前面的 if 语句出现语法错误而引起。

（83）Misplaced elif directive。

elif 指令位置错误。编译程序没有发现与 ♯elif 指令相匹配的 ♯if，♯ifdef 或 ♯ifdef 指令。

（84）Misplaced else directive。

else 指令位置错。编译程序没有发现与 ♯else 指令相匹配的 ♯ if，♯ ifdef 或 ♯ ifdef 指令。

（85）Misplaced endif directive。

endif 指令位置错误。编译程序没有发现与 ♯endif 指令相匹配的 ♯if，♯ ifndef 或 ♯ifndef 指令。

（86）Must be addressable。

必须是可编址的。编译程序符（&）作用于一个不可编址的对象，如寄存器变量。

（87）Must take address of memory location。

必须是内存一地址。源文件中某一表达式使用了不可编地址操作符（&），如对寄存器变量。

（88）No file name ending。

无文件名终止符。在 ♯include 语句中，文件名缺少正确的闭引号（"）或尖括号（>）。

（89）No file names given。

未给出文件名。Turbo 命令行编译（TCC）中没有任何文件。编译必须有一文件。

（90）Non-portable pointer assignment。

对不可移植的指针赋值。源程序中将一个指针赋给一个非指针，或相反。但作为特例，允许把常量值赋给一个指针。如果比较恰当，可以强行抑制本错误信息。

（91）Non-portable pointer comparison。

不可移植的指针比较。源程序中将一个指针和一个非指针（常量零除外）进行比较。如果比较恰当，应强行抑制本错误信息。

（92）Non-portable return type conversion。

不可移植的返回类型转换。在返回语句中的表达式类型与函数说明中的类型不同。但如果函数的返回表达式是一指针，则可以进行转换。此时，返回指针的函数可能送回一个常量零，而零被转换成一个适当的指针值。

（93）Not an allowed type。

不允许的类型。在源文件中说明了几种禁止了的类型，如函数返回一个函数和数组。

（94）Out of memory。

内存不够，应把文件放到一台有较大内存的机器去执行或简化源程序。此类错误也往往出现在集成开发环境中运行大的程序，这时可退出集成开发环境，再运行自己的程序。

（95）Pointer required on left side of。

操作符左边须是一指针。

（96）Redeclaration of 'xxxxxxxx'。

'xxxxxxxx'重定义。此标识符已经定义过。

（97）Size of structure or array not known。

结构或数组大小不定。有一些表达式（如 sizeof 或储蓄说明）中出现一个未定义的结构或一个空长度数组。如果结构长度不需要，在定义之前就可引用；如果数组不申请存储空间或者初始化时给定了长度，那么就可定义为空长。

（98）Statement missing。

语句缺少";"。编译程序发现一表达式语句后面没有分号。

（99）Structure or union syntax error。

结构或联合语句错误。编译程序发现在 struct 和 union 关键字后面没有标识符或左花括号。

（100）Structure size too large。

结构太大。源文件中说明了一个结构，它需要的内存区域太大以致存储空间不够。

（101）Subscripting missing]。

下标缺少"]"。编译程序发现一个下标表达式缺少右方括号。可能是由于漏掉或多写操作符或括号不匹配引起的。

（102）Switch statement missing（。

switch 语句缺少"("。在 switch 语句中，关键字 switch 后面缺少左括号。

（103）Switch statement missing）。

switch 语句缺少")"。在 switch 语句中，变量表达式后面缺少右括号。

（104）Too few parameters in call。

函数调用参数不够。对带有原型的函数调用（通过一个函数指针）参数不够。原型要求给出所有参数。

（105）Too few parameter in call to 'xxxxxxxx'。

调用'xxxxxxxx'时参数不够。调用指定的函数（该函数用一原型声明时），给出的参数不够。

（106）Too many cases。

case 太多。Switch 语句最多只能有 257 个 case。

（107）Too many decimal points。

十进制小数点太多。编译程序发现一个浮点常量有不止一个的十进制小数点。

（108）Too many default cases。

default 太多。编译程序发现一个 switch 语句有不止一个的 default 语句。

（109）Too many exponents。

代码太多。编译程序发现一个浮点常量中不止一个的代码。

(110) Too many initializers。

初始化太多。编译程序发现初始化比说明所允许的要多。

(111) Too many storage classes in declaration。

说明中存储类太多。一个说明只允许有一种存储类。

(112) Too many types in declaration。

说明类型太多。一个说明只允许有一种下列基本类型：char，int，float，double，struct，union，enum 或 typedef 名。

(113) Too much auto memory in function。

函数中自动存储太多。当前函数声明的自动存储（局部变量）超过了可用的存储器空间。

(114) Too much code define in file。

文件定义的代码太多。当前文件中函数的总长超过了 64K 字节。可以移去不必要的代码或把源文件分开来写。

(115) Too much global data define in file。

文件定义的全程数据太多。全程数据声明的总数超过了 64K 字节。检查一下一些数组的定义是否太长。如果所有的说明都是必要的，考虑重新组织程序。

(116) Two consecutive dots。

两个连续点。因为省略号包含三个点（…），而十进制小数点和选择操作符使用一个点（·），所以在 C 程序中出现两个连续点是不允许的。

(117) Type mismatch in parameter ♯ 。

第 ♯ 个参数类型不匹配。通过一个指令访问已由原型说明的参数时，给定第 ♯ 参数（从左到右）不能转换为已说明的参数类型。

(118) Type mismatch in parameter ♯ in call to 'XXXXXXXX'。

调用'XXXXXXXX'时，第 ♯ 个参数不匹配。源文件通过一个原型说明了指定的函数，而给定的参数（从左到右）不能转换为已说明的参数类型。

(119) Type mismatch in parameter 'XXXXXXXX'。

参数'XXXXXXXX'类型不匹配。源文件中原型说明了一个函数指针调用的函数，而所指定的参数不能转换为已说明的参数类型。

(120) Type mismatch in parameter 'XXXXXXXX' in call to 'YYYYYYYY'。

调用'YYYYYYYY'时参数'XXXXXXXX'类型不匹配。源文件中由原型说明了一个指定的参数，而指定参数不能转换成另一个已说明的参数类型。

(121) Type mismatch in redeculation of 'XXX'。

重定义类型不匹配。源文件中把一个已经说明的变量重新说明为另一种类型。如果一个函数被调用，而后又被说明成返回非整型值就会产生此类错误。在这种情况下，必须在第一个调用函数前，给函数加上 extern 说明。

(122) Unable to creat output file 'XXXXXXXX. XXX'。

不能创建输出文件'XXXXXXXX. XXX'。当工作软盘已满或有写保护时产生此类错误。如果软盘已满，删除一些不必要的文件后重新编译；如果软件有写保护，把源文件移到一个可写的软盘上并重新编译。

(123) Unable to creat turbo. lnk。

不能创建 turboc. Lnk。编译程序不能创建临时文件 TURBOC. LNK，因为它不能存取磁盘或者磁盘已满。

(124) Unable to execute command 'xxxxxxxx'。

不能执行'xxxxxxxx'命令。找不到 TLINK 或 MASM，或者磁盘出错。

(125) Unable to open include file 'xxxxxxxx. xxx'。

不能打开包含文件'xxxxxxxx. xxx'。编译程序找不到该包含文件。可能是由于一个 ♯include 文件包含它本身而引起的，也可能是根目录下的 CONFIG. SYS 中没有设置能同时打开文件的个数（可加一句 file＝20）。

(126) Unable to open input file 'xxxxxxxx. xxx'。

不能打开输入文件'xxxxxxxx. xxx'。当编译程序找不到源文件时出现此类错误。检查文件名是否拼错或检查对应的软盘或目录中是否有此文件。

(127) Undefined label 'xxxxxxxx'。

标号'xxxxxxxx'未定义。函数中 goto 语句后的标号没有定义。

(128) Undefined structure 'xxxxxxxx'。

结构'xxxxxxxx'未定义。源文件中使用了未经说明的某个结构。可能是由于结构名拼写错或缺少结构说明而引起。

(129) Undefined symbol 'xxxxxxxx'。

符号'xxxxxxxx'未定义。标识符无定义，可能是由于说明或引用处有拼写错误，也可能是由于标识符说明错误引起。

(130) Unexpected end of file in comment stated on line ♯。

源文件在第♯个注释行中意外结束。通常是由于注释结束标志(＊/)漏掉引起。

(131) Unexpected end of file in conditional stated on line ♯。

源文件在♯行开始的条件语句中意外结束。在编译程序中遇到♯ endif 前源程序结束，通常是由于♯ endif 漏掉或拼写错误引起的。

(132) Unknown preprocessor directive 'xxx'。

不认识的预处理指令：'xxx'。编译程序在某行的开始遇到'♯'字符，但其后的指令不是下列之一：define、undef、if、ifdef、line、ifndef、include、else 或 endif。

(133) Unterminated character constant。

未终结的字符常量。编译程序发现一个不匹配的省略符。

(134) Unterminated string。

未终结的串。编译程序发现一个不匹配的引号。

(135) Unterminated string or character constant。

未终结的串或字符常量。编译程序发现串或字符常量开始后没有终结。

(136) User break。

用户中断。在集成环境里进行编译或连接时用户按了 Ctrl＋Break 键。

(137) While statement missing （。

while 语句漏掉"（"。在 while 语句中，关键字 while 后缺少左括号。

（138）While statement missing）。

while 语句漏掉"）"。在 while 语句中,关键字 while 后缺少右括号。

（139）Wrong number of arguments in of 'xxxxxxxx'.

调用'xxxxxxxx'时参数个数错误。源文件中调用某个宏时,参数个数不对。

3. 警告

（1）'xxxxxxxx' declared but never used。

说明了'xxxxxxxx',但未使用。在源文件中说明了此变量,但没有使用。当编译程序遇到复合语句或函数的结束处时,发出警告。

（2）'xxxxxxxx' is assigned a value which is never used。

'xxxxxxxx'被赋值,没有使此变量出现在一个赋值语句中,但直到函数结束都未使用过。

（3）'xxxxxxxx' not part of structure。

'xxxxxxxx'不是结构的一部分。出现在点(.)或箭头(→)左边的域名不是结构的一部分,或者点的左边不是结构,箭头的左边不指向结构。

（4）Ambiguous operator need parentheses。

二义性操作符需要括号。当两个位移、关系或按位操作符在一起使用而不加括号时,发出此警告;当一加法或减法操作符不加括号与一位移操作符出现在一起时,也发出此警告。程序员总是混淆这些操作符的优先,因为它们的优先级不太直观。

（5）Both return and return of a value used。

既用返回又用返回值。编译程序发现同时有带值返回和不带值返回的 return 语句,发出此类警告。

（6）Call to function with prototype。

调用无原型函数。如果"原型请求"警告可用,且又调用了一无原型的函数,就发出此类警告。

（7）Call to function 'xxxx' with prototype。

调用无原型的'xxxx'函数。如果"原型请求"警告可用,且又调用了一个原先没有原型的函数'xxxx',就发出本警告。

（8）Code has no effect。

代码无效。当编译程序遇到一个含无效操作符的语句时,发出此类警告。如语句:a+b,对每一变量都不起作用,无须操作,且可能引出一个错误。

（9）Constant is long。

常量是 long 类型。当编译程序遇到一个十进制常量大于 32767,或一个八进制常量大于 65535 而其后没有字母'l'或'L'时,把此常量当作 long 类型处理。

（10）Constant out of range in comparision。

比较时常量超出了范围。在源文件中有一个比较,其中一个常量子表达式超出了另一个子表达式类型所允许的范围。如一个无符号常量跟-1 比较就没有意义。为得到一大于32767(十进制)的无符号常量,可以在常量前加上 unsigned(如(unsigned) 65535)或在常量后加上字母'u'或'U'(如 65535u)。

（11）Conversion may lose significant digits。

转换可能丢失高位数字。在赋值操作或其他情况下，源程序要求把 long 或 unsigned long 类型转换变成 int 或 unsigned int 类型。在有些机器上，因为 int 型和 long 型变量具有相同长度，这种转换可能改变程序的输出特性。无论此警告何时发生，编译程序仍将产生代码来做比较。如果代码比较后总是给出同样结果，比如一个字符表达式与 4000 比较，则代码总要进行测试。这还表示一个无符号表达式可以与－1 作比较，因为 8087 机器上，一个无符号表达式与－1 有相同的位模式。

（12）Function should return a value。

函数应该返回一个值。源文件中说明的当前函数的返回类型既非 int 型也非 void 型，但编译程序未发现返回值。返回 int 型的函数可以不说明，因为在老版本的 C 语言中，没有 void 类型来指出函数不返回值。

（13）Mixing pointers to signed and unsigned char。

混淆 signed 和 unsigned 字符指针。没有通过显示的强制类型转换，就把一个字符指针变为无符号指针，或相反。

（14）No declaration for function 'xxxxxxxx'。

函数'xxxxxxxx'没有说明。当"说明请求"警告可用，而又调用了一个没有预先说明的函数时，发出此警告。函数说明可以是传统的，也可以是现代的风格。

（15）Non-portable pointer assignment。

不可移植指针赋值。源文件中把一个指针赋给另一个非指针，或相反。作为特例，可以把常量零赋给一指针。如不合适，可以强行抑制本警告。

（16）Non-portable pointer comparision。

不可移植指针比较。源文件中把一个指针和另一非指针（非常量零）作比较。如果合适，可以强行抑制本警告。

（17）Non-portable return type conversion。

不可移植返回类型转换。return 语句中的表达式类型和函数说明的类型不一致。作为特例，如果函数或返回表达式是一个指针，这是可以的，在此情况下返回指针的函数可能返回一个常量零，被转变成一个合适的指针值。

（18）Parameter 'xxxxxxxx' is never used。

参数'xxxxxxxx'没有使用。函数说明中的某参数在函数体里从未使用，这不一定是一个错误，通常是由于参数名拼写错误而引起。如果在函数体内，该标识符被重新定义为一个自动（局部）变量，也将出现此类警告。

（19）Possible use of 'xxxxxxxx' before definition。

在定义'xxxxxxxx'之前可能已使用。源文件的某一表达式中使用了未经赋值的变量，编译程序对源文件进行简单扫描以确定此条件。如果该变量出现的物理位置在对它赋值之前，便会产生此警告，当然程序的实际流程可能在使用前已赋值。

（20）Possible incorrect assignment。

可能的不正确赋值。当编译程序遇到赋值操作符作为条件表达式（如 if，while，do while 语句的一部分）的主操作符时，发出警告，通常是由于把赋值号当作符号使用了。如果希望禁止此警告，可把赋值语句用括号括起，并且把它与零作显示比较，如：if(a＝b) …

应写为：if((a＝b) !＝0) ⋯

(21) Redefinition of 'xxxxxxxx' is not identical.

'xxxxxxxx'重定义不相同。源文件中对命令宏重定义时，使用的正文内容与第一次定义时不同，新内容将代码旧内容。

(22) Restarting compiler using assembly.

用汇编重新启动编译。编译程序遇到一个未使用命令行选择项-B 或 ♯ prapma inline 语句的 asm。通过使用汇编重新启动编译。

(23) Structure passed by value.

结构按值传送。如果设置了"结构按值传送"警告开关，则在结构作为参数按值传送时产生此类警告。通常是在编译程序时，把结构作为参数传递，而又漏掉了地址操作符（&）。因为结构可以按值传送，因此这种遗漏是可接受的。本警告只起一个指示作用。

(24) Suplerfluous & with function or array.

在函数或数组中有多余的'&'号。取址操作符（&）对一个数组或函数名是不必要的，应该去掉。

(25) Suspicious pointer conversion.

值得怀疑的指针转换。编译程序遇到一些指针转换，这些转换引起指针指向不同的类型。如果合适，应强行抑制此类警告。

(26) Undefined structure 'xxxxxxxx'.

结构'xxxxxxxx'未定义。在源文件中使用了该结构，但未定义。可能是由于结构名拼写错误或忘记定义而引起的。

(27) Unknown assembler instruction.

不认识的汇编指令。编译程序发现在插入的汇编语句中有一个不允许的操作码。检查此操作的拼写，并检查一下操作码表看指令能否被接受。

(28) Unreachable code.

不可达到的代码。Break,continue,goto 或 return 语句后没有跟标号或循环函数的结束符。编译程序使用一个常量测试条件来检查 while,do 和 for 循环，并试图知道循环有没有失败。

(29) Void function may not return a value.

Void 函数不可以返回值，源文件中的当前函数说明为 void,但编译程序发现一个带值的返回语句，该返回语句的值将被忽略。

(30) Zero length structure.

结构度为零。在源文件中定义了一个总长度为零的结构，对此结构的任何使用都是错误的。

附录 C 常用库函数

本附录描述了标准 C 支持的库函数。为了简洁清楚,这里删除了一些细节。如果想看全部内容,请参考标准。本书的其他地方已经对一些函数(特别是 printf 函数、scanf 函数以及它们的变异函数)进行了详细介绍,所以这里只对这类函数做简短的描述。

1. 数学函数

使用数学函数时,应该在该源文件中使用以下命令行:

```
#include<math.h>  或#include "math.h"
```

函数名	函 数 原 型	功　　能	返　回　值	头文件
abs	int abs(int j)	整数的绝对值	整数 j 的绝对值。如果不能表示 j 的绝对值,那么函数的行为是未定义的	\<math.h\>
acos	double acos(double x);	反余弦	x 的反余弦值。返回值的范围在 0~π 之间。如果 x 的值不在 −1~ +1 之间,那么就会发生定义域错误	\<math.h\>
asin	double asin(double x);	反正弦	返回 x 的反正弦值。返回值的范围在 −π/2~π/2 之间。如果 x 的值不在 −1~+1 之间,那么就会发生定义域错误	\<math.h\>
atan	double atan(double x);	反正切	返回 x 的反正切值。返回值的范围在 −π/2~π/2 之间	\<math.h\>
atan2	double atan2 (double y, double x);	商的反正切	返回 y/x 的反正切值。返回值的范围在 −π~π 之间。如果 x 和 y 的值都为零,那么就会发生定义域错误	\<math.h\>
cos	double cos(double x);	余弦	返回 x 的余弦值(按照弧度衡量的)	\<math.h\>
cosh	double cosh(double x);	双曲余弦	返回 x 的双曲余弦值。如果 x 的数过大,那么可能会发生取值范围错误	\<math.h\>
exp	double exp(double x);	指数	返回 e 的 x 次幂的值(即 e^x)。如果 x 的数过大,那么可能会发生取值范围错误	\<math.h\>
fabs	double fabs(double x);	浮点数的绝对值	返回 x 的绝对值	\<math.h\>
floor	double floor(double x);	向下取整	返回小于或等于 x 的最大整数	\<math.h\>

函数名	函数原型	功　能	返　回　值	头文件
fmod	double fmod (double x, double y);	浮点模数	返回 x 除以 y 的余数。如果 y 为零，是发生定义域错误还是 fmod 函数返回零是由实现定义的	\<math. h\>
log	double log(double x);	自然对数	返回基数为 e 的 x 的对数（即 lnx）。如果 x 是负数，会发生定义域错误；如果 x 是零，则会发生取值范围错误	\<math. h\>
long10	double log10(double x);	常用对数	返回基数为 10 的 x 的对数（即 lgx）。如果 x 是负数，会发生定义域错误；如果 x 是零，则会发生取值范围错误	\<math. h\>
modf	double modf(double value, double * iptr);	分解成整数和小数部分	把 value 分解成整数部分和小数部分。把整数部分存储到 iptr 指向的 double 型对象中。返回 value 的小数部分	\<math. h\>
pow	double pow (double x, double y);	幂	返回 x 的 y 次幂（即 x^y）。发生定义域错误的情况有（1）当 x 是负数并且 y 的值不是整数时；或者（2）当 x 为零且 y 是小于或等于零，无法表示结果时。取值范围错误也是可能发生的	\<math. h\>
rand	int rand(void);	产生伪随机数	返回 0 到 RAND_MAX（包括 RAND_MAX 在内）之间的伪随机整数	\<stdlib. h\>
sqrt	double sqrt(double x);	平方根	返回 x 的平方根（即 x^2）。如果 x 是负数，则会发生定义域错误	\<math. h\>
srand	void srand (unsigned int seed);	启动伪随机数产生器	使用 seed 来初始化由 rand()函数调用而产生的伪随机序列	\<stdlib. h\>
sin	double sin(double x);	正弦	返回 x 的正弦值（按照弧度衡量的）	\<math. h\>
sinh	double sinh(double x);	双曲正弦	返回 x 的双曲正弦值（按照弧度衡量的）。如果 x 的数过大，那么可能会发生取值范围错误	\<math. h\>
tan	double tan(double x);	正切	返回 x 的正切值（按照弧度衡量的）	\<math. h\>
tanh	double tanh(double x);	双曲正切	返回 x 的双曲正切值	\<math. h\>

2. 字符函数和字符串函数

ANSI C 标准要求在使用字符串函数时要包含头文件 string. h，在使用字符函数时要包含头文件 ctype. h。有点 C 编译不遵循 ANSI C 标准的规定，而用其他名称的头文件。请使用时查有关手册。

函数名	函 数 原 型	功　能	返　回　值	头文件
isalnum	int isalnum(int c);	测试是字母或数字	如果 isalnum 是字母或数字,返回非零值;否则返回零。(如果 isalph(c)或 isdigit(c)为真,则 c 是字母或数字)	<ctype.h>
isalpha	int isalpha(int c);	测试字母	返回,如果 isalnum 是字母,返回非零值;否则返回零。(如果 islower(c)或 isupper(c)	<ctype.h>
iscntrl	int iscntrl(int c);	测试控制字符	返回,如果 c 是控制字符,返回非零值;否则返回零	<ctype.h>
isdigit	int isdigit(int c);	测试数字	返回,如果 c 是数字,返回非零值;否则返回零	<ctype.h>
isgraph	int isgraph(int c);	测试图形字符	返回,如果 c 是显示字符(除了空格),返回非零值;否则返回零	<ctype.h>
islower	int islower(int c);	测试小写字母	返回,如果 c 是小写字母,返回非零值;否则返回零	<ctype.h>
isprint	int isprint(int c);	测试显示字符	返回,如果 c 是显示字符(包括空格),返回非零值;否则返回零	<ctype.h>
ispunct	int ispunct(int c);	测试标点字符	返回,如果 c 是标点符号字符,返回非零值;否则返回零。除了空格、字母和数字字符以外,所有显示字符都可以看成是标点符号	<ctype.h>
isspace	int isspace(int c);	测试空白字符	返回,如果 c 是空白字符,返回非零值;否则返回零。空白字符有空格(' ')、换页符('\f')、换行符('\n')、回车符('\r')、横向制表符('\t')和纵向制表符('\v')	<ctype.h>
isupper	int isupper(int c);	测试大写字母	返回,如果 c 是大写字母,返回非零值;否则返回零	<ctype.h>
isxdigit	int isxdigit(int c);	测试十六进制数字	返回,如果 c 是十六进制数字(0~9、a~f、A~F),返回非零值;否则返回零	<ctype.h>
strcat	char * strcat(char * s1, const char * s2);	字符串的连接	把 s2 指向的字符串连接到 s1 指向的字符串后边。返回 s1(指向连接后字符串的指针)	<string.h>
strchr	char * strchr(const char * s, int c);	搜索字符串中字符	返回,指向字符的指针,此字符是 s 所指向的字符串的前 n 个字符中第一个遇到的字符 c。如果没有找到 c,则返回空指针	<string.h>

函数名	函数原型	功 能	返 回 值	头文件
strcmp	int strcmp (const char * s1, const char * s2);	比较字符串	返回,负数、零还是正整数,依赖于 s1 所指向的字符串是小于、等于还是大于 s2 所指的字符串	<string. h>
strcoll	int strcoll (const char * s1, const char * s2);	采用指定地区的比较序列进行字符串比较	返回,负数、零还是正整数,依赖于 s1 所指向的字符串是小于、等于还是大于 s2 所指的字符串。根据当前地区的 LC_COLLATE 类型规则来执行比较操作	<string. h>
strcpy	char * strcpy(char * s1, const char * s2);	字符串复制	把 s2 指向的字符串复制到 s1 所指向的数组中。返回 s1(指向目的的指针)	<string. h>
strlen	size_ t strlen (const char * s);	字符串长度	返回 s 指向的字符串长度,不包括空字符	<string. h>
strncat	char * strncat(char * s1, const char * s2, size_t n);	有限制的字符串的连接	把来自 s2 所指向的数组的字符连接到 s1 指向的字符串后边。当遇到空字符或已经复制了 n 个字符时,复制操作停止。返回 s1(指向连接后字符串的指针)	<string. h>
strncmp	int strncmp(const char * s1, const char * s2, size_t n);	有限制的字符串比较	返回,负整数、零还是正整数,依赖于 s1 所指向的数组的前 n 个字符是小于、等于还是大于 s2 所指向的数组的前 n 个字符。如果在其中某个数组中遇到空字符,比较都会停止	<string. h>
strncpy	char * strncpy(char * s1, const char * s2, size_t n);	有限制的字符串复制	把 s2 指向的数组的前 n 个字符复制到 s1 所指向的数组中。如果在 s2 指向的数组中遇到一个空字符,那么 strncpy 函数为 s1 指向的数组添加空字符直到写完 n 个字符的总数量。返回 s1(指向目的的指针)	<string. h>
strrchr	char * strrchr(const char * s, int c);	反向搜索字符串中字符	返回,指向字符的指针,此字符是 s 所指向字符串中最后一个遇到的字符 c。如果没有找到 c,则返回空指针	<string. h>
strstr	char * strstr (const char * s1, const char * s2);	搜索子字符串	返回,指针,此指针指向 s1 字符串中的字符第一次出现在 s2 字符串中的位置。如果没有发现匹配,就返回空指针	<string. h>

函数名	函 数 原 型	功　能	返　回　值	头文件
tolower	int tolower(int c);	转换成小写字母	返回,如果 c 是大写字母,则返回相应的小写字母。如果 c 不是大写字母,则返回无变化的 c	\<ctype. h\>
toupper	int toupper(int c);	转换成大写字母	返回,如果 c 是小写字母,则返回相应的大写字母。如果 c 不是小写字母,则返回无变化的 c	\<ctype. h\>

3. 输入输出函数

凡用以下的输入输出函数,应该使用 ♯include ＜stdio. h＞把 stdio. h 头文件包含到源程序文件中。

函数名	函 数 原 型	功　能	返　回　值	头文件
clearerr	void clearerr(FILE * stream);	清除流错误	为 stream 指向的流清除文件尾指示器和错误指示器	\<stdio. h\>
clearerr	void clearerr(FILE * stream);	清除流错误	为 stream 指向的流清除文件尾指示器和错误指示器	\<stdio. h\>
fclose	int fclose(FILE * stream);	关闭文件	关闭由 stream 指向的流。清洗保留在流缓冲区内的任何未写的输出。如果是自动分配,那么就释放缓冲区。 返回,如果成功,就返回零。如果检测到错误,就返回 EOF	\<stdio. h\>
feof	int feof(FILE * stream);	检测文件末尾	返回,如果为 stream 指向的流设置了文件尾指示器,那么返回非零值。否则返回零	\<stdio. h\>
fgetc	int fgetc(FILE * stream);	从文件中读取字符	从 stream 指向的流中读取字符。返回,读到的字符。如果 fgetc() 函数遇到流的末尾,则设置流的文件尾指示器并且返回 EOF。如果读取发生错误,fgetc() 函数设置流的错误指示器并且返回 EOF	\<stdio. h\>
fgets	char * fgets(char * s, int n, FILE * stream);	从文件中读取字符串	从 stream 指向的流中读取字符,并且把读入的字符存储到 s 指向的数组中。遇到第一个换行符已经读取了 n−1 个字符,或到了文件末尾时,读取操作都会停止。fgets() 函数会在字符串后添加一个空字符。 返回(指向数组的指针,此数组存储着输入)。如果读取操作错误或 fgets() 函数在存储任何字符之前遇到了流的末尾,都会返回空指针	\<stdio. h\>

函数名	函 数 原 型	功　　能	返　回　值	头文件
fopen	FILE * fopen(const char * filename, const char * mode);	打开文件	打开文件以及和它相关的流,文件名是由 filename 指向的。mode 说明文件打开的方式。为流清除错误指示器和文件尾指示器。 返回文件指针。在执行下一次关于文件的操作时会用到此指针。如果无法打开文件则返回空指针	<stdio. h>
fprintf	int fprintf (FILE * stream, const char * format,…);	格式化写文件	向 stream 指向的流写输出。format 指向的字符串说明了后续参数显示的格式。 返回写入的字符数量。如果发生错误就返回负值	<stdio. h>
fputc	int fputc (int c, FILE * stream);	向文件写字符	把字符 c 写到 stream 指向的流中。 返回c(写入的字符)。如果写发生错误,fputc 函数会为 stream 设置错误指示器,并且返回 EOF	<stdio. h>
fputs	int fputs (const char * s, FILE * stream);	向文件写字符串	把 s 指向的字符串写到 stream 指向的流中。 返回。如果成功,返回非负值。如果写发生错误,则返回 EOF	<stdio. h>
fread	size_t fread(void * ptr, size _t size, size_t nmemb,FILE * stream);	从文件读块	试着从 stream 指向的流中读取 nmemb 个元素,每个元素大小为 size 个字节,并且把读入的元素存储到 ptr 指向的数组中。 返回实际读入的元素(不是字符)数量。如果 fread 遇到文件末尾或检测到读取错误,那么此数将会小于 nmemb。如果 nmemb 或 size 为零,则返回值为零	<stdio. h>
fscanf	int fscanf(FILE * stream, const char * format,…);	格式化读文件	向 stream 指向的流读入任意数量的数据项。format 指向的字符串说明了读入项的格式。跟在 format 后边的参数指向数据项存储的位置。 返回成功读入并且存储的数据项数量。如果发生错误或在可以读数据项前到达了文件末尾,那么就返回 EOF	<stdio. h>
fseek	int fseek (FILE * stream, long int offset,int whence);	文件查找	返回,如果操作成功就返回零。否则返回非零值	<stdio. h>

函数名	函数原型	功　能	返　回　值	头文件
ftell	long int ftell(FILE * stream);	确定文件位置	返回,返回 stream 指向的流的当前文件位置指示器。如果调用失败,返回－1L,并且把由实现定义的错误码存储在 errno 中	\<stdio. h\>
fwrite	size _ t fwrite (const void * ptr, size _ t size, size _ t nmemb, FILE * stream);	向文件写块	从 ptr 指向的数组中写 nmemb 个元素到 stream 指向的流中,且每个元素大小为 size 个字节。返回实际写入的元素(不是字符)的数量。如果 fwrite()函数检测到写错误,则这个数将会小于 nmemb	\<stdio. h\>
getc	int getc(FILE * stream);	从文件读入字符	返回读入的字符。如果 getc()函数遇到流的末尾,那么它会设置流的文件尾指示器并且返回 EOF。如果读取发生错误,那么 getc()函数设置流的错误指示器并且返回 EOF	\<stdio. h\>
getchar	int getchar(void);	读入字符	返回读入的字符	\<stdio. h\>
gets	char * gets(char * s);	读入字符串	从 stdin 流中读入多个字符,并且把这些读入的字符存储到 s 指向的数组中。返回 s(即存储输入的数组的指针)。如果读取发生错误或 gets()函数在存储任何字符之前遇到流的末尾,那么返回空指针	\<stdio. h\>
printf	int printf (const char * format,…);	格式化写	向 stdout 流写输出。format 指向的字符串说明了后续参数显示的格式。返回写入的字符数量。如果发生错误就返回负值	\<stdio. h\>
putc	int putc(int c,FILE * stream);	向文件写字符	把字符 c 写到 stream 指向的流中。返回 c(写入的字符)。如果写发生错误,putc()函数会设置流的错误指示器,并且返回 EOF	\<stdio. h\>
putchar	int putchar(int c);	写字符	把字符 c 写到 stdout 流中。返回 c(写入的字符)。如果写发生错误,putchar()函数设置流的错误指示器,并且返回 EOF	\<stdio. h\>

函数名	函数原型	功能	返回值	头文件
puts	int puts(const char * s);	写字符串	把 s 指向的字符串写到 strout 流中,然后写一个换行符。 返回,如果成功返回非负值。如果写发生错误则返回 EOF	\<stdio. h\>
rename	int rename (const char * old, const char * new);	重命名文件	改变文件的名字。old 和 new 指向的字符串分别包含旧的文件名和新的文件名。 返回,如果改名成功就返回零。如果操作失败,就返回非零值(可能因为旧文件目前是打开的)	\<stdio. h\>
rewind	void rewind(FILE * stream);	返回到文件头	为 stream 指向的流设置文件位置指示器到文件的开始处。为流清除错误指示器和文件尾指示器	\<stdio. h\>
scanf	int scanf (const char * format, …);	格式化读	从 stdin 流读取任意数量数据项。format 指向的字符串说明了读入项的格式。跟随在 format 后边的参数指向数据项要存储的地方。返回,成功读入并且存储的数据项数量。如果发生错误或在可以读入任意数据项之前到达了文件末尾,就返回 EOF	\<stdio. h\>

4. 动态存储分配函数

ANSI 标准建议在"stdlib. h"头文件中包含有关的信息,但许多 C 编译系统要求用"malloc. h"而不是"stdlib. h"。读者在使用时应查阅有关手册。

ANSI 标准要求动态分配系统返回 void 指针。void 指针具有一般性,它们可以指向任何类型的数据。但目前有的 C 编译系统所提供的这类函数返回 char 指针。无论以上两种的哪一种,都需用用强制类型转换的方法把 void 或 char 指针转换成所需的类型。

函数名	函数原型	功能	返回值	头文件
calloc	void * calloc(size_t nmemb, size_t size);	分配并清除内存块	为带有 nmemb 个元素的数组分配内存块,其中每个数组元素占 size 个字节。通过设置所有位为零来清除内存块	\<stdlib. h\>
free	void free (void * ptr);	释放内存块	释放地址为 ptr 的内存块(除非 ptr 为空指针时调用无效)。块必须通过 calloc()函数、malloc()函数或 realloc()函数进行分配	\<stdlib. h\>

函数名	函 数 原 型	功　　能	返　回　值	头文件
malloc	void * malloc(size_t size);	分配内存块	分配 size 个字节的内存块。不清除内存块。 返回，指向内存块开始处的指针。如果无法分配要求尺寸的内存块，那么返回空指针	\<stdlib. h\>
realloc	void * realloc(void * ptr, size_t size);	调整内存块	假设 ptr 指向先前由 calloc() 函数、malloc() 函数或 realloc() 函数获得内存块。realloc() 函数分配 size 个字节的内存块，并且如果需要还会复制旧内存块的内容。 返回，指向新内存块开始处的指针。如果无法分配要求尺寸的内存块，那么返回空指针	\<stdlib. h\>

附录 D 部分习题参考答案

习题一参考答案

一、选择题

1. A 2. B 3. C 4. C 5. D

二、填空

1. 函数首部 函数体

2. 主函数 main 函数

3. 函数

三、问答题

（略）

四、编程题

1. 编程分析：printf 函数可以按照指定的格式输出符号和字符，利用 printf 可以实现对第一题的编程，程序如下：

```
.#include<stdio.h>
void main()
{
    printf("********************\n");      /* 使用 printf 原样输出 20 个星号并换行 */
    printf("   nice everyday\n");          /* 输出三个空格及指定语句并换行 */
    printf("********************\n");      /* 使用 printf 原样输出 20 个星号并换行 */
}
```

（因要输出的内容可以使用 3 个 printf 语句，也可以合并为一条 printf 语句来实现，故答案不唯一，仅供参考）

2. 编程分析：利用条件运算表达式可以求出两个数当中的大者，求出大者后，再拿两个数中的大者和第三个数比较，从而求得三个数中的大者，程序如下：

```
#include<stdio.h>
void main()
{
    int a,b,c,max;                  /* 定义变量 a,b,c,max */
    scanf("%d,%d,%d",&a,&b,&c);     /* 使用 scanf 分别给 a,b,c 赋值 */
    max=a>b?a:b;                    /* 使用条件运算表达式，计算出 a 和 b 中的大者，并且赋值给 max */
    max=max>c?max:c;
        /* 将 max 中现有的 a 和 b 中的大者和 c 进行比较得到三个数中的大者，再赋值给 max */
    printf("max is %d\n",max);      /* 输出 max 的值 */
}
```

（利用条件运算表达式也可以进行嵌套求解，另外选择结构的 if 语句也可以实现求 3 个

数当中的大者,故答案不唯一,仅供参考)

习题二参考答案

一、选择题

1. C 2. A 3. A 4. D 5. C 6. C 7. C 8. C 9. E、B 10. D

二、填空

1. 字符　　整数

2. 左　　　右

3. 格式说明　　普通字符

4. (1) float area,girth;

   (2) l * w

   (3) 2 * (l+w)

   (4) printf("area=%f,girth=%f\n",area,girth);

5. (1) #include "stdio. h"

   (2) int n

   (3) getchar()

   (4) c-'0'　或者 c-48

   (5) "%c,%d\n"

6. 0

7. 赋值　　逗号　　18　　18　　18　　3

8. 浮点型　　指数型

9. 逗号

10. 0

三、读程序写结果

1. 17

2. 2080

3. x=3.600000,i=3

4. 2,0

5. x=2,y=%d

6. 6,0,6,102

7. 2,1

   2,2

四、编程题

1. 将华氏温度转换为摄氏温度和绝对温度的公式分别为:

$$c=5/9(f-32) \quad （摄氏温度）$$
$$k=273.16+c \quad （绝对温度）$$

请编程序:当给出 f 时,求其相应摄氏温度和绝对温度。

测试数据: ① $f=34$

② $f = 100$

编程分析:根据题目的要求,先将 f 的值套入求摄氏温度的公式求出摄氏温度,然后再将求得的摄氏温度套入求绝对温度的公式即可,程序如下:

```c
#include<stdio.h>
void main()
{
    float f,c,k;
    scanf("%f",&f);
    c=5/9(f-32);
    k=273.16+c;
    printf("摄氏温度为%f\n",c);
    printf("绝对温度为%f\n",k);
}
```

运行结果:

```
34↙
摄氏温度为 1.111112
绝对温度为 274.271112
```

2.(略)

3. 输入 3 个双精度实数,分别求出它们的和、平均值、平方和以及平方和的开方,并输出所求出各个值。

编程分析:按照题目的要求需定义 7 个双精度变量,分别存放,3 个双精度实数,它们的和、平均值、平方以及平方和的开方,在开方时需要用到 sqrt 函数,程序如下:

```c
#includemath.h>
#include<stdio.h>
void main()
{
    double a,b,c,s,aver, ssum,sq;
    scanf("%lf,%lf,%lf",&a,&b,&c);
    s=a+b+c;                /* 求三个数的和,赋值给 s */
    aver=s/3;               /* 求平均值,赋值给 aver */
    ssum=a*a+b*b+c*c;       /* 求三个数的平方和,赋值给 ssum */
    sq=sqrt(ssum);          /* 对平方和开平方根,赋值给 sq */
    printf("和为%f、平均值为%f、平方和为%f 以及平方和的开方为%f\n",s,aver,ssum,sq);
}
```

4.(略)

5. 输入一个 3 位整数,求出该数每个位上的数字之和。如 123,每个位上的数字和就是 $1+2+3=6$。

编程分析:本题的关键在于求得各位的数字,利用除法和求余运算的特性可求,程序如下:

```c
#include<stdio.h>
```

```
void main()
{
    int num,a,b,sum;              /* 定义变量 sum 用来存放这个数,a 存放个位,b 存放十位 */
    printf("请输入一个三位数的整数\n");
    scanf("%d",&num);             /* 输入数字赋值给 num */
    a=num%10;                     /* 求得个位上的数字赋值给 a */
    num/=10;                      /* 对 num 切除个位上的数字 */
    b=num%10;                     /* 对切除后的 num 求末位的数字(即原数的十位) */
    num/=10;                      /* 切除末位,此时该数只剩下百位上的数字 */
    sum=a+b+num;                  /* 对各位求和赋值给 sum */
    printf("每个位上的数字之和为%d",sum);
}
```

习题三参考答案

一、选择题

1. D 2. D 3. D 4. D 5. B 6. D 7. B 8. D 9. A 10. A 11. C
12. B 13. C 14. A 15. B

二、编程题

1. (略)

2. (略)

3. (略)

4. 输入三角形的三条边长,求三角形面积。

分析:根据题目的要求,先接收三角形三边 a、b 和 c 的长度,再通过两边长大于第三边的原则判断数据是否能够组成三角形。若能组成,计算三边和的一半 s,利用 $area = sqrt(s * (s-a) * (s-b) * (s-c))$ 公式计算三角形面积。参考程序如下:

```
#include<stdio.h>
#include<math.h>
void main()
{
    float a,b,c,s,area;
    printf("请输入三角形的三条边 a,b,c:");
    scanf("%f,%f,%f",&a,&b,&c);
    /* 判断能否构成三角形 */
    if(a+b>c && a+c>b && b+c>a)
    {   /* 条件成立,以下复合语句求面积并输出结果 */
        s=1.0/2 * (a+b+c);
        area=sqrt(s * (s-a) * (s-b) * (s-c));
        printf("a=%7.2f  b=%7.2f  c=%7.2f\n",a,b,c);
        printf("s=%7.2f area=%7.4f\n",s,area);
    }
    else    /* 条件不成立,输出相关信息 */
```

```
            printf("此三条边不能构成三角形!\n");
    }
```

运行结果：

请输入三角形的三条边 a,b,c:3,4,5
a=   3.00   b=   4.00 c=   5.00
s=   6.00 area=6.0000
Press any key to continue

5. 输入一个不大于 4 位的正整数,判断它是几位数,然后输出各位之积。

分析：利用 999,99 和 9 区分输入数据的位数。利用商和余数的关系分离出该数的各位。根据位数的多少分情况计算各位乘积。

```
#include<stdio.h>
void main()
{
    int x,a,b,c,d,n;
    printf("请输入个不大于 4 位的正整数 X:");
    scanf("%d",&x);
    if(x>999)
        n=4;
    else    if(x>99)
                n=3;
            else    if(x>9)
                        n=2;
                    else
                        n=1;
    a=x/1000;                    /* x 的个,十,百,千位分别用 d,c,b,a 表示 */
    b=(x-a*1000)/100;
    c=(x-a*1000-b*100)/10;
    d=x%10;                      /* 最低位可用求余方法计算 */
    switch(n)
    {
        case 4:printf("%d * %d * %d * %d=%d\n", a,b,c,d, a*b*d*c);
                                                /* a b c d 四个数相乘= * /
        break;
        case 3:printf("%d * %d * %d=%d\n",b,c,d,b*c*d);
        break;
        case 2:printf("%d * %d=%d\n",c,d,c*d);
        break;
        case 1:printf("%d\n",d);
        break;
    }
}
```

程序结果：

请输入个不大于 4 位的正整数 X:356

3×5×6＝90

6. 输入 1～7 之间的任意数字,程序按照用户的输入输出相应的星期值。

分析:接收数据,利用 switch 语句判断其值并输出相应星期值。参考程序如下:

```c
#include<stdio.h>
void main()
{
    int week;
    printf("Input(1-7):");
    scanf("%d",&week);
    switch(week)
    {
        case 1:printf("Mon.\n");    break;
        case 2:printf("Tue.\n");    break;
        case 3:printf("Wed.\n");    break;
        case 4:printf("Tur.\n");    break;
        case 5:printf("Fri.\n");    break;
        case 6:printf("Sat.\n");    break;
        case 7:printf("Sun.\n");    break;
        default:printf("The input is wrong!\n");
    }
}
```

程序结果:

```
Input(1-7):6
Sat.
```

习题四参考答案

一、选择题

1. C 2. C 3. A 4. D 5. B 6. D 7. B 8. B 9. A 10. A

二、编程题

1. 求解猴子吃桃问题。猴子第 1 天摘下若干个桃子,当天吃了一半,还不过瘾,又多吃了 1 个,第 2 天早上又将剩下的桃子吃掉一半,并又多吃了 1 个。以后每天早上都吃了前一天剩下的一半零一个。到第 10 天早上想再吃时,只剩一个桃子了。求第 1 天共摘了多少桃子。

分析与源程序参考实验四的第 1 题。

2. 打印所有的"水仙花数"。所谓"水仙花数"是指一个 3 位数,其各位数字的立方和等于该数本身。例如 $153＝1^3＋5^3＋3^3$ 等。

分析:利用 for 循环控制 100－999 个数,每个数分解出个位,十位,百位。

程序如下:

```c
#include "stdio.h"
#include "conio.h"
void main()
{
    int i,j,k,n;
    printf("水仙花数是:");
    for(n=100;n<1000;n++)
    {
        i=n/100;                  /* 分解出百位 */
        j=n/10%10;                /* 分解出十位 */
        k=n%10;                   /* 分解出个位 */
        if(i*100+j*10+k==i*i*i+j*j*j+k*k*k)
            printf("%-5d",n);
    }
}
```

3. 从键盘输入一批整数,统计其中不大于 100 的非负整数的个数。

分析与源程序参考实验四的第 1 题。

4. 一个数如果恰好等于它的因子之和,这个数称为"完数"。例如 6 的因子分别为 1,2,3,而 6＝1＋2＋3,因此 6 是"完数"。编程序找出 1000 之内所有完数并输出。

分析:根据完数的定义可知,将一个数因式分解,所有因子之和等于该数即为完数。程序如下:

```c
#include "stdio.h"
#include "conio.h"
void main()
{
    static int k[10];
    int i,j,n,s;
    for(j=2;j<1000;j++)
    {
        n=-1;
        s=j;
        /* 因式分解 */
        for(i=1;i<j;i++)
        {

            if((j%i)==0)
            {
                n++;
                s=s-i;
                k[n]=i;
            }
        }
        if(s==0)                  /* 判断是否为完数 */
```

```
            {
                printf("%d is a wanshu",j);
                for(i=0;i<n;i++)
                printf("%d,",k);
                printf("%d\n",k[n]);
            }
        }
    }
```

5. 每个苹果 0.8 元,第 1 天买 2 个苹果。从第 2 天开始,每天买前一天的 2 倍,当某天
需购买苹果的数目大于 100 时,则停止。求平均每天花多少钱?

分析:根据题意可以用 for 循环解决,其中"每天买前一天的 2 倍"是变化规律,"购买苹
果的数目大于 100"是循环退出的条件。

```
#include<stdio.h>
int main()
{
    double price=0.8;
    double total=0;
    int i;
    int day=0;
    for(i=1;i<100;i*=2)
    {
        total=total+i*price;
        day++;
    }
    printf("%g\n",total/day);
}
```

6. 无重复数字的 3 位数问题。用 1,2,3,4 等 4 个数字组成无重复数字的 3 位数,将这
些 3 位数据全部输出。

分析:可填在百位、十位、个位的数字都是 1、2、3、4。组成所有的排列后再去掉不满足
条件的排列。程序如下:

```
#include "stdio.h"
void main()
{
    int i,j,h,g=0;
    for(i=1; i<=4; i++)
    {
        for(j=1; j<=4; j++)
        {
            for(h=1; h<=4; h++)
            {
                if(i !=j && i !=h && h !=j)
                {
```

```
                        g++;
                        printf("%d%d%d  ",i,j,h);
                    }
                }
            }
        }
    printf("共有%d个这样的数",g);
}
```

7. 鸡兔同笼,共有 98 个头,386 个脚,编程求鸡兔各多少只。

分析:用穷举法解决鸡兔同笼问题。程序如下:

```
#include<stdio.h>
void main()
{
    int ji,tu;
    for(ji=0;ji<98;ji++)
        for(tu=0;tu<98;tu++)
        {
            if(tu+ji==98&&tu*4+ji*2==386)
                printf("tu=%d ji=%d\n",tu,ji);
        }
}
```

<h1 style="text-align:center">习题五参考答案</h1>

一、选择题

1. D 2. A 3. C 4. D 5. D 6. D 7. D 8. B 9. A 10. C 11. D 12. C
13. C 14. B 15. D 16. D 17. C

二、程序题

1. (略)

2. (略)

3. 把数组中相同的数据删的只剩一个。

分析:首先录入数组。从首数开始遍历向后查找,如果两数相等则后续数据依次前移,覆盖此多余数据,同时数组元素个数减一。否则保留该数据,比较下一数据。参考程序如下:

```
#include<stdio.h>
void main()
#define N 10
{
    int a[N],j,k,m,n;
    for(k=0;k<N;k++)
        scanf("%d",&a[k]);
```

```
        n=N;
        k=0;
        while(k<n-1)
        {
            m=k+1;
            while(m<n)
                if(a[m]==a[k])
                {
                    for(j=m;j<n-1;j++)
                        a[j]=a[j+1];
                    n--;
                }
                else
                    m++;
                k++;
        }
        for(k=0;k<n;k++)
            printf("%d",a[k]);
}
```

程序结果：

```
1 2 1 2 3 4 4 5 6 6
123456
```

4. 假设在 2×7 的二维数组中存放了数据，其中各行的元素构成一个整数，如第 1 行元素构成整数 1234507000。编写程序比较两行元素构成的整数大小。（规则：从高位起逐个比对应位数，若每位均相等，则两数相等；若遇到第 1 个不相等的数字，则数字大者为大）

5. 从键盘输入由 5 个字符组成的单词，判断此单词是不是 hello，并给出提示信息。

分析：设置字符数组 hello 及 flag 标志，初始值为 0。接收的字符串中遍历依次比较两串字符是否相同，遇不相同字符 flag 标志变位，为 1，跳出循环。判断 flag 值，为 1 则说明不是 hello，否则是 hello。参考程序如下：

```
#include<stdio.h>
void main()
{
    char text[ ]={'h','e','l','l','o'};
    char buff[5];
    int i,flag;
    for(i=0;i<5;i++)
        buff[i]=getchar();
    flag=0;
    for(i=0;i<5;i++)
        if(buff[i]!=text[i])
            flag=1;
    break;
```

```
    }
    if(flag)
        printf("This word is not hello");
    else
        printf("This word is hello");
}
```

程序结果：

```
helli
This word is not hello
```

习题六参考答案

一、选择题

1. C 2. B 3. D 4. D 5. D 6. C 7. D 8. C 9. A

二、编程题

1. 求三角形面积函数。编写一个求任意三角形面积的函数，并在主函数中调用它，计算任意三角形的面积。

分析：

（1）设三角形边长为 a、b、c，面积 area 的算法是：

$$area = \sqrt{s(s-a)(s-b)(s-c)}, \quad 其中 \quad s = \frac{a+b+c}{2}$$

参考程序：

```
#include<math.h>
#include<stdio.h>
float area(float,float,float);          /*计算三角形面积的函数原型声明*/
void main()
{
    float a,b,c;
    printf("请输入三角形的 3 个边长值：\n");
    scanf("%f,%f,%f",&a,&b,&c);
    if(a+b>c&&a+c>b&&b+c>a&&a>0.0&&b>0.0&&c>0.0)
        printf("Area=%-7.2f\n",area(a,b,c));
    else
        printf("输入的三边不能构成三角形");
}
/*计算任意三角形面积的函数*/
float area(float a,float b,float c)
{
    float s,area_s;
    s=(a+b+c)/2.0;
    area_s=sqrt(s * (s-a) * (s-b) * (s-c));
```

```
    return (area_s);
}
```

2. 设计函数,使输入的一字符串按反序存放。

分析:只要头尾字符交换位置即可。

```
#include "stdio.h"
#include "string.h"
void main()
{
    void inverse(char str[]);
    char str[100];
    printf("Input string: ");
    scanf("%s",str);                        /*输入一字符串 str*/
    inverse(str);                           /*对数组 str 中的元素逆序存放*/
    printf("Inverse string: %s\n",str);     /*输出转换后的字符串*/
}
void inverse(char str[])                    /*函数定义*/
{
    char t;
    int i,j;
    for(i=0,j=strlen(str);i<strlen(str)/2;i++,j--)
    {
        t=str[i];
        str[i]=str[j-1];
        str[j-1]=t;
    }
}
```

3. 把猴子吃桃问题写成一个函数,使它能够求得指定一天开始时的桃子数。

分析:

猴子吃桃问题的函数只需一个 int 型形参,用指定的那一个天数作实参进行调用,函数的返回值为所求的桃子数。

参考程序:

```
#include<stdio.h>
int monkey(int);             /*函数原型声明*/
void main()
{
    int day;
    printf("求第几天开始时的桃子数?\n");

    do
    {
        scanf("%d",&day);
        if(day<1 || day>10)
```

```
            continue;
        else
            break;
    }while(1);
printf("total: %d\n",monkey(day));
}
/*以下是求桃子数的函数*/
int monkey(int k)
{
    int i,m,n;
    for(n=1,i=1;i<=10-k;i++)
    {
        m=2*n+2;
        n=m;
    }
    return (n);
}
```

4. 用递归函数求解 Fibonacci 数列问题。在主函数中调用求 Fibonacci 数的函数，输出 Fibonacci 数列中任意项的数值。

编程分析：

Fibonacci 数列第 n(n≥1)个数的递归表示如下：

$$f(n) = \begin{cases} 1, & n = 1 \\ 1, & n = 2 \\ f(n+1) + f(n+2), & n > 2 \end{cases}$$

由此可得到求 Fibonacci 数列第 n 个数的递归函数。

```
#include<stdio.h>
int f(int n)
{
    if (n==1 || n==2)
        return 1;
    else
        return (f(n-2)+f(n-1));
}
void main()
{
    const int num=20;
    int i;
    for(i=1;i<=num;i++)
    {
        printf("%-6d",f(i));
        if(i%5==0)
            printf("\n");
    }
```

```
        printf("\n");
        return 0;
}
```

5. 写一个函数，使给定的一个 3 行 3 列的二维数组转置，即行列互换。

分析：用数组作为函数参数实现 3 行 3 列的二维数组转置。

```
#define N 3
#include "stdio.h"
int array[N][N];
convert(int array[3][3])                /* 定义转置数组的函数 */
{
    int i,j,t;
    for(i=0;i<N;i++)                    /* 对所有的行 */
        for(j=i+1;j<N;j++)             /* 对主对角线以上的元素 */
        {
            t=array[i][j];              /* 与对应位置元素相交换 */
            array[i][j]=array[j][i];
            array[j][i]=t;
        }
}
void main()
{
    int i,j;
    printf("Input array: \n");
    for(i=0;i<N;i++)                   /* 此双重循环读入数组元素 */
        for(j=0;j<N;j++)
            scanf("%d",&array[i][j]);
    printf("\noriginal array: \n");
    for(i=0;i<N;i++)                       /* 此双重循环以矩阵形式输出数组元素 */
    {
        for(j=0;j<N;j++)
            printf("%5d",array[i][j]);
        printf("\n");
    }
    convert(array);
    printf("convert array: \n");
    for(i=0;i<N;i++)
    {
        for(j=0;j<N;j++)
            printf("%5d",array[i][j]);
        printf("\n");
    }
}
```

6. 编写一个用选择法对一维数组升序排序的函数,并在主函数中调用该排序函数,实现对 20 个整数的排序。

分析:选择法排序的工作原理是每一次从待排序的数据元素中选出最小(或最大)的一个元素,存放在序列的起始位置,直到全部待排序的数据元素排完。

```c
#include<stdio.h>
#include<stdlib.h>
#include<time.h>
#define MAXlen 20
void select_sort(int x[], int n)
{    //选择排序
    int i, j, min;
    int t;
    for(i=0; i<n-1; i++)
    {    //要选择的次数:0~n-2 共 n-1 次
        min=i;                   //假设当前下标为 i 的数最小,比较后再调整
        for(j=i+1; j<n; j++)
        { //循环找出最小的数的下标
            if(x[j]<x[min])
            {
                min=j;           //如果后面的数比前面的小,则记下它的下标
            }
        }
        if(min!=i)
        {                        //如果 min 在循环中改变了,就需要交换数据
            t=x[i];
            x[i]=x[min];
            x[min]=t;
        }
    }

}
void main()
{
    int i;
    int iArr[20]={3,2,1,4,5,6,10,9,8,7,15,14,13,12,11,16,17,19,18,20};
    printf("\n 排序前:\n");
    for(i=0; i<MAXlen; i++)
    {
        if(i%10==0) printf("%\n");
        printf("%5d",iArr[i]);
    }
    printf("\n");
    select_sort(iArr,MAXlen);
    printf("\n 排序后:\n");
```

```
    for(i=0; i<MAXlen; i++)
    {
        if(i%10==0) printf("%\n");
        printf("%5d",iArr[i]);
    }
    printf("\n\n");
}
```

7. 用递归法将一个整数 n 转换成字符串。

分析：应该将输入的数中的每个数进行剥离，然后从头到尾将每个数字转化为对应的字符，其中将数字转化成对应的字符的方法可以通过 n％10＋48 来实现，也可以通过 n％10＋'0'来实现,因为'0'的 ASCII 码的数值就是 48。

```
#include<stdio.h>
int deep=0;
char s[100]={0};
void convert(int n)
{
    if(n==0)
      return;
    convert(n/10);
    s[deep]=n%10+'0';
    deep++;
}
int main()
{
    int n;
    scanf("%d",&n);
    if(n==0)
    {
        s[0]='0';
        puts(s);
        return 0;
    }
    convert(n);
    s[deep]=0;
    puts(s);
    return 0;
}
```

习题七参考答案

一、选择题

1. C 2. D 3. C 4. C 5. A 6. B 7. A 8. D 9. D 10. B

二、编程题

1. 用指针方法编写一个程序,输入 3 个整数,将它们按由小到大的顺序输出。

分析:定义 swap 函数实现两个数字的交换,在主函数中调用 swap 函数按由小到大的顺序输出 3 个整数。程序如下:

```
#include<stdio.h>
void swap(int * pa,int * pb)
{
int temp;temp= * pa; * pa= * pb;  * pb=temp;  }
void main()
{
    int a,b,c,temp;
    scanf("%d%d%d",&a,&b,&c);
    if(a>b)
    swap(&a,&b);
    if(b>c)
    swap(&b,&c);
    if(a>c)
    swap(&a,&c);
    printf("%d,%d,%d",a,b,c);
}
```

2. (略)

3. 编程输入一行文字,找出其中的大写字母,小写字母,空格,数字,及其他字符的个数。

分析:分别定义 a、b、c、d、e 变量表示大写字母,小写字母,空格,数字,及其他字符的个数,用之真指向字符串完成。程序如下:

```
#include<stdio.h>
void main()
{
    int a=0,b=0,c=0,d=0,e=0,i=0;
    char * p,s[20];
    i=0;
    while((s[i]=getchar())!='\n')i++;
    p=s;
    while( * p!='\n')
    {
        if( * p>='A'&& * p<='Z')
        a++;
        else if( * p>='a'&& * p<='z')
        b++;
        else if( * p==' ')
        c++;
        else if( * p>='0'&& * p<='9')
```

```
        d++;
        else e++;   p++;   }
        printf("大写字母%d 小写字母 %d\n",a,b);
        printf("空格 %d 数字 %d 非字符 %d\n",c,d,e);
}
```

4.（略）

5. 写一个函数,将 3×3 矩阵转置。

分析:用数组名作为函数参数完成矩阵转置。程序如下:

```
#include "stdio.h"
void Transpose(int(*matrix)[3])
{
    int temp;
    int i,j;
    for(i=1;i<3;i++)          /*转置*/
    {
        for(j=0;j<i;j++)
        {
            temp= * (* (matrix+j)+i);
            * (* (matrix+j)+i)= * (* (matrix+i)+j);
            * (* (matrix+i)+j)=temp;
        }
    }
}
void main()
{
    int a[3][3]={{1,2,3},{4,5,6},{7,8,9}};
    Transpose(a);
    for(int i=0;i<3;i++)
    {
        for(int j=0;j<3;j++)
        {
            printf("%d ",a[i][j]);
        }
        printf("\n");
    }
}
```

6.（略）

7. 编一程序,用指针数组在主函数中输入十个等长的字符串。用另一函数对它们排序,然后在主函数中输出 10 个已排好序的字符串。

分析:用指针数组指向字符串完成排序操作。程序如下:

```
#include<stdio.h>
#include<string.h>
```

```
int main()
{
    void sort(char * []);
    int i;
    char str[10][6], * p[10];
    printf("please input 10 string:/n");
    for(i=0;i<10;i++)              //首先将 10 个 str 的首地址赋值给 10 个 p[i];
        p[i]=str[i];              //将第 i 个字符串的首地址赋予指针数组 p 的第 i 个元素;
    for(i=0;i<10;i++)
        scanf("%s",p[i]);        //scanf 输入到 &p[i]
    sort(p);
    printf("the output 10 string:/n");
    for(i=0;i<10;i++)
        printf("%s/n",p[i]);  //输出到 p[i];
}
void sort(char * s[])
{
    char * temp;
    int i,j;
    for(i=0;i<9;i++)
        for(j=0;j<9-i;j++)
          if(strcmp(* (s+j),* (s+j+1))>0)
          {
          temp=* (s+j);
                  //* (s+j)指向数组指针,字符串的首地址;所以可以直接赋值给 temp 指针;
          * (s+j)=* (s+j+1);
          * (s+j+1)=temp;
          }
}
```

8. （略）

9. 将 n 个数按输入时顺序的逆序排列。

分析：用指针 p 指向数组最后一个元素完成逆序排列操作。程序如下：

```
#include<stdio.h>
void reverse(int a[], int n)
{
    int * p;
    for(p=a+n-1;p>=a;p--)
        printf("%4d",* p);
    printf("\n");
}
main()
{
    int a[20],n;
    int i;
```

```
printf("Input the length of array:");
scanf("%d",&n);
printf("Input the number of array:");
for(i=0;i<n;i++)
scanf("%d",&a[i]);
reverse(a,n);
}
```

10. （略）

11. 编一个程序，输入月份号，输出该月的英文月名。用指针数组处理。

分析：用指针数组存储12月份英文字符完成英文月名的输出。程序如下：

```
#include<stdio.h>
main()
{
    char * month_name[13]={"illegal month","January","February","March",
    "April","May","June","July","August","September","October","November",
    "December"};
    int n;
    printf("Input month: ");
    scanf("%d",&n);
    if((n<=12)&&(n>=1))
        printf("It is%s.\n", * (month_name+n));
    else
        printf("It is wrong.\n");
}
```

12. （略）

13. 有一字符串，包含 n 个字符，写一个函数，将此字符串从第 m 个字符开始的全部字符复制成为另一个字符串并输出。其中，每两个字符之间插入一个空格。

分析：定义函数 strcpyn(char $*s$,char $*t$,int n)实现将 s 字符串从第 n 个字符开始的全部字符复制成为另一个字符串 t 并输出。程序如下：

```
void strcpyn(char * s,char * t, int n)
{
    char * p=s+n;
    char * q=t;
    while(* p)
    {
        * q= * p;
        q++;
        p++;
    }
    * q='\0';
}
main()
```

```
{
    char s[100]={0};
    char t[100]={0};
    int n=0;
    printf("input string s:\n");
    scanf("%s",s);
    printf("input start n:\n");
    scanf("%d",&n);
    strcpyn(s,t,n);
    puts(t);
}
```

习题八参考答案

一、选择题

1. A 2. B 3. A 4. B 5. B

二、编程题

1. 定义一个结构体变量,其中每个成员都从键盘接收数据,然后对结构中的浮点数求和,并显示运算结果。

提示:结构体类型为:

```
struct  {  char  name[8];
           int   age;
           char  sex[2];
           char  depart[20];
           float w1,w2,w3,w4,w5; }a;
```

注意:结构体成员的引用方法。

2. (略)

3. 有 5 个学生,每个学生的数据包括学号、姓名和 3 门课的成绩,从键盘输入 5 个学生数据,要求在屏幕上显示出 3 门课程的平均成绩,以及最高分数的学生的数据(包括学号、姓名、3 门课程成绩和平均分)。

```
#include<stdio.h>
typedef struct
{
    int num;
    char name[10];
    float score[3];
    double aver;
}student;
void inputs(student stu[])
{
    int i,k;
```

```c
    for(i=0;i<2;i++)
    {
        printf(" 第%d 个学生:",i+1);
        scanf("%d%s",&stu[i].num,stu[i].name);      /* 输入学生学号、姓名 */
        printf("输入分数");
        for(k=0;k<3;k++)
        scanf("%f",&stu[i].score[k]);               /* 输入学生三门课的分数 */
    }
}
void average(student stu[])                          /* 求学生的平均分 */
{
    int i,k;
    for(i=0;i<2;i++)
    {
        float sum=0.0;
        for(k=0;k<3;k++)
        sum+=stu[i].score[k];
        stu[i].aver=sum/3;
    }
}
void Printf(student stu[])                           /* 输出学生信息 */
{
    int i,k;
    printf("输出执行结果:\n");
    for(i=0;i<2;i++)
    {
        printf("\t 第%d 个学生:\t 学号:%d \t 姓名:%s\t 分数:",i+1,stu[i].num,
        stu[i].name);
        for(k=0;k<3;k++)
        printf("%g ",stu[i].score[k]);
        printf("\t 平均分:%g",stu[i].aver);
        printf("\n");
    }
}
void Max(student stu[])
{
    int i;
    int max=0;
    for(i=1;i<2;i++)
    if(stu[max].aver<stu[i].aver)
    max=i;
    printf("%g\n",stu[max].aver);
}
void main()
{
```

```
    student stu[2];
    printf("输入数据:\n");
    inputs(stu);
    average(stu);
    Printf(stu);
    Max(stu);
}
```

4. （略）

5. 设有一组学生的成绩数据已经放在结构数组 BOY 中,计算各个学生的不及格人数。

（1）

```
int fail_num(struct stu * s,int num)
{
    int i,count=0;
    for(i=0;i<num;i++)
        count+=(s[num].score<60)?1:0;
    return count;
}
```

（2）

```
int i;
for(i=0;i<6;i++)
    if(boy[i].name="wang ming")
    {
        boy[i+1]=boy[i];
        boy[i].num=105;
        boy[i].name="ma li";
        boy[i].sex='f';
        boy[i].score=105;
    }
for(i=0;i<6;i++)
    printf("%d %s %c %.1f\n",boy[i].num,boy[i].name,boy[i].sex,boy[i].score);
```

（3）

```
int i;
for(i=0;i<6;i++)
    if(boy[i].name="cheng ling")
    {
        break;
    }
for(i;i+1<6;i++)
    boy[i]=boy[i+1];
for(i=0;i<5;i++)
    printf("%d %s %c %.1f\n",boy[i].num,boy[i].name,boy[i].sex,boy[i].score);
```

习题九参考答案

一、选择题

1. A 2. A 3. B 4. D 5. B 6. A 7. A 8. C

二、编程题

1. 编写一个程序,从键盘输入若干个字符串,将它们输出到文本文件 data.dat 中,再从该文件中读入这些字符串放在一个字符串数组中并显示出来。

```
void crtf(char * filename,int n)
{
    FILE * fp;
    int i,a;
    fp=fopen(filename,"wb");
    printf("Please input %d numbers:\n",n);
    for(i=0;i<n;i++)
    {
        scanf("%d",&a);
        putw(a,fp);
    }
    fclose(fp);
}
```

2. (略)

3. 从键盘输入某班 30 个学生五门课程的成绩,将其写入 score 文件。

```
#include<stdio.h>
void main()
{
    FILE * fp;
    char c;
    int n=0;                    /* n 为计数器 */
    if((fp=fopen("file.dat","w"))==NULL)
    exit(0);
    while((c=getchar())!='#')
    {
        fputc(c,fp);
        n++;                    /* 向文件写入字符并统计字符个数 */
    }
    fputc(c,fp);              /* 写入字符'#' */
    fprintf(fp,"%d",n);      /* 写入统计结果 */
    fclose(fp);
}
```

4. (略)

5. 有一个文件 emp.dat 存放职工的数据。每个职工的数据包括：职工号、姓名、性别、年龄和工资（假设没有重复的职工号）。编写实现如下功能的程序，每个程序可以单独运行。

```c
#include<stdio.h>
#include<stdlib.h>
#include<string.h>
struct lj                          /*定义存放零件信息的结构体类型*/
{
    char num[11],
    name[21];
    float price;
    int n;
};
long size=sizeof(struct lj);
void crtf1(char * filename)      /*建立零件库存文件函数*/
{
    FILE * fp;
    struct lj a;
    if((fp=fopen(filename,"wb"))==NULL)
    exit(0);
    printf("\nnumber:");
    gets(a.num);
    while(strlen(a.num)!=0)     /*输入长度为0时结束建立零件库文件函数*/
    {
        printf("partname:");
        gets(a.name);
        printf("price:");
        scanf("%f",&a.price);
        printf("quantity:");
        scanf("%d",&a.n);
        getchar();
        fwrite(&a,size,1,fp);
        printf("\nnumber:");
        gets(a.num);
    }
    fclose(fp);
}
void addf2(char * filename)      /*添加新零件函数*/
{
    FILE * fp;
    struct lj a;
    if((fp=fopen(filename,"ab"))==NULL)          /*以读/追加写方式打开二进制文件*/
        exit(0);
    printf("\nnumber:");
    gets(a.num);
```

```
        printf("partname:");
        gets(a.name);
        printf("price:");
        scanf("%f",&a.price);
        printf("quantity:");
        scanf("%d",&a.n);
        getchar();
        fwrite(&a,size,1,fp);
        fclose(fp);
    }
    void redf3(char * filename)                    /*减少零件库存量函数*/
    {
        FILE * fp;
        struct lj a;
        char numb[11];
        int n;
        if((fp=fopen(filename,"rb+"))==NULL)  /*以读/写方式打开二进制文件*/
            exit(0);
        printf("\nnumber:");
        gets(numb);
        printf("quantity:");
        scanf("%d",&n);
        getchar();
        fread(&a,size,1,fp);
        while(!feof(fp))
        {
            if(strcmp(numb,a.num)==0)           /*找到要减少数量的零件后将数量减去*/
            {
                a.n-=n;
                fseek(fp,-size,1);
                fwrite(&a,size,1,fp);
                fclose(fp);
                return;
            }
            fread(&a,size,1,fp);
        }
        fclose(fp);
    }
    void part4(char * filename)                    /*输出需要进货的零件清单函数*/
    {
        FILE * fp;
        struct lj a;
        fp=fopen(filename,"rb");
        printf("\nnumber    partname                price    quantity\n");
        fread(&a,size,1,fp);
```

```
        while(!feof(fp))
        {
            if(a.n<100)                              /*库存量小于100则需要进货*/
            printf("%-10s%-20s%-10.2f%-8d\n",a.num,a.name,a.price,a.n);
            fread(&a,size,1,fp);
        }
        fclose(fp);
}
void incf5(char * filename)                          /*增加零件库存量函数*/
{
        FILE * fp;
        struct lj a;
        char numb[11];
        int n;
        if((fp=fopen(filename,"rb+"))==NULL)
        exit(0);
        printf("\nnmuber:");
        gets(numb);
        printf("quantity:");
        scanf("%d",&n);
        getchar();
        fread(&a,size,1,fp);
        while(!feof(fp))
        {
            if(strcmp(numb,a.num)==0)                 /*找到要增加数量的零件后将数量加上*/
            {
                a.n+=n;
                fseek(fp,-size,1);
                fwrite(&a,size,1,fp);
                fclose(fp);
                return;
            }
            fread(&a,size,1,fp);
        }
        fclose(fp);
}
void delf6(char * filename)                          /*删除零件函数*/
{
        FILE * fp, * wfp;
        struct lj a;
        char numb[11];
        int flag=0;
        if((fp=fopen(filename,"rb"))==NULL)
            exit(0);
        if((wfp=fopen("workf.dat","wb"))==NULL)
```

```c
        exit(0);
        printf("\nnumber:");
        gets(numb);
        fread(&a,size,1,fp);
        while(!feof(fp))            /*将不需要删除的数据复制到临时文件*/
        {
            if(strcmp(numb,a.num)!=0)
            fwrite(&a,size,1,wfp);
            else    flag=1;
            fread(&a,size,1,fp);
        }
        fclose(fp);
        fclose(wfp);
        if(flag)                /* 如果库文件中含有要删除的数据,则将临时文件复制到库文件 */
        {
            if((fp=fopen(filename,"wb"))==NULL)
            exit(0);
            if((wfp=fopen("workf.dat","rb"))==NULL)
            exit(0);
            fread(&a,size,1,wfp);
            while(!feof(wfp))
            {
                fwrite(&a,size,1,fp);
                fread(&a,size,1,wfp);
            }
            fclose(fp);
            fclose(wfp);
        }
    }
void prif7(char * filename)                /* 输出零件库清单函数 */
{
    FILE * fp;
    struct lj a;
    fp=fopen(filename,"rb");
    printf("\nnumber    partname            price    quantity\n");
    fread(&a,size,1,fp);
    while(!feof(fp))
    {
        printf("%-10s%-20s%-10.2f%-8d\n",a.num,a.name,a.price,a.n);
        fread(&a,size,1,fp);
    }
    fclose(fp);
}
void main()
{
```

```
        char fname[21];
        int n;
        printf("\nfilename:");
        gets(fname);
        do
        {
            do
            {
                printf("\n****MENU****\n");
                printf("1.Create the stock file \n");
                printf("2.Add a new accessory \n");
                printf("3.Reduce the amount of an accessory \n");
                printf("4.Print the list of accessories that is out of stock \n");
                printf("5.Increase the amount of an accessorty \n");
                printf("6.Delete an accessory \n");
                printf("7.Print the stock list \n");
                printf("0.Quit \n");
                printf("Enter your choice(0-7)");
                scanf("%d",&n);
            }
            while(n<0||n>7);
            getchar();
            switch(n)
            {
                case 1:crtf1(fname);break;
                case 2:addf2(fname);break;
                case 3:redf3(fname);break;
                case 4:part4(fname);break;
                case 5:incf5(fname);break;
                case 6:delf6(fname);break;
                case 7:prif7(fname);break;
            }
        }while(n);
    }
```

参 考 文 献

[1] 谭浩强.C 程序设计[M].北京：清华大学出版社,2014.

[2] 李春葆.新编 C 语言习题与解析[M].北京：清华大学出版社,2013.

[3] 霍尔顿.C 语言入门经典[M].北京：清华大学出版社,2013.

[4] KING K N.C 语言程序设计：现代方法[M].北京：人民邮电出版社,2010.

[5] 黄毅斌.C 语言程序设计[M].杭州：浙江大学出版社,2012.

[6] 马磊.C 语言入门很简单[M].北京：清华大学出版社,2012.

[7] 张广路.C 语言设计基础教程[M].北京：电子工业出版社,2010.

[8] 邢太北.轻松学 C 语言[M].北京：电子工业出版社,2013.

[9] 吴国凤.C 语言程序设计[M].合肥：合肥工业大学出版社,2012.

[10] 顾治华,陈天煌,等.C 语言程序设计[M].北京：机械工业出版社,2012.

[11] KERNIGHAN B W,RITCHIE D M. C 程序设计语言[M].北京：机械工业出版社,2012.

[12] 黄维通,刘晓静,等.C 语言程序设计[M].北京：清华大学出版社,2011.

[13] 黄维通,谢孟荣.C 语言程序设计习题解析与应用案例分析[M].北京：清华大学出版社,2011.

[14] 马秀丽.C 语言实践训练[M].北京：清华大学出版社,2010.

[15] 张宝剑.C 语言程序设计实践教程[M].北京：中国水利水电出版社,2011.

[16] 高敬阳.C 程序设计教程与实训[M].北京：清华大学出版社,2010.

[17] 李爱玲.C 语言程序设计[M].北京：清华大学出版社,2012.

[18] KERNIGHAN B W,RITCHIE D M. The C programming Language.徐宝文,等译,C 程序设计语言.北京：机械工业出版社,2004.

[19] 史济民,等. C 语言程序设计[M]. 北京：机械工业出版社,2000.

[20] 张磊. C 语言程序设计实验与实训指导及题解[M].北京：高等教育出版社,2005.